DIANWANG JIDIAN BAOHU QIDONG FANGAN

电网继电保护启动方案

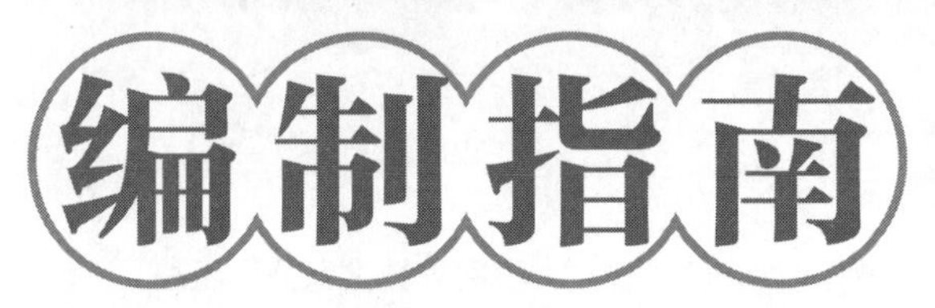

安徽电力调度控制中心
国网宣城供电公司
组编

中国电力出版社
CHINA ELECTRIC POWER PRESS

内 容 提 要

新设备启动送电是电网设备接入电力系统正式运行前的一个重要环节，涉及设计、建设、施工、用户等多单位及电网公司基建、运检、调度、营销等多部门，业务涵盖面大，是电网生产中非常重要的一项工作。正确合理的电网继电保护启动方案是保障输变电设备安全顺利投产的基础。为提高调度运行人员的技术水平和管理能力，确保新设备启动送电的安全有序，安徽电力调度控制中心组织编写了《电网继电保护启动方案编制指南》。

本书共分为八章，分别是电网基本知识、继电保护及安全自动装置原理与配置、继电保护整定运行基本要求、新设备送电原则、220kV 系统继电保护启动方案编制要求、110kV 系统继电保护启动方案编制要求、35kV 及以下系统继电保护启动方案编制要求、典型案例。

本书可供变电检修、调度运行、变电运行等专业技术人员和管理人员学习参考。

图书在版编目（CIP）数据

电网继电保护启动方案编制指南 / 安徽电力调度控制中心，国网宣城供电公司组编. —北京：中国电力出版社，2021.9（2022.10 重印）

ISBN 978-7-5198-5745-5

Ⅰ. ①电… Ⅱ. ①安…②国… Ⅲ. ①电网–继电保护–方案制定–指南 Ⅳ. ①TM77-62

中国版本图书馆 CIP 数据核字（2021）第 122383 号

出版发行：中国电力出版社
地　　址：北京市东城区北京站西街 19 号（邮政编码 100005）
网　　址：http://www.cepp.sgcc.com.cn
责任编辑：罗　艳（yan-luo@sgcc.com.cn，010-63412315）
责任校对：黄　蓓　郝军燕
装帧设计：张俊霞
责任印制：石　雷

印　　刷：三河市万龙印装有限公司
版　　次：2021 年 9 月第一版
印　　次：2022 年 10 月北京第二次印刷
开　　本：710 毫米×1000 毫米　16 开本
印　　张：18.25
字　　数：336 千字
定　　价：98.00 元

编　委　会

前言

新设备启动送电工作是新设备接入电力系统正式运行前的一个重要环节，其主要目的是验证新设备的健康水平、一次设备相序及二次接线正确与否等。新设备启动送电调度方案是调度员起草调度操作指令票、指挥新设备正确启运的依据和指导性大纲。加强新设备投运管理，全面梳理启动送电全过程涉及的技术规范，统一电网继电保护启动方案的编制工作，从电网生产的“源头”把好关，是一项很有必要的工作，对保障新设备安全顺利投产和电网的安全稳定运行具有重要意义。

继电保护作为保障电网安全稳定运行的第一道防线，其作用和意义不言而喻。而随着国家电网公司标准化体系建设的不断深入，继电保护装置、继电保护二次回路设计、继电保护信息、继电保护整定计算等方面均有详细而完善的各类标准，实现了国家电网各级单位的标准统一，有效降低了继电保护设计、建设、运行过程中的风险。然而，在新设备启动继电保护运行方案编制方面，目前国家电网公司系统内尚无统一的标准和指导原则。在实际工作中，从省调到各地、县调二次方式人员在新设备启动继电保护运行方案编制时均根据自身经验和传统习惯开展工作。省地县调之间、各电压等级、各类场景、不同人员之间新设备启动继电保护运行方案编制差异较大，规范性不高。部分技术人员对启动送电工作流程和项目内容掌握不全面，可能存在编制送电方案时发生误送、漏送电气设备，误投、漏投继电保护，漏做、错做试验项目等情况，对电网的安全稳定运行构成严重威胁。

本书参考继电保护相关技术规程规范、调度规程等资料，结合调度运行经验以及现场施工调试、运维经验，力求概念清晰、覆盖全面、贴近实际、注重实用，系统性地介绍了 220kV 及以下电压等级电网继电保护设备调度启动方案编制原则，结合工作实际，编制了各类送电场景下的典型启动案例，旨在为电网新设备投运工作提供指导。本书的出版将有助于各级调度运行人员、继电保护专业技术人员全面掌握新设备投运的相关工作，有助于提升电网继电保护启动方案的标准化、规范化，进一步提高电网调度专业管理水平。

由于编者水平和经验有限，书中难免有疏漏和不足之处，诚恳希望读者批评指正。

编　者

2021 年 7 月

目　录

第一章

电网基本知识

第一节　电力网络概念

电力工业生产过程有其自身独有的特性，电能的生产、输送、分配、使用均同时进行，所用设备构成一个整体，如图 1-1 所示。电力系统指由生产、变换、输送、分配、消费电能的发电机、变压器、电力线路和各种用电设备（一次设备）以及测量、保护、控制等智能装置（二次设备）组成的统一整体。动力系统是电力系统和发电厂动力部分的总和，而电力网络则是电力系统中的一部分，由输电、变电、配电设备及相应的辅助系统组成的联系发电与用电的统一整体，包括变压器和各种电压等级的输、配电线路，其作用是输送和分配电能，简称电网。

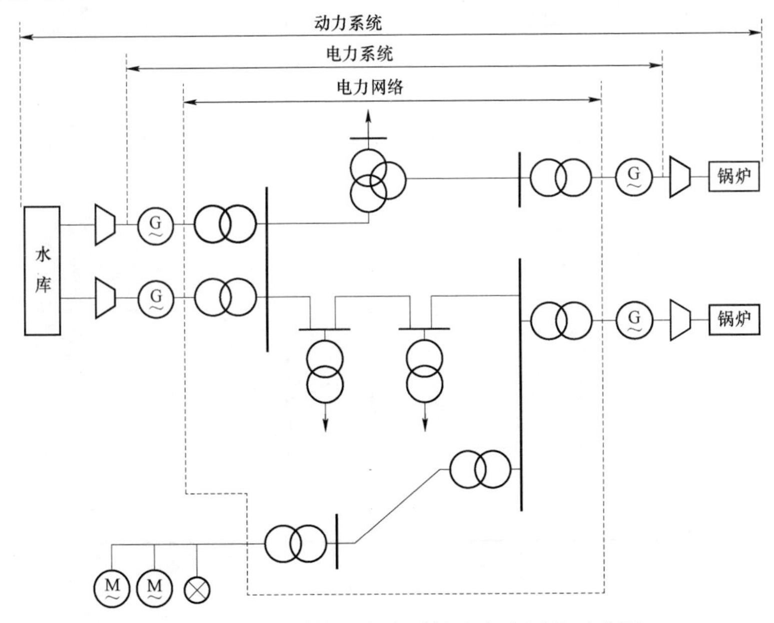

图 1-1　动力系统、电力系统和电力网络示意图

第二节 电气主接线及运行方式

电气主接线是指一次设备按生产流程连成的电路，表明了电能生产、汇集、转换、分配关系和运行方式，是运行操作、电路切换的依据。电气主接线应能满足供电可靠性和电能质量需求，具有一定灵活性、方便性和经济性以及发展和扩建的可能性。根据变电站各电气元件实际所处的工作状态及连接方式，安排变电站运行方式时，应确保安全、经济、可靠、灵活，保障变电站安全运行。

一、3/2 断路器接线方式

3/2 断路器接线方式如图 1–2 所示。

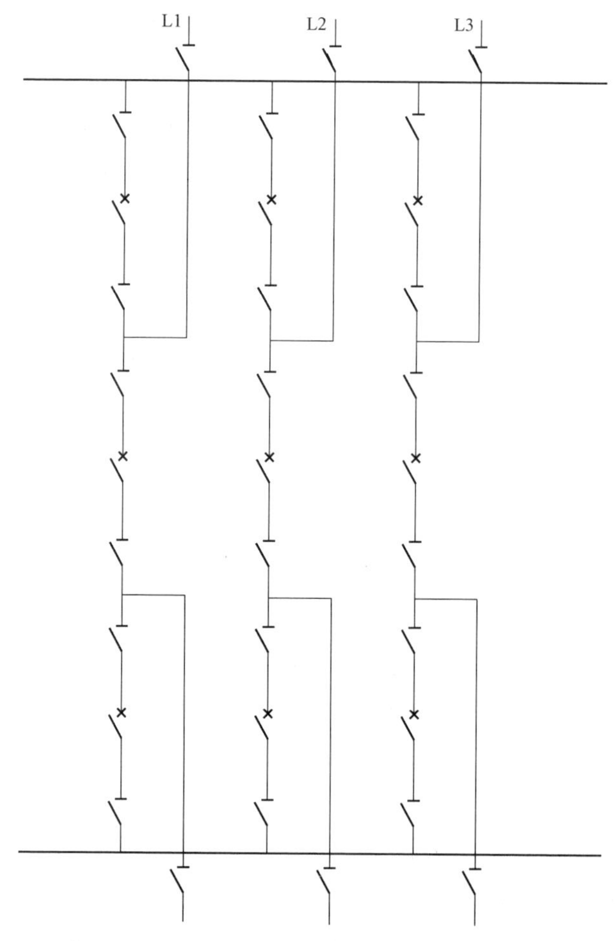

图 1–2 3/2 断路器接线方式示意图

优点：可靠性较高，运行灵活性好，运行操作方便，设备检修方便。

缺点：二次接线复杂，串数少于 3 串时可靠性不高，限制短路电流困难，设备较多，投资大。

二、双母线接线方式

双母线接线方式如图 1－3～图 1－5 所示。

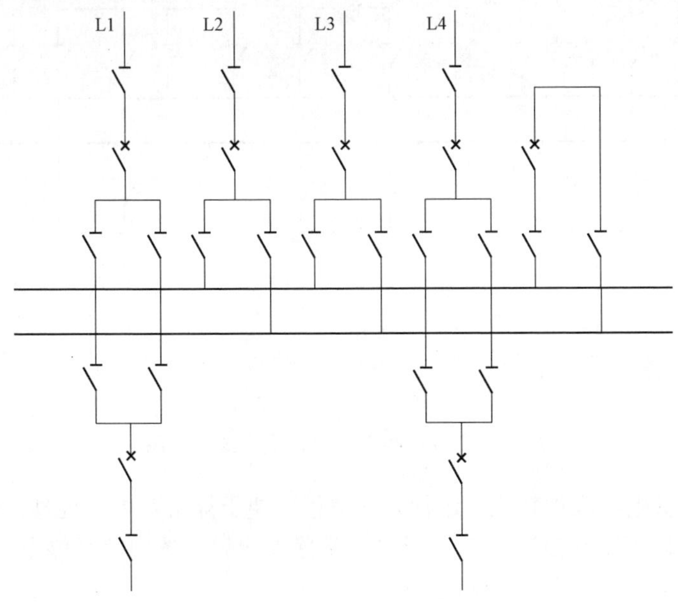

图 1－3　双母线接线方式示意图

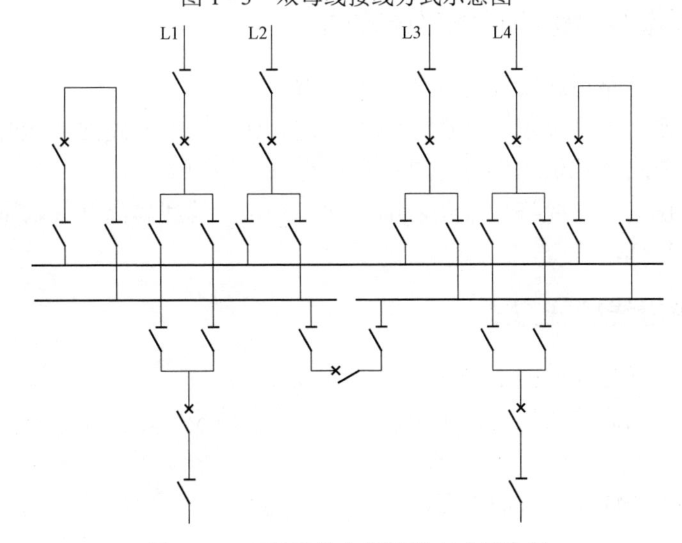

图 1－4　双母线单分段接线方式示意图

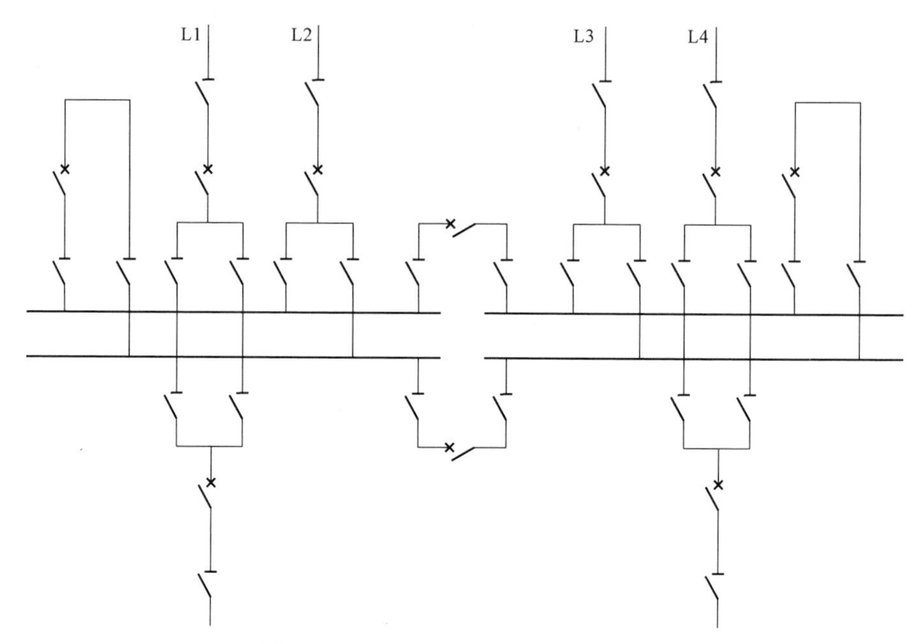

图 1-5　双母线双分段接线方式示意图

优点：供电可靠性较高，运行方式灵活，便于异常及事故处理，便于扩建。

缺点：倒闸操作复杂，任一回路断路器停运时，该回路需停电，母线隔离开关数量较多，配电装置结构复杂。

三、双母线带旁路母线接线方式

双母线带旁路母线接线方式如图 1-6 所示。

优点：便于异常及事故处理，便于扩建。任一回路断路器停运时，该回路均可由旁路断路器代供，供电可靠性和运行灵活性更高。

缺点：投资大，经济型较差，倒闸操作复杂，母线隔离开关数量较多，配电装置结构复杂。

四、单母线接线方式

单母线接线方式如图 1-7 和图 1-8 所示。

优点：接线简单清晰，设备少，投资小，占地少，运行操作方便，有利于扩建。

缺点：可靠性差，灵活性差。

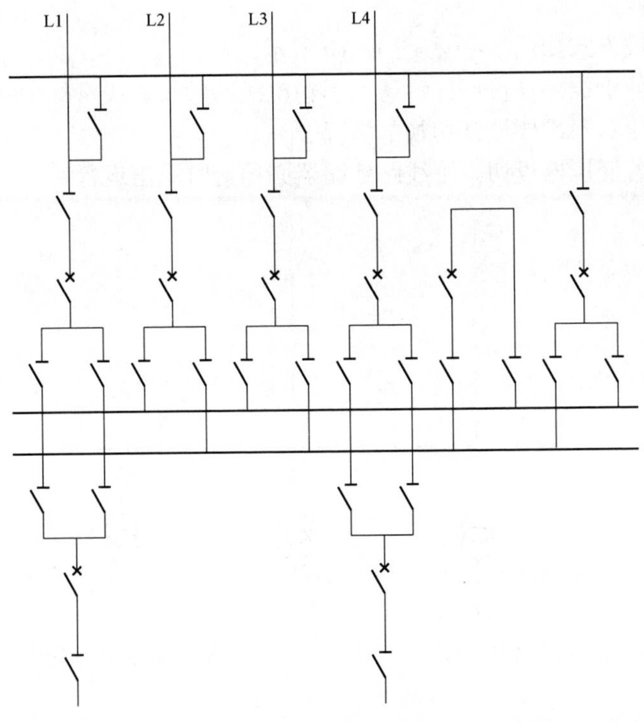

图 1-6　双母线带旁路母线接线方式示意图

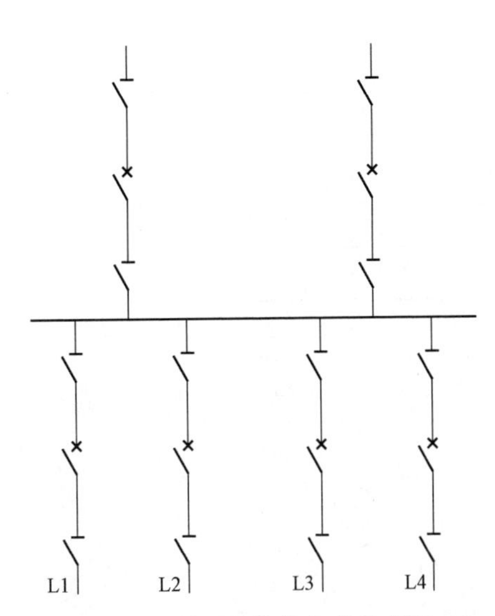

图 1-7　单母线接线方式示意图

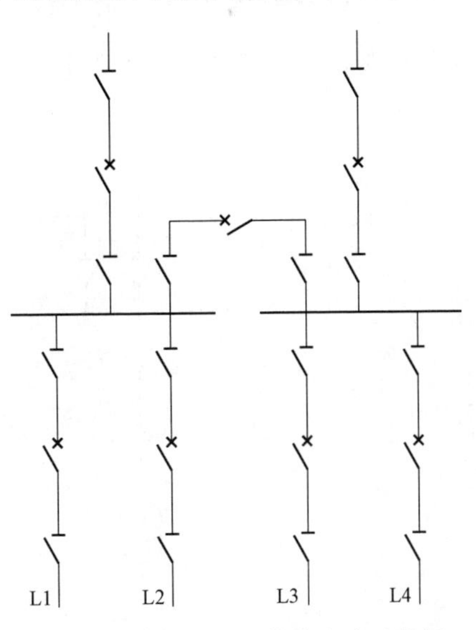

图 1-8　单母线分段接线方式示意图

五、内桥接线方式

内桥接线方式如图 1–9 和图 1–10 所示。

优点：便于线路停役操作，适用于输电线路较长、线路故障率较高、穿越功率小和变压器不需要经常切换的情况。

缺点：若变压器投切，则线路断路器必须短时退出运行。

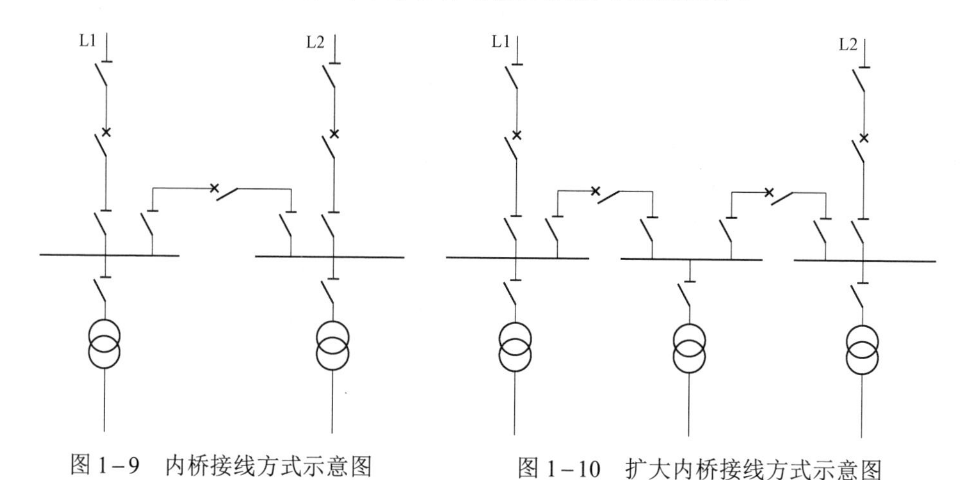

图 1–9　内桥接线方式示意图　　图 1–10　扩大内桥接线方式示意图

六、外桥接线方式

外桥接线方式如图 1–11 所示。

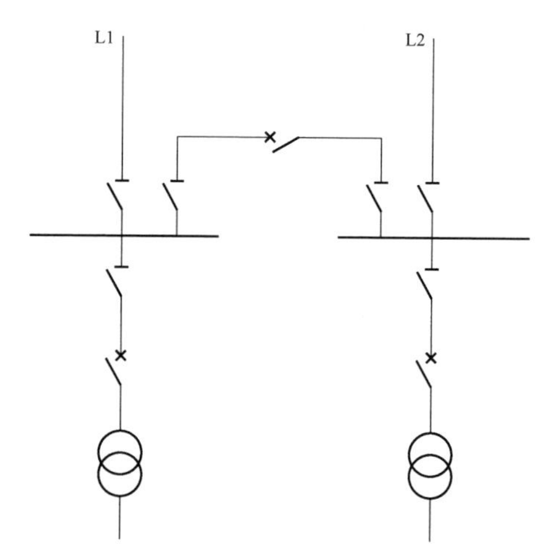

图 1–11　外桥接线方式示意图

优点：便于变压器停役操作，适用于线路较短、故障率较低、穿越功率大和变压器经常投停的情况。

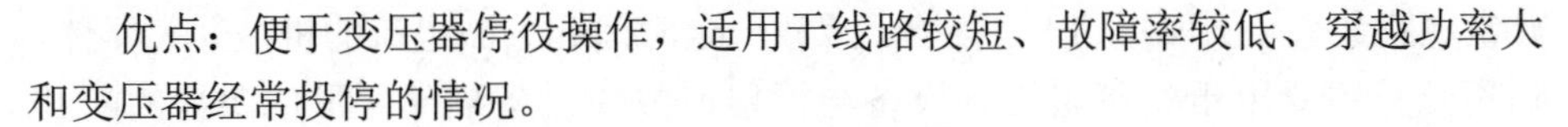

缺点：若线路停役，则变压器必须短时退出运行。

第三节　电网设备概述

一、变电站

变电站根据发展阶段可分为常规综合自动化变电站、数字化变电站、智能变电站和新一代智能变电站。从重要程度上可分为系统枢纽变电站、地区重要变电站和一般变电站三大类。按照所处位置，变电站也可分为联络变电站和终端变电站。

二、变压器

变压器是一种按电磁感应原理工作的电器设备，通过电磁感应，在两个电路之间实现能量的传递。它在电力系统中主要作用是变换电压、传输电能。变压器容量既可按电力系统 5～10 年发展规划的需要来确定，也可由上一级电压电网与下一级电压电网间的潮流交换容量来确定。变电站内装设 2 台（组）及以上变压器时，若 1 组故障或切除，剩下的变压器容量应保证该站全部负荷的 70%，在计及过负荷能力后的允许时间内，应保证用户的一级负荷和二级负荷。

三、电力线路

电力线路是输配线路的统称，按其结构可分为架空线路和电缆线路。架空线路与电缆线路相比具有结构简单、施工周期短、建设费用低、技术要求不高、维护检修方便、散热性能好、输送容量大等优点；电缆线路主要用于城市市区输电或海底输电等情况。

四、母线

母线是指在变电站中各级电压配电装置的连接部分，以及变压器等电气设备和相应配电装置的连接部分，通常采用铜质或铝质的裸导线或绞线制成，用来传输、汇集和分配电能。

五、高压开关设备

断路器是指能闭合、承载以及分断正常电路条件下的电流，也能在规定的异常电路条件（例如短路）下闭合、承载一定时间和分断电流的机械开关器件。隔离开关主要用于将带电运行设备与检修或故障设备隔离，形成明显的断开点，可以配合母线进行运行方式的倒换以及开断允许电流。

六、电流互感器

电流互感器是将大电流按规定的比例转换成小电流的设备，提供给仪表、保护装置、自动装置使用，将二次设备与高压设备隔离，不仅可以保证设备和人身安全，还可以使仪表及二次装置标准化、简单化，提高经济效益。电流互感器由相互绝缘的一次绕组、二次绕组、铁芯以及构架、壳体、接线端子等组成。

七、电压互感器

电压互感器是将高电压按规定的比例转换成低电压的设备，提供给仪表、保护装置、自动装置使用，将二次设备与高压设备隔离，不仅可以保证设备和人身安全，还可以使仪表及二次装置标准化、简单化，提高经济效益。电压互感器由相互绝缘的一次绕组、二次绕组、铁芯以及构架、壳体、接线端子等组成。

八、无功补偿装置

在电力系统中，无功补偿装置用于调整电网的电压，提高电网的稳定性，主要有并联电抗器和并联电容器。并联电抗器用于吸收系统无功，调节系统电压，通常采用单相、干式、空芯、自冷电抗器。并联电容器用于补偿系统无功，调节系统电压，一般采用单体电容器经过串并联后组成Y接线的电容器组。

九、二次设备

二次设备用来对一次系统进行监视、控制、调节和为检修人员及生产运行人员提供一次系统运行工况及生产指挥信号，主要包括变电站内的继电保护设备、通信自动化设备、安全自动装置及其相关的附属设备。由二次设备互相连接，构成对一次设备进行监测、控制、调节和保护的电气回路称为二次回路。

第二章

继电保护及安全自动装置原理与配置

第一节　继电保护装置原理与配置

一、线路保护

220kV 线路按照双重化配置纵联保护，每套纵联保护包含完整的主保护、后备保护以及重合闸功能，主保护根据原理不同分为纵联距离保护、纵联零序保护和纵联电流差动保护三种，后备保护一般配置 3 段接地、相间距离保护和 2 段零序过电流保护。当系统需要配置过电压保护时，配置双重化的过电压及远方跳闸保护，远方跳闸保护应采用“一取一”经就地判别方式；110kV 线路的电源侧应配置一套线路保护，负荷侧可以不配置保护，保护功能主要配置距离零序保护。根据系统要求需快速切除故障及采用全线速动保护的，应配置一套纵联保护，优先选用纵联电流差动保护。当负荷为电气化铁路、钢厂等冲击性负荷时，可能会使线路保护装置频繁启动，应该采用 D 型保护装置。10（35）kV 出线一般配置过电流保护装置。接带大容量变压器的 35kV 出线，宜采用距离保护装置。10（35）kV 电厂并网线、双线并列运行、保证供电质量需要或有系统稳定要求时，应配置全线速动的快速主保护及后备保护，优先采用纵联电流差动保护作为主保护。

（一）纵联保护

输电线路的纵联保护是利用某种通信通道将输电线路两端的保护装置纵向连接起来，将两端电气量（电流、电流相位和故障方向等）传送到对端进行比较，判断故障是在本线路范围内还是本线路范围之外，从而决定是否切除被保护线路。纵联保护结构如图 2–1 所示。

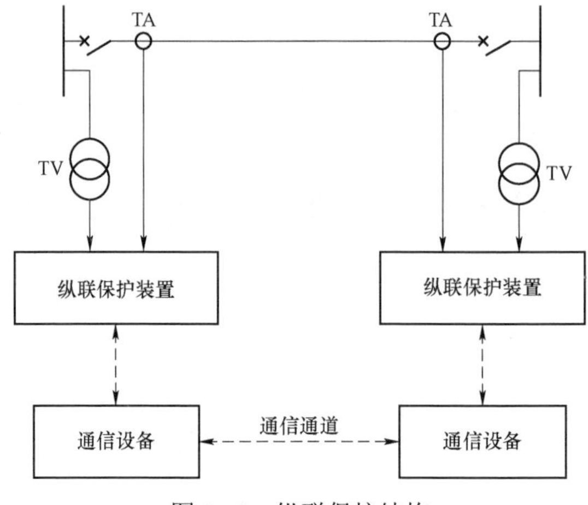

图 2-1 纵联保护结构

1. 通道类型

通信通道是纵联保护的重要组成部分，通信通道是否可靠直接关系着保护正确动作与否。目前使用的通道类型主要有电力载波通道和光纤通道两种。

2. 通道信号

纵联保护通道中传送的逻辑量信号分为闭锁信号、允许信号和跳闸信号，如图 2-2 所示。

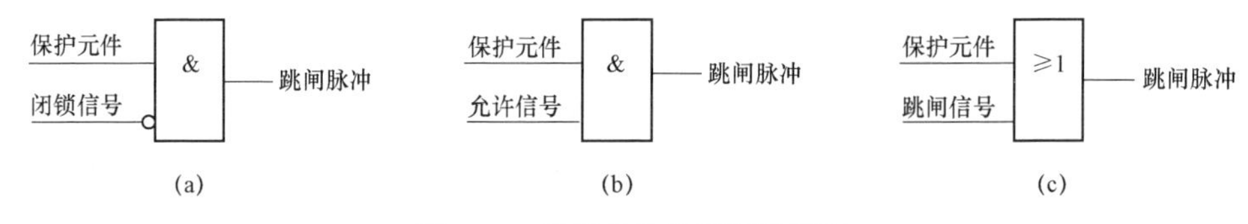

图 2-2 纵联保护信号逻辑量图

（a）闭锁信号；（b）允许信号；（c）跳闸信号

（1）闭锁信号。闭锁信号是闭锁保护动作于跳闸的信号，收不到闭锁信号是保护能够跳闸的必要条件。表示闭锁信号逻辑的方框图如图 2-2（a）所示。只有同时满足以下两条件时保护才作用于跳闸：① 本端保护元件动作；② 无闭锁信号。

当外部故障时，闭锁信号从本线路近故障点的一端发出，当线路另一端纵联保护收到闭锁信号时，其保护元件虽然动作，但不会再出口跳闸。当内部故障时，线路两端都不发送闭锁信号，线路两端都收不到闭锁信号，保护元件动作后即可出口跳闸。

（2）允许信号。允许信号是允许保护动作跳闸的信号，收到允许信号是保护动作跳闸的必要条件。表示允许信号逻辑的方框图如图 2-2（b）所示，只有同时满足以下两条件时保护才作用于跳闸：① 本端保护元件动作；② 收到对侧允许信号。

当内部故障时，线路两端互送允许信号，在收到对侧允许信号且保护元件动作后出口跳闸；当外部故障时，近故障端不发出允许信号，远故障端的保护元件虽动作，但收不到对侧的允许信号不能出口跳闸。

（3）跳闸信号。跳闸信号是直接引起跳闸的信号，如图 2–2（c）所示。跳闸的条件是本端保护元件动作，或者对端传来跳闸信号。只要本端保护元件动作即作用于跳闸，与有无跳闸信号无关；只要收到跳闸信号即作用于跳闸，与本端保护元件动作与否无关。换句话说，跳闸信号或者本端保护元件动作都是保护作用于跳闸的充分条件。

3. 闭锁式纵联方向保护

输电线路每一端都装有两个方向元件：一个是正方向元件 F+，其保护方向是正方向，反方向短路时不动作；另一个是反方向元件 F–，其保护方向是反方向，正方向短路时不动作。如果在图 2–3 中的 NP 线路上发生短路，方向元件动作情况 √ 表示动作、× 表示不动作。NP 线路是故障线路，MN 线路是非故障线路。故障线路 NP 两端的方向元件都判定为正方向短路，所以两端的 F+均动作，两端的 F–均不动作。非故障线路中近故障点的 N 端，其方向元件判定为反方向短路，正方向元件 F+不动作，反方向元件 F–动作。通过比较输电线路两端四个方向元件的动作行为，满足故障线路特征时保护发跳闸命令，否则闭锁保护。以方向元件为核心元件的纵联保护称作纵联方向保护。

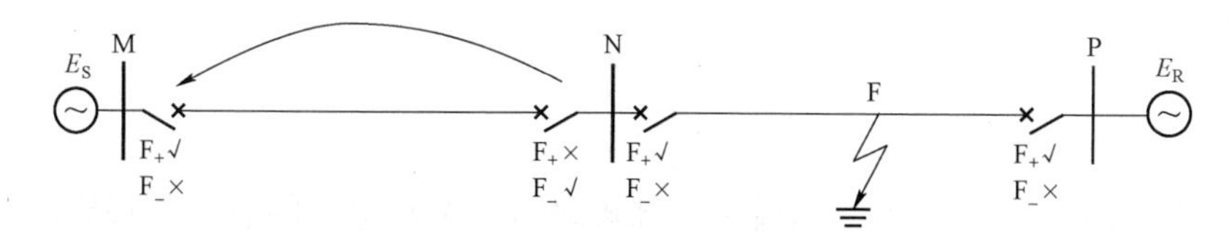

图 2–3 纵联方向保护基本原理

4. 闭锁式纵联距离保护

纵联距离保护是比较两端方向性的阻抗继电器判断保护动作行为的一种纵联保护。在图 2–4 的系统中，阻抗继电器的动作情况 √ 表示动作、× 表示不动作。对于故障线路 NP 两端的阻抗继电器来说，由于短路在正方向，短路点位于它的保护范围内，两端的阻抗继电器都能动作。而对于非故障线路 MN 两端的阻抗继电器来说，近故障点的 N 端判断为反方向，短路阻抗继电器不动作。远离故障点的 M 端判断为正方向短路，如果短路点位于保护范围内时阻抗继电器动作，短路点位于继电器的保护范围外时阻抗继电器不动作，M 端阻抗继电器可能动作也可能不动作。比较两端阻抗继电器的动作行为区别故障线路与非故障线路，利用具有方向性的阻抗继电器构成的纵联保护称为闭锁式纵联距离保护。

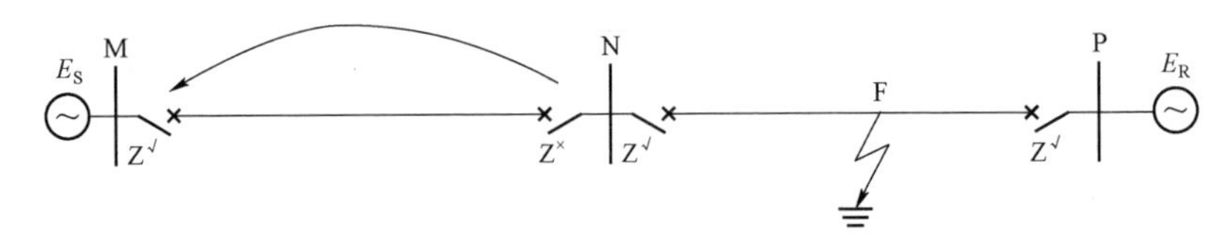

图 2-4 纵联距离保护基本原理

5. 纵联电流差动保护

在图 2-5（a）所示的系统图中，设流过两端保护的电流 $\dot{I}_M$、$\dot{I}_N$ 母线流向被保护线路的方向规定为其正方向，如图中箭头方向所示。以两端电流的相量和作为差动保护的动作电流 I_d 和两端电流的相量差作为差动保护的制动电流 I_r 为

$$\begin{cases} I_d = \left|\dot{I}_M + \dot{I}_N\right| \\ I_r = \left|\dot{I}_M - \dot{I}_N\right| \end{cases} \tag{2-1}$$

纵联电流差动比率动作特性一般如图 2-5（b）所示，阴影区为动作区，非阴影性称作比率制动特性，是差动保护中常用的动作特性。I_{qd} 为差动保护的启动电流，K_r 为该斜线的斜率，也等于制动系数。制动系数定义为动作电流与制动电流的比值 $K_r = I_d / I_r$。图 2-5（b）所示的两折线的动作特性数学形式表述为式（2-2）

$$\begin{cases} I_d > I_{qd} \\ I_d > K_r \times I_r \end{cases} \tag{2-2}$$

如图 2-5（c）所示，当线路内部短路时，两端电流的方向与规定的正方向相同，根据接点电流定理列出差动电流和制动电流计算值

$$\begin{cases} I_d = \left|\dot{I}_M + \dot{I}_N\right| = \left|\dot{I}_K\right| = I_K \\ I_r = \left|\dot{I}_M - \dot{I}_N\right| = \left|\dot{I}_M + \dot{I}_N - 2\dot{I}_N\right| = \left|\dot{I}_K - 2\dot{I}_N\right| \end{cases} \tag{2-3}$$

此时差动电流等于短路点的电流 I_K，差动电流很大，制动电流较小，小于短路点的电流 I_K。如果两端电流幅值、相位相同的话，制动电流甚至为零（$I_r = \left|\dot{I}_M - \dot{I}_N\right| = 0$）。因此工作点落在动作特性的动作区，差动保护动作。

当线路外部短路时，$\dot{I}_M$、$\dot{I}_N$ 中存在电流反相。例如，在图 2-5（d）中，流过本线路的电流是穿越性的短路电流 I_K，如果忽略线路上的电容电流，差动电流和制动电流计算为

$$\begin{cases} I_{d}=\left|\dot{I}_{M}+\dot{I}_{N}\right|=0 \\ I_{r}=\left|\dot{I}_{M}-\dot{I}_{N}\right|=2I_{K} \end{cases} \tag{2-4}$$

此时差动电流为零，制动电流是 2 倍的穿越性的短路电流 I_K，制动电流很大，落在动作特性的不动作区，差动保护不动作，所以差动保护可以正确区分外部故障和内部故障。

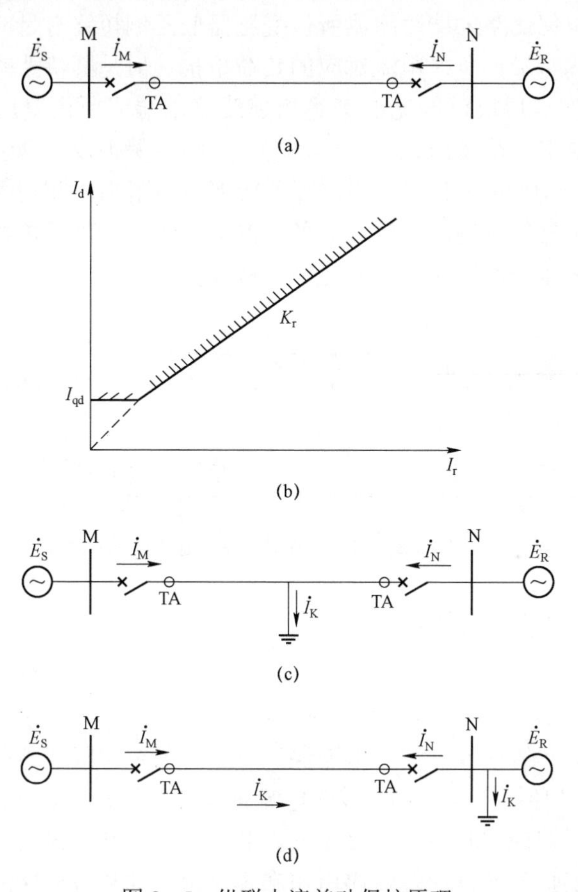

图 2-5　纵联电流差动保护原理

（a）系统图；（b）比率制动特性；（c）内部故障；（d）外部故障

（二）距离保护

距离保护是利用短路时电压、电流同时变化特征，测量电压和电流的比值，反映故障点至保护安装处的距离而工作的保护，分为反映相间故障的相间距离保护和反映接地故障的接地距离保护。距离保护相对于电流保护来说，其突出的优点是受运行方式变化的影响小。距离保护的主要元件是阻抗继电器，阻抗继电器的测量阻抗可以反映短路点的远近，短路点越近，保护动作越快，短路点越远，保护动作越慢，可以做成阶梯形的时限特性，如图2-6所示。目前广泛应用的是具有三段动作范围的阶梯形时限特性，分别称为距离保护Ⅰ、Ⅱ、Ⅲ段。Ⅰ段按躲过本线路末端短路时接地或相间故障整定，它只能保护本线路的一部分，其动作时间是保护的固有动作时间，一般不带专门的延时。Ⅱ段应该可靠保护本线路的全长，它的保护范围延伸到相邻线路上。Ⅲ段作为相邻设备的后备，在相邻线路末端短路或所供变压器低压侧短路有足够的灵敏度，并且要可靠躲过线路最大负荷电流对应的负荷阻抗。但是圆特性的距离保护按照最大负荷电流整定后很可能无法满足相邻线路末端或所供变压器低压侧短路时保护灵敏度要求，在《10kV～110（66）kV线路保护及辅助装置标准化设计规范》（Q/GDW 10766—2015）还设置了接地距离附加段和相间距离附加段作为线路末端变压器低压侧故障的远后备，保证本线路距离保护按最大负荷电流整定后还能对变压器低压侧故障有足够灵敏度。

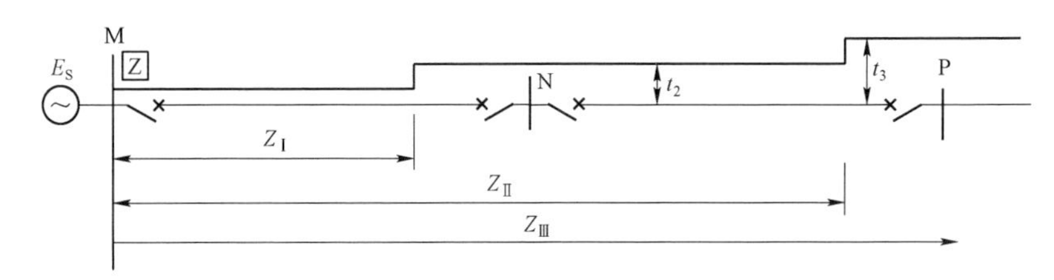

图2-6　距离保护阶梯时限特性

（三）零序电流方向保护

在中性点直接接地电网中，接地故障占总故障的绝大部分，输电线路零序电流保护是反映输电线路接地故障时零序电流分量大小和方向的多段式电流方向保护。220kV线路保护零序电流保护设置二段定时限（零序电流Ⅱ段和Ⅲ段），零序电流Ⅱ段固定带方向，零序电流Ⅲ段方向可投退。110kV线路保护零序电流保护设置四段定时限（零序Ⅰ段、Ⅱ段、Ⅲ段和Ⅳ段）。

零序方向保护是通过比较零序电压和零序电流的相位来区分正、反方向的接地短路。设零序方向继电器F_0装在MN线路的M端。在图2-7所示的零序序网图中，零序电压的正方向是母线电位为正、中性点电位为负，图中电压箭头表示电位降方向。零序电流以母线流向被保护线路的方向为其正方向。

正方向短路时零序序网图可知$\dot{U}_0=-\dot{I}_0 Z_{S0}$

反方向短路时零序序网可得$\dot{U}_0=\dot{I}_0(Z_{l0}+Z_{R0})$

如果系统中线路零序阻抗的阻抗角都为80°，则正方向短路时零序电压超前零序电流的角度为

$$\varphi=\arg\left(\frac{\dot{U}_0}{\dot{I}_0}\right)=\arg(-Z_{s0})=\arg(Z_{s0})-180^\circ=-100^\circ \qquad (2-5)$$

图 2-7　正反接地短路时零序网络图和向量图

（a）正方向短路；（b）反方向短路；（c）正方向短路相量图；（d）反方向短路相量图

反方向短路时零序电压超前零序电流的角度为

$$\varphi=\arg\left(\frac{\dot{U}_0}{\dot{I}_0}\right)=\arg(Z_{l0}+Z_{R0})=80^\circ \qquad (2-6)$$

正方向短路和反方向短路时的相量图示于图 2-7（c）和图 2-7（d）中。正方向短路时，零序电流超前于零序电压；反方向短路时，零序电流滞后于零序电压。正、反方向短路时零序电压超前于零序电流的角度截然相反，可用以区分正、反方向短路。

二、变压器保护

（一）变压器保护的配置

220kV 电压等级变压器双重化配置主、后备一体电气量保护和一套非电量保护，智能站的非电量保护功能由本体智能终端实现。110kV 电压等级变压器双套配置主、后备一体电气量保护或单套配置主、后备分体电气量保护和一套非电量保护，智能站的非电量保护功能由本体智能终端实现。

1. 瓦斯保护

户外容量在 0.8MVA 及以上的油浸式变压器和户内 0.4MVA 及以上的油浸式

变压器应装设瓦斯保护。不仅变压器本体有瓦斯保护，有载调压部分同样设有瓦斯保护。瓦斯保护用来反映变压器的内部故障和漏油造成的油面降低，同时也能反映绕组的开焊故障。即使是匝数很少的短路故障，瓦斯保护同样能可靠反映。瓦斯保护有重瓦斯、轻瓦斯之分。一般重瓦斯动作于跳闸，轻瓦斯动作于信号。

2. 纵差保护和电流速断保护

纵差保护和电流速断保护用来反映变压器绕组的相间短路故障、绕组的匝间短路故障、中性点接地侧绕组的接地故障以及引出线的接地故障。对于变压器内部的短路故障，如星形接线中绕组尾部的相间短路故障、绕组很少的匝间的短路故障，纵差保护和电流速断保护无法反映，即存在保护死区；此外，也不能反映绕组的开焊故障。由于瓦斯保护不能反映油箱外部的短路故障，故纵差保护和瓦斯保护均为变压器的主保护。

10MVA 及以上容量的单独运行变压器、6.3MVA 及以上容量的并联运行变压器或工业企业中的重要变压器，应装设纵差保护。对于 2MVA 及以上容量的变压器，当电流速断保护灵敏度不满足要求时，应装设纵差保护。

3. 反映相间短路故障的后备保护

正常用作变压器外部相间短路和内部绕组、引出线相间短路故障的后备保护。根据变压器的容量和在系统中的作用，可分别采用过电流保护、复合电压启动的过电流（方向）保护、阻抗保护。

4. 反映接地故障的后备保护

变压器中性点直接接地时，用零序电流（方向）保护做变压器外部接地故障和中性点直接接地侧绕组、引出线接地故障的后备保护。中性点不接地时，可用零序电压保护、中性点的间隙零序电流保护作变压器接地故障的后备保护。

5. 过负荷保护

用来反映容量在 0.4MVA 及以上变压器的对称过负荷。过负荷保护只需要用一相电流，延时作用于信号。

6. 过励磁保护

在超高压变压器上才装设过励磁保护，过励磁保护具有反时限特性以充分发挥变压器的过励磁能力。过励磁保护动作后可发信号或动作于跳闸。

7. 其他保护

其他保护变压器本体和有载调压部分的油温保护、压力释放保护、启动风冷保护、过载闭锁调压保护等。

（二）纵差保护

1. 纵差保护的保护范围

纵差保护作为变压器绕组故障时的主保护，其保护范围是构成差动保护的各侧电流互感器之间所包围的部分，包括变压器本身、电流互感器与变压器之间的引出线。由于差动保护为单元保护，可快速跳闸。

2. 纵差保护的构成原理（见图 2－8）

如果变压器的变比和变压器星角接线带来的相位差异被正确补偿后，变压器在正常运行或外部故障时，流过变压器各侧电流的相量和为零。即

$$\sum \dot{I}=0 \tag{2-7}$$

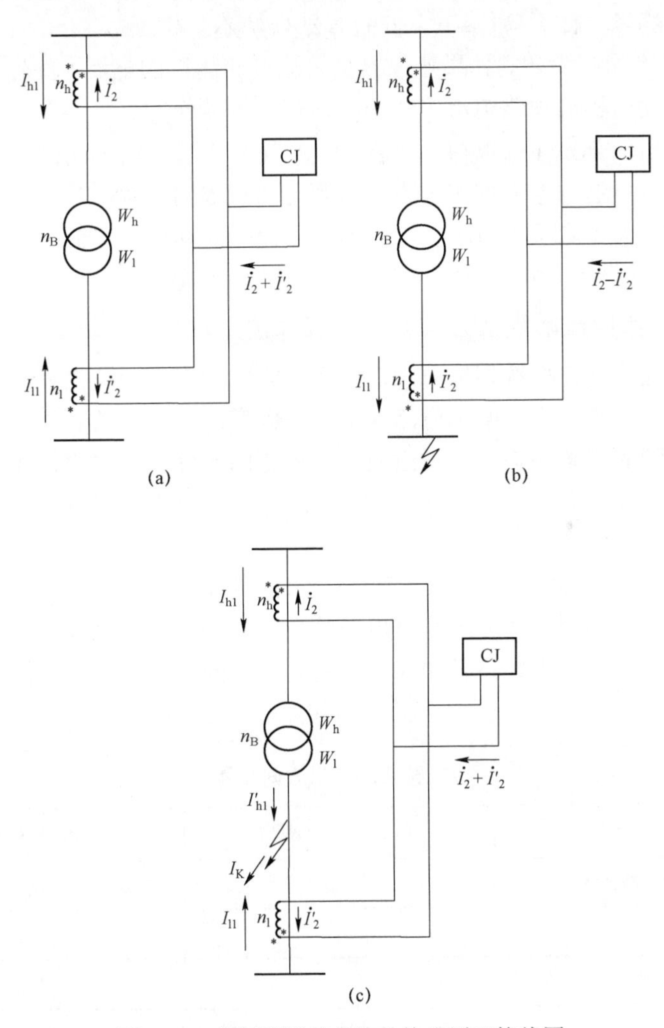

图 2－8　变压器纵差保护的构成原理接线图

（a）电流正方向的规定；（b）正常运行与外部短路；（c）内部短路

变压器正常运行或外部故障时，流入变压器的电流等于流出电流。各侧电

流的相量和为零，纵差保护不动作。当变压器内部故障时，各侧电流的相量和等于短路点的短路电流，纵差保护动作切除故障变压器。

如果变压器各侧以流入变压器的电流为正方向，如图 2-8（a）所示，差动继电器中的电流为$\dot{I}_2+\dot{I}_2'$。假设在正常运行时负荷电流和发生外部短路时流过变压器的短路电流都是从上往下流的，此时图中$\dot{I}_2$电流的方向与规定的电流正方向相同、$\dot{I}_2'$电流的方向与规定的电流正方向相反，流入差动继电器中的电流为$\dot{I}_2-\dot{I}_2'$。合理选择电流互感器的变比和接线方式，就可以使流入差动继电器中的电流为零，即$\dot{I}_2-\dot{I}_2'=0$，此时差动保护不动作。

从图 2-8 可以看出，如果变压器里只流过穿越性的电流（负荷电流或外部短路时流过变压器的短路电流）时差动保护是不动作的。

当变压器内部发生短路时，如图 2-8（c）所示，由于两侧电源向故障点提供短路电流，这时电流的实际方向与规定的正方向一致，且幅值均较大。如果把短路电流$\dot{I}_k$也归算到 TA 二次侧的话，流入差动继电器的电流就等于短路电流，即$\dot{I}_2-\dot{I}_2'=\dot{I}_k>>0$，差动保护可以动作切除故障。

（三）复合电压闭锁（方向）过电流保护

为确保保护动作的选择性要求，在两侧或三侧有电源的三绕组变压器上配置复合电压，闭锁（方向）过电流保护，作为变压器和相邻元件（包括母线）相间短路故障的后备保护。保护由相间功率方向元件、过电流元件和复合电压元件构成。

1. 功率方向元件

功率方向元件的电压、电流取自于本侧的电压、电流。相间功率方向元件多采用 90° 接线，与接入$\dot{I}_g$继电器的电压$\dot{U}_g$间有 90° 相角差，故称为 90° 接线，但它不表示发生短路时加入功率方向元件的电压与电流相位相差 90°，详见表 2-1。

表 2-1　90° 接线的功率方向元件

接线方式	接入继电器电流 $\dot{I}_g$	接入继电器电压 $\dot{U}_g$
A 相功率方向元件	$\dot{I}_A$	$\dot{U}_{BC}$
B 相功率方向元件	$\dot{I}_B$	$\dot{U}_{CA}$
C 相功率方向元件	$\dot{I}_C$	$\dot{U}_{AB}$

在图 2-9 中，作出$\dot{U}_g$相量，向超前方向作$\dot{U}_g e^{j\alpha}$相量，垂直$\dot{U}_g e^{j\alpha}$相量的直线 *ab* 的阴影线侧即为正方向短路时$\dot{I}_g$动作区，$\dot{I}_g$落在这一侧功率方向元件动作。$\dot{I}_g$落在$\dot{U}_g e^{j\alpha}$方向上，功率方向元件动作最灵敏，在$\dot{U}_g e^{j\alpha}$方向左右 90°

是方向元件的动作区。因此正方向功率方向元件的动作方程可写为式（2-8）

$$-90^\circ < \arg\left(\frac{\dot{I}_g}{\dot{U}_g e^{j\alpha}}\right) < 90^\circ \tag{2-8}$$

一般称α为 90° 接线的功率方向元件的内角（30° 或 45° ），$\dot{I}_g$超前$\dot{U}_g$的相角正好为α时，正向元件动作最灵敏。如果以$\dot{I}_g$滞后$\dot{U}_g$的角度为正角度，那么$\dot{I}_g$超前$\dot{U}_g$的角度为负角度。则最大灵敏角为 –30° 或 –45°，即最大灵敏角为$\varphi_{sen}=-\alpha$。$\dot{I}_g$超前$\dot{U}_g$的相角为30° 或 45° 时，正向元件动作最灵敏。

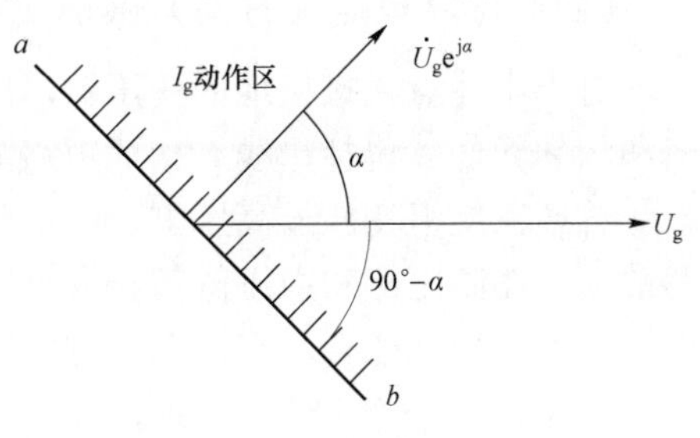

图 2-9　90° 接线的功率方向元件工作原理

反方向的功率方向元件往反方向保护，$\dot{I}_g$的动作区与正方向元件正好相反。它的动作方程为式（2-9）

$$90^\circ < \arg\left(\frac{\dot{I}_g}{\dot{U}_g e^{j\alpha}}\right) < 270^\circ \tag{2-9}$$

反方向方向元件的最大灵敏角为 150° 或 135°，即电流$\dot{I}_g$滞后电压$\dot{U}_g$ 150° 或 135° 时反方向方向元件动作最灵敏。

在保护装置定值单中设有控制字来控制过电流保护的方向指向。接入装置的 TA 极性，都设定正极性端应在母线侧。当控制为“1”时，表示方向指向系统（母线），最大灵敏角为 150° 或 135°；当控制字为“0”时，表示方向指向变压器，最大灵敏角为 –30° 或 –45°。

2. 复合电压闭锁元件

复合电压闭锁元件由相间低电压元件和负序过电压元件按“或”逻辑构成。高（中）压侧复压元件由各侧电压经“或”门构成；低压侧复压元件取本侧（或本分支）电压；低压侧按照分支分别配置电抗器时，电抗器复压元件取本分支电压。

复合电压闭锁元件的动作判据为

$$\min(\dot{U}_{ab},\dot{U}_{bc},\dot{U}_{ca}) < \dot{U}_{zd} \tag{2-10}$$

$$\dot{U}_2 > \dot{U}_{2zd} \tag{2-11}$$

式中　$\dot{U}_{zd}$ ——本侧母线相间电压的低电压定值；

$\dot{U}_{2zd}$ ——负序电压定值。满足上述任意一个条件表明复合电压闭锁元件动作。

3. 过电流元件

采用保护安装侧 TA 的三相电流构成过电流元件。过电流元件的动作方程为

$$\dot{I}_{\varphi} > \dot{I}_{zd} \quad (2-12)$$

式中　$\dot{I}_{zd}$——电流元件的定值；

φ——A、B、C。

（四）零序电流（方向）保护

对于中性点直接接地的变压器，应装设零序电流（方向）保护，作为变压器和相邻元件（包括母线）接地短路故障的后备保护。

普通三绕组变压器高压侧、中压侧同时接地运行时，如任一侧发生接地短路故障，在高压侧和中压侧都会有零序电流流通，为使高、中压侧变压器的零序电流保护相互配合，需加零序方向元件。对于三绕组自耦变压器，高压侧和中压侧还共用一个中性点接地，任一侧发生接地故障时，零序电流可在高压侧和中压侧间流通，同样需要零序电流方向元件以使两侧变压器的零序电流保护相互配合。零序方向元件交流回路采用 0° 接线。

图 2-10 所示为高压侧和中压侧中性点均接地的三绕组变压器系统图，高压侧为 H 侧，中压侧为 M 侧，低压侧为 L 侧。

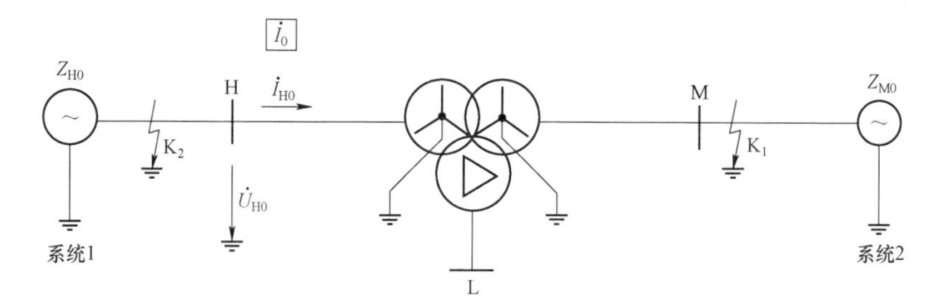

图 2-10　高压侧和中压侧中性点均接地的三绕组变压器系统图

保护正方向中压侧 M 处 K_1 发生了接地短路故障，从零序网络图（见图 2-11）关系得

$$\dot{U}_{H0} = -\dot{I}_{H0}\dot{Z}_{H0} \quad (2-13)$$

根据相位关系，正方向（动作方向）指向变压器零序方向元件动作方程为式（2-14），如果零序阻抗角 φ_{H0} 为 75°，可见最大灵敏角为 255° 或 -105°

$$-90^{\circ} < \arg\left[\frac{3\dot{U}_0}{3\dot{I}_0 e^{j(\varphi_{H0}+180)}}\right] < 90^{\circ} \quad (2-14)$$

保护正方向高压侧 H 处 K_2 发生了接地短路故障，从零序网络图（见图 2-12）关系得

$$\dot{U}_{H0} = \dot{I}_{H0}[Z_{T1} + (Z_{T2} + Z_{M0}) // Z_{T3}] \quad (2-15)$$

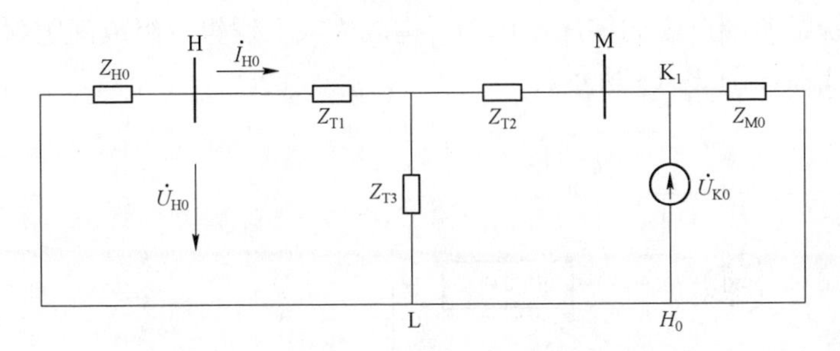

图 2-11　中压侧 M 母线 K_1 点接地零序网络图

根据相位关系，正方向（动作方向）指向母线（系统）零序方向元件动作方程见式（2-16），如果零序阻抗角 φ_{M0} 为 75°，可见最大灵敏角为 75°（建议假设 Z_{T1}、Z_{T2}、Z_{T3}、φ_{M0} 零序阻抗角均为 75°）。

$$-90° < \arg\left(\frac{3\dot{U}_0}{3\dot{I}_0 e^{j\varphi_{M0}}}\right) < 90° \tag{2-16}$$

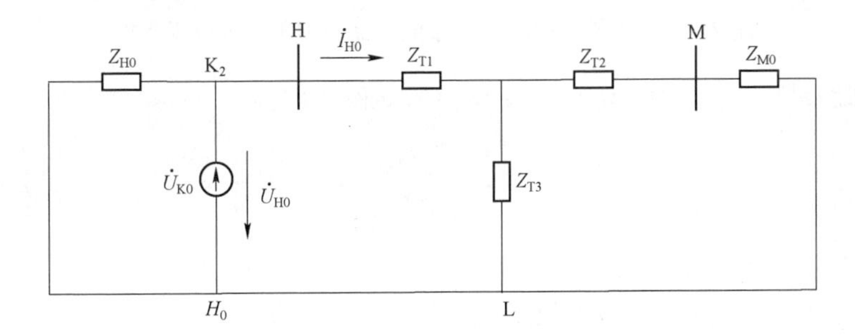

图 2-12　高压母线 H 侧 K_2 点接地零序网络图

在保护装置定值单中设有控制字来控制零序方向的指向。当控制字为“1”时，表示方向指向系统（母线），最大灵敏角为 75°；当控制字为“0”时，表示方向指向变压器，最大灵敏角为 255°。方向元件所用的零序电压固定为自产零序电压。用自产零序电流时，TA 的正极性端在母线侧；用中性点的零序电流时，TA 的正极性端在变压器侧。

（五）中性点间隙保护

对于中性点不接地的半绝缘变压器装设间隙保护作为接地短路故障的后备保护。间隙保护包括间隙过电流保护、零序过电压保护。当中性点电压升高至一定值时，放电间隙击穿接地，保护变压器中性点的绝缘安全，当放电间隙击穿接地后，放电间隙将流过一个电流，可以构成间隙零序电流保护。利用放电间隙击穿以后产生的间隙零序电流 $3I_0$ 和在接地故障时在故障母线 TV 的开口三角形绕组两端产生的零序电压 $3U_0$ 构成“或”逻辑，组成间隙保护。保护的原理接线图如图 2-13 所示。

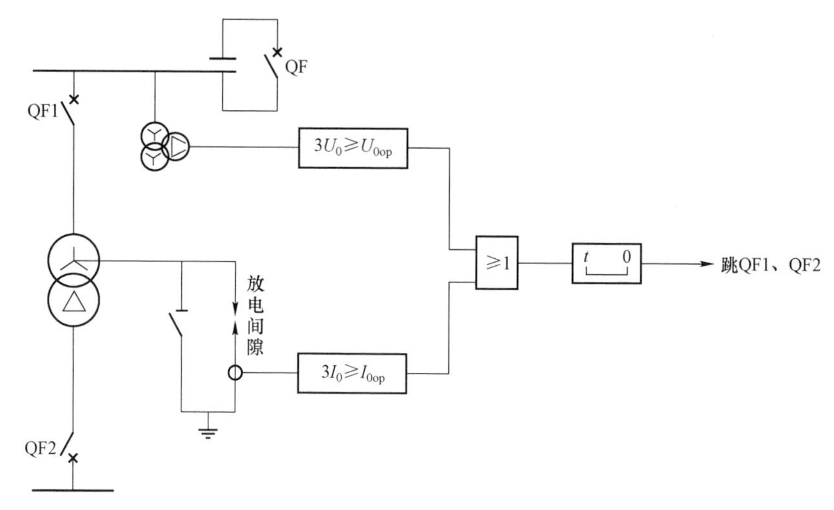

图 2-13 变压器的间隙零序电流保护和零序过电压保护

间隙零序电流保护与零序电压保护的动作方程为

$$\begin{cases}3I_0 \geqslant I_{0op} \\ 3U_0 \geqslant U_{0op}\end{cases} \tag{2-17}$$

式中 I_0 ——流过击穿间隙的电流（二次值）；

$3U_0$ ——TV 开口三角形电压；

I_{0op} ——间隙保护动作电流，一般按照规程取 40～100A；

U_{0op} ——间隙保护动作电压，一般整定 150～180V（额定值为 300V）或 120V（额定值为 173V）。当间隙零序电流或 TV 开口三角零序电压大于动作值时，保护动作，经延时跳开变压器各侧断路器。在间隙击穿过程中，零序过电流和零序过电压可能交替出现，零序过电压和零序过电流元件动作后相互保持，此时间隙保护的动作时间整定值和跳闸控制字的整定值均以间隙零序过电流保护的整定值为准。

三、母线保护

220kV 母线配置双套含失灵保护功能的母线保护，每套线路保护及变压器保护各启动一套失灵保护。220kV 母线保护功能一般包括母线差动保护、断路

器失灵保护、母联相关的保护（母联失灵保护、母联死区保护、母联过电流保护、母联充电保护等）。按照新的设计规范，要求母联（分段）断路器应配置母联独立过电流保护装置。常规站按单套配置，智能站按双重化配置。

110kV 母线按照设计规范要求，双母线接线和双母单分段接线应配置一套母线保护，双母线双分段应配置两套母线保护，单母分段接线、单母三分段接线可配置一套母线保护。

（一）母线差动保护

如果规定母线上各连接单元里从母线流出的电流为正方向，也就是各连接单元 TA 的同极性端在母线侧，微机型母差保护把各连接单元 TA 二次按正方向规定的电流相量和的幅值作为差动电流（动作电流）I_{d}，见式（2-18）

$$I_{\mathrm{d}}=\left|\sum_{j=1}^{n}\dot{I}_{j}\right| \tag{2-18}$$

式中　n——母线上连接的元件；

$\dot{I}_{j}$——母线所连第 j 条出线的电流。

母线在正常运行及外部故障时，根据节点电流定理（基尔霍夫第一定理），流入母线的电流等于流出母线的电流。如果不考虑 TA 的误差等因素，理想状态下各电流的相量和等于零，考虑了各种误差，差动电流是一个不平衡电流，此时母差保护可靠不动作。

当母线上发生故障时，各连接单元里的电流都流入母线，差动电流的相量和等于短路点的短路电流，差动电流的幅值很大。只要差动电流的幅值达到一定数值，差动保护可靠动作。母线差动保护由大差和各段母线的小差组成。母线大差是由除母联断路器和分段断路器以外的所有其余支路电流的相量和，其作用是判别母线区内和区外故障，但它不能区分故障母线。母线小差是与该母线相连的各支路电流构成的差动元件，包括与该母线相关联的母联断路器和分段断路器支路的电流相量和，其作用是故障母线的选择。对于双母线、母线分段等形式的母线保护，如果大差动元件和某条母线小差动元件同时动作，则该条母线将被切除，也就是“大差判母线故障，小差选故障母线”。

（二）母联充电保护

为了可靠切除被充电母线上的故障，在母联断路器或分段断路器上设置相电流和零序电流保护作为母联充电保护。

构成原理是当母联断路器的跳闸位置继电器由“1”变为“0”（跳闸位置继电器由动作变为不动作），或虽然母联断路器的跳闸位置继电器=1 但母联已有电流（大于 0.04 倍的 TA 二次额定电流），或两母线均变为有电压状态，说明母联断路器已在合闸位置，于是开放充电保护 300ms。在充电保护开放期间，若母联任一相电流大于充电保护整定电流定值，说明母联断路器合于故障母线上，经短延时跳开母联断路器。母联充电保护的跳闸不经复合电压闭锁。母联充电保护动作后是否需要闭锁母差保护可由控制字选择，如选择需要闭锁母差保护，在整个充电保护开放期间母线差动保护将闭锁。充电保护投入期间需要闭锁母差，因为在母联充电过程中母联断路器和母联 TA 之间又发生故障，此时母联跳闸继电器已返回，母线保护会将母联 TA 的电流引入小差计算，可能造成运行母线的差动保护误动作，将运行母线各断路器跳开。充电保护投入时闭锁母差保护，故障由母联充电保护动作切除，可以避免这种情况。

母联充电保护动作的同时启动母联失灵保护，即使母联断路器失灵，也可以由母联（分段）失灵保护把整个母线上的元件切除。

（三）母联过电流保护

作为电力设备（如线路、变压器等设备）临时性的保护，故障时由母联过电流保护跳开母联断路器切除故障。母联过电流保护由相电流元件、零序电流元件和延时元件构成。动作判据为式（2–19）、式（2–20）的“或”逻辑

$$I_{a(bc)} \geqslant I_{zd} \quad (2-19)$$

$$3I_0 \geqslant I_{0zd} \quad (2-20)$$

式中 I_a、I_b、I_c——母联的 a 相、b 相、c 相电流；

I_{zd}——过电流元件动作电流整定值；

$3I_0$——流过母联的零序电流；

I_{0zd}——零序电流元件动作电流整定值。母联（分段）过电流保护压板（控制字）投入后，当母联任一相电流大于母联过电流定值，或母联零序电流大于母联零序过电流定值时，经可整延时跳开母联断路器，不经复合电压闭锁。

（四）断路器失灵保护

当线路、变压器、母线或其他主设备发生短路，保护装置动作并发出了跳闸指令，但故障设备的断路器拒动，称之为断路器失灵。断路器失灵保护是一种近后备保护，系统发生故障之后，如果出现了断路器失灵而又没有采取其他措施，将可能损坏主设备、扩大停电范围甚至造成电力系统瓦解的严重后果。要求在 220kV 及以上电网或 110kV 电网的个别重要系统按规定配置断路器失灵保护。断路器失灵保护动作后，宜尽快地跳开其他断路器。对于双母线或单母线分段接线，保护动作后以较短的延时跳开母联或分段断路器，再经另外延时跳开与失灵断路器接在同一母线上的其他断路器。

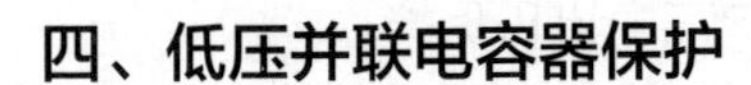

四、低压并联电容器保护

一般在变电站的低压侧装设并联电容器组，以补偿无功功率的不足，来提高母线电压质量，降低电能损耗，达到系统稳定运行的目的。

并联电容器可以接成星形（包括双星形），也可接成三角形（380V 及以下）。在较大容量的电容器组中，电压中的少量高次谐波可能在电容器中产生较大的高次谐波电流，容易造成电容器的过负荷，为此可在每相电容器组中串接一只电抗器以限制高次谐波电流。

（一）低压并联电容器异常运行方式

（1）电容器内部故障及其引出线短路。

（2）电容器组和断路器之间连接线短路。

（3）电容器组中某一故障电容器切除后引起剩余电容器的过电压。

（4）电容器组的单相接地故障。

（5）电容器组过电压。

（6）电容器组所连接的母线失压。

（7）中性点不接地的电容器组，各组对中性点的单相短路。

（二）低压并联电容器保护配置原则

（1）对电容器内部故障及其引出线的短路，宜在每台电容器分别装设专用的保护熔断器，熔丝的额定电流可为电容器额定电流的 1.5～2.0 倍。

（2）对电容器组和断路器之间连接线的短路，可装设带有短时限的电流速断和过电流保护，动作于跳闸。速断保护的动作电流，按最小运行方式下电容器端部引线发生两相短路时有足够的灵敏系数整定，保护的动作时限应防止电容器出现充电涌流时误动作，过电流保护的动作电流按电容器组长期允许的最大工作电流整定。

（3）当电容器组中的故障电容器被切除到一定数量后，引起剩余电容器端电压超过 110%额定电压时，保护应将整组电容器断开。为此，可采用下列保护之一：

1）中性点不接地单星形接线电容器组，可装设中性点电压不平衡保护。

2）中性点接地单星形接线电容器组，可装设中性点电流不平衡保护。

3）中性点不接地双星形接线电容器组，可装设中性点间电流或电压不平衡保护。

4）中性点接地双星形接线电容器组，可装设反应中性点回路电流差的不平衡保护。

5）电压差动保护。

6）单星形接线的电容器组，可采用开口三角电压保护。

电容器组台数的选择及其保护配置时，应考虑不平衡保护有足够的灵敏度，当切除部分故障电容器后，引起剩余电容器的过电压小于或等于额定电压的105%时，应发出信号；当过电压超过额定电压的110%时，应动作于跳闸。不平衡保护动作应带有短延时，防止电容器组合闸、断路器三相合闸不同步、外部故障等情况下误动作，延时可取为0.1～0.2s。

（4）对电容器组的单相接地故障，可参照线路保护的规定装设，但安装在绝缘支架上的电容器组可不再装设单相接地保护。

（5）对电容器组，应装设过电压保护，带时限动作于信号或跳闸。

（6）电容器应设置失压保护，当母线失压时带时限切除所有接在母线上的电容器。

（7）电网中出现的高次谐波可能导致电容器过负荷时，电容器组宜装设过负荷保护，并带时限动作于信号或跳闸。

五、站用（接地）变压器保护

接地变压器用在中性点绝缘的三相电力系统中，用来为此系统提供中性点。该中性点可以直接接地，也可以经过电抗器、电阻器或消弧线圈接地。接地变压器的特性要求是零序阻抗低、空载阻抗高、损失小。采用曲折形接法的变压器能满足这些要求。

按规划需装设消弧线圈补偿装置的变电站，采用接地变压器引出中性点时，接地变压器可兼做站用变压器使用，接地变压器容量应满足消弧线圈和站用电的容量要求。

（一）站用（接地）变压器异常运行方式

（1）绕组及其引线的相间短路和中性点直接接地或经小电阻接地侧的接地短路。

（2）绕组的匝间短路。

（3）外部相间短路引起的过电流。

（4）中性点直接接地或经小电阻接地电力网中外部接地短路引起的过电流及中性点过电压。

（5）过负荷。

（6）中性点非有效接地侧的单相接地故障。

（7）油面降低。

（8）变压器油温、绕组温度过高及油箱压力过高和冷却系统故障。

（二）站用（接地）变压器保护配置原则

（1）对站用变压器的内部、套管及引出线的短路故障，按其容量及重要性的不同，应装设下列保护作为主保护，并瞬时动作于断开变压器的各侧断路器。

1）电压在10kV以上、容量在10MVA及以上的站用变压器，采用纵联差动保护。

2）电压在10kV及以下、容量在10MVA及以下的站用变压器，宜采用电流速断保护。对于电压为10kV的重要站用变压器，当电流速断保护灵敏度不符合要求时可采用纵联差动保护。

3）当站用变压器采用两级降压方式且两级变压器之间无断路器时，两级降压变压器可作为一个整体配置主保护及后备保护。

（2）对外部相间短路引起的站用变压器过电流，站用变压器应装设相间短路后备保护，保护带延时跳开相应的断路器。相间短路后备保护宜选用过电流保护、复合电压启动的过电流保护或复合电流保护。

1）35～66kV及以下中小容量的站用变压器，宜采用过电流保护。

2）110kV站用变压器相间短路后备保护用过电流保护不能满足灵敏度要求时，宜采用复合电压启动的过电流保护或复合电流保护。

（3）站用变压器根据实际可能出现过负荷情况，应装设过负荷保护，一般情况下动作于信号。

（4）0.8MVA及以上油浸式站用变压器应装设瓦斯保护。轻瓦斯保护动作于信号，重瓦斯保护动作于跳闸。对0.4MVA及以上的干式变压器，均应装设温度保护。

（5）对于从高电压等级引接的大容量站用变压器，出现油温度过高、绕组温度过高、油面过低、油箱内压力过高和冷却系统故障时，应装设相应的保护，可动作于信号或跳闸。

六、故障录波器及故障信息管理系统

（一）故障录波器配置原则

为了分析电力系统事故和安全自动装置在事故过程中的动作情况，以及为迅速判定线路故障点的位置，在主要发电厂、220kV及以上变电站和110kV重要变电站应装设专用故障记录装置。单机容量为200MW及以上的发电机或发电机变压器组应装设专用故障记录装置。

（1）故障记录装置的构成，可以是集中式的，也可以是分散式的。

（2）故障记录装置除应满足《电力系统动态记录装置通用技术条件》（DL/T 553）的规定外，还应满足下列技术要求：

1）分散式故障记录装置应由故障录波主站和数字数据采集单元（Data Acquistition Unit，DAU）组成。DAU应将故障记录传送给故障录波主站。

2）故障记录装置应具备外部启动的接入回路，每一DAU应能将启动信息传送给其他DAU。

3）分散式故障记录装置的录波主站容量应能适应该厂站远期扩建的DAU的接入及故障分析处理。

4）故障记录装置应有必要的信号指示灯及告警信号输出接点。

5）故障记录装置应具有软件分析、输出电流、电压、有功、无功、频率、波形和故障测距的数据。

6）故障记录装置与调度端主站的通信宜采用专用数据网传送。

7）故障记录装置的远传功能除应满足数据传送要求外，还应满足：

a. 能以主动及被动方式、自动及人工方式传送数据。

b. 能实现远方启动录波。

c. 能实现远方修改定值及有关参数。

8）故障记录装置应能接收外部同步时钟信号（如GPS的IRIG－B时钟同步信号）进行同步的功能，全网故障录波系统的时钟误差应不大于1ms，装置内部时钟24h误差应不大于±5s。

9）故障记录装置记录的数据输出格式应符合IEC 60255－24。

（二）继电保护及故障信息管理系统配置原则

为使调度端能全面、准确、实时地了解系统事故过程中继电保护装置的动作行为，应逐步建立继电保护及故障信息管理系统。

（1）继电保护及故障信息管理系统功能要求：

1）系统能自动直接接收直调厂、站的故障录波信息和继电保护运行信息。

2）能对直调厂、站的保护装置、故障录波装置进行分类查询、管理和报告提取等操作。

3）能够进行波形分析、相序相量分析、谐波分析、测距、参数修改等。

4）利用双端测距软件准确判断故障点，给出巡线范围。

5）利用录波信息分析电网运行状态及继电保护装置动作行为，提出分析报告。

6）子站端系统主要是完成数据收集和分类检出等工作，以提供调度端对数据分析的原始数据和事件记录量。

（2）故障信息传送原则要求：

1）全网的故障信息必须在时间上同步，在每一事件报告中应标定事件发生的时间。

2）传送的所有信息均应采用标准规约。

第二节　安全自动装置原理与配置

电力系统安全自动装置是防止电力系统失去稳定性和避免电力系统发生大面积停电事故的自动装置。当电力系统受到故障冲击时，电网结构或潮流发生较大变化，安全自动装置有助于将电力系统的状态恢复到比较稳定的运行状态，因此电力系统安全自动装置是电力安全稳定运行的重要保障，是电力系统运行中不可或缺的一部分。

目前，电力系统主要配置和使用的安全自动装置有安全稳定控制装置、自动解列装置、自动低频减负荷装置、自动低压减负荷装置、高频切机装置等。

安全自动装置应满足可靠性、选择性、灵敏性和速动性的要求。

可靠性是指装置该动作时应动作，不该动作时不动作。为保证可靠性，装置应简单可靠，具备必要的检测和监视措施，便于运行维护。

选择性是指安全自动装置应根据事故的特点，按预期的要求实现其控制作用。

灵敏性是指安全自动装置的启动和判别元件，在故障和异常运行时能可靠启动和进行正确判断的功能。

速动性是指维持系统稳定的自动装置要尽快动作，限制事故影响，应在保证选择性前提下尽快动作的性能。

一、自动重合闸

（一）自动重合闸的应用

输电线路是电力系统的重要组成元件，其覆盖范围最广、运行环境复杂、故障概率相对较高。而线路中的主要部分为架空线路，尤其在高压、超高压系统中，由于电缆制造成本高、敷设难度大、运行维护困难等特点，工程中较少采用。统计表明，在架空线路故障中，绝大多数的故障是由雷电等引起的输电线路对地或相间闪络的瞬时性故障，占输电线路全部故障的90%以上。在输电线路发生故障后由保护设备将故障点短时隔离，故障点的绝缘会自行恢复。此时，将断开的线路断路器重新合闸，可恢复线路的正常运行。这对提高系统暂态稳定水平以及供电可靠性，充分发挥输电线路的输送能力，减少停电损失均有十分重要的意义。因此，在电力系统中广泛采用自动重合闸装置。根据不同的系统条件，重合闸方式也有所不同，一般可分为以下三种方式：

（1）单相重合闸。单相故障跳单相，单相重合；相间故障跳三相，不重合。

（2）三相重合闸。任何故障均跳三相，三相重合。

（3）综合重合闸。单相故障跳单相，单相重合；相间故障跳三相，三相重合。

此外，在国内一些地区的高压电网中，虽采用三相重合闸方式，但为防止重合于相间永久故障对电网冲击过大，常常采用单相故障时实现重合、相间故障时不进行重合的重合闸方式。

对于 110kV 及以下系统，一般无分相跳闸的要求，其重合闸方式一般采用三相重合闸。对于 220kV 系统，可根据系统实际情况采用不同的重合闸方式。

自动重合闸虽可提高系统暂态稳定水平以及供电可靠性，但一旦重合于永久故障，也会对电网造成再次冲击。因此，重合闸的使用也受到系统及设备条件的制约。例如，对于含有大型机组的电厂出线，当重合于永久故障时，特别是近区三相故障时，将对机组造成再次冲击，对机组的轴系造成疲劳损伤，影响机组的寿命。此时，应停用电厂出线的重合闸或采用适当的重合闸方式，也可在故障切除后先合系统侧断路器，重合成功后再合电厂侧断路器，以减少或避免对机组的再次冲击。又如，对于电缆一架空混合线路，在无法区分是电缆段故障还是架空段故障时，不宜采用重合闸。

（二）自动重合闸的配置

是否配置重合闸以及选择哪种重合闸方式必须根据系统的具体情况分析后确定。三相重合闸相对简单，凡是选用三相重合闸可以满足系统需求的，应首先选用三相重合闸。由于系统稳定以及负荷供电可靠性要求，在系统发生单相接地故障时，要求保护只切除故障相，其余两相继续运行，重合失败后再切除三相。此时，需选用单相重合闸或综合重合闸。

1. 三相自动重合闸的配置

（1）对于单侧电源线路，一般在电源侧采用三相重合闸，按固定延时合闸，无须检同步及检无压。对于多段线路串联的单侧电源系统，如线路保护采用前加速，为补救电流速断等瞬动保护的无选择性，可采用顺序重合闸，即断开的几段线路自电源侧顺序重合。对于向供电可靠性要求较高的负荷供电的单回单侧电源线路，也可采用综合重合闸方式。此时，要求保护设备具有选相跳闸能力，同时断路器具备分相操作能力。

（2）对于双侧电源线路，在进行重合闸时，首先要保证线路两侧断路器均已跳开、故障点电弧熄灭且故障点绝缘强度已恢复后才可进行重合。线路两侧的重合闸应顺序重合。对于先合侧，应采用检线路无压进行重合；对于后合侧，则分为检同步重合闸和不检同步重合闸两种方式。而对于不检同步重合闸，又分为非同步重合闸、解列重合闸及自同步重合闸等。

2. 单相及综合自动重合闸的配置

一般在 220kV 及以上电压等级系统中可考虑采用单相重合闸及综合重合闸，具体采用何种重合闸形式，需根据系统结构及实际运行条件确定，可归纳

为以下两点：

（1）对不允许使用三相重合闸的线路，可以采用单相重合闸。例如，220kV及以上电压等级单回联络线或双侧电源之间联系薄弱的线路（包括经第一级电压线路弱联系的电磁环网）；大型发电机组的出线，当严重故障及三相重合闸可能对机组造成损害；由于系统及一次设备条件限制，若采用三相重合闸可能造成系统过电压；在线路发生单相故障时，如果采用三相重合闸不能保持系统稳定而又无控制措施，则或使地区造成大面积停电，或影响重要负荷供电。

（2）对允许使用三相重合闸的线路，单相故障时采用单相重合闸对系统或恢复供电效果较好时，可采用综合重合闸方式。例如，对于（1）中所列情况之外的220kV线路，可考虑使用综合重合闸。

二、备用电源自动投入装置

电力系统对发电厂厂用电、变电站站用电的供电可靠性要求很高，因为发电厂厂用电、变电站站用电一旦供电中断，可能造成整个发电厂停电、变电站无法正常运行，后果十分严重。因此发电厂厂用电、变电站的站用电均设置备用电源。此外，一些重要的工矿企业用户为了保证其供电可靠性，也设置了备用电源。当工作电源因故障断开以后，能自动而迅速地将备用电源投入工作、保证用户连续供电的装置即称为备用电源自动投入装置，简称备自投装置。备自投装置主要用于110kV以下的中、低压配电系统中，是保证电力系统连续可靠供电的重要设备之一。

（一）备用电源自动投入装置配置原则

（1）具有备用电源的发电厂厂用电源和变电站站用电源。

（2）由双电源供电的变电站和配电站，其中一个电源经常断开作为备用。

（3）降压变电站内有备用变压器或有互为备用的电源。

（4）接有Ⅰ类负荷的由双电源供电的母线段。

（5）含有Ⅰ类负荷的由双电源供电的成套装置。

（6）某些重要机械的备用设备。

（二）备用电源自动投入装置技术要求

（1）应保证在工作电源断开后投入备用电源。

（2）工作电源故障或断路器被错误断开时，自动投入装置应延时动作。

（3）手动断开工作电源、电压互感器回路断线和备用电源无电压情况下，不应启动自动投入装置。

（4）应保证自动投入装置只动作一次。

（5）自动投入装置动作后，如备用电源或设备投到故障上，应使保护加速动作并跳闸。

（6）自动投入装置中可设置工作电源的电流闭锁回路。

（7）一个备用电源或设备同时作为几个电源或设备的备用时，自动投入装置应保证在同一时间备用电源或设备只能作为一个电源或设备的备用。

（8）自动投入装置可采用带母线残压闭锁或延时切换方式，也可采用带同步检定的快速切换方式。

（9）应校核备用电源或备用设备自动投入时过负荷及电动机自启动的情况，如过负荷超过允许限度或不能保证自启动时，应有自动投入装置动作时自动减负荷的措施。

三、其他安全自动装置

（一）自动解列装置

针对电力系统失步振荡、电压崩溃或频率崩溃的情况，在预先安排的适当地点有计划地自动将电力系统解开，或将电厂及电厂所带的适当负荷自动与主系统断开，以平息振荡和保持系统的电压频率稳定。

根据自动解列装置的动作判据，自动解列装置可主要分为以下三种。

1. 失步解列装置

经过稳定计算，在可能失去同步稳定的联络线上安装失步解列装置，一旦稳定破坏失去同步，该装置自动跳开联络线或者切除电源，将失去稳定的系统（或电源）与主系统解列，以消除失步振荡。

2. 低压解列装置

当系统发生严重故障造成地区电网电压急剧下降时，考虑在适当地点安装低压解列装置，以保证该地区电网与系统解列后，不会因电压崩溃造成全网事故。

低压解列装置安装地点的选择一般需经过稳定计算，通常装设在系统存在电压稳定（或电压崩溃）的地点，通过直接解列一部分电网或变电站来保证全网其他变电站的电压安全。

3. 低频解列装置

当地区电网出现有功功率不平衡且缺额较大时，考虑在适当地点安装低频解列装置，以保证该地区电网与系统解列后，不会因频率崩溃造成系统全停事故，同时也能保证重要用户供电。

（二）自动低频减负荷装置

自动低频减负荷装置可在电力系统发生事故出现功率缺额导致电网频率急剧下降时，自动切除部分负荷，起到防止系统频率崩溃，使系统恢复正常，

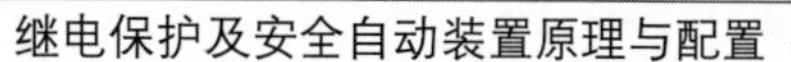
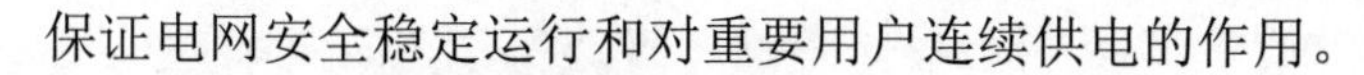

保证电网安全稳定运行和对重要用户连续供电的作用。

（三）自动低压减负荷装置

自动低压减负荷装置是在电力系统发生事故出现电压急剧下降时，自动切除部分负荷，防止系统电压崩溃，使系统恢复正常，保证电网的安全稳定运行和对重要用户的连续供电。

（四）高频切机装置

高频切机装置是当电力系统有功功率突然出现较多剩余而使系统频率快速升高时，依据事先计算的整定值，切除一定容量的机组以限制系统频率升高的装置，其是一种保证系统频率稳定运行的有效的紧急控制措施。

第三章

继电保护整定运行基本要求

第一节　整定计算一般原则

（1）按照《继电保护和安全自动装置技术规程》（GB/T 14285）的规定，配置结构合理、质量优良和技术性能满足运行要求的继电保护及安全自动装置是电网继电保护的物质基础。按照规程规定的要求进行正确的运行整定是保证电网稳定运行、减轻故障设备损坏程度的必要条件。

（2）电网继电保护应当满足可靠性、选择性、灵敏性及速动性四项基本要求。可靠性由继电保护装置的合理配置、本身的技术性能和质量及正常的运行维护来保证；速动性由配置的全线速动保护、相间和接地故障的速动段保护及电流速断保护等来保证；通过继电保护运行整定，实现选择性和灵敏性的要求，并满足运行中对快速切除故障的特殊要求。如果由于电网运行方式、装置性能等原因不能兼顾，则应在整定时保证规程规定的灵敏系数要求，220kV 电网按照局部电网服从整个电网、下一级电网服从上一级电网、局部问题自行处理、尽量照顾局部电网和下级电网需要的原则合理取舍；110kV 及以下电网按照局部电网服从整个电网、下一级电网服从上一级电网、保护电力设备的安全、保障重要用户供电的原则合理取舍。由此可能导致两级保护的不完全配合。

（3）合理的电网结构及电力设备的布置是继电保护装置可靠运行的基础，对严重影响继电保护装置保护性能的电网结构和电力设备的布置、厂站主接线等应限制使用。运行方式专业应提供电力系统运行方式、重合闸时间及重合闸方式，以保证继电保护能够适应电网安全运行。

（4）计算保护定值时，一般只考虑常见运行方式下一回线或一个元件发生金属性简单故障的情况，必要时以复故障进行定值校核。220kV 电网在强化主保护配置的前提下，后备保护整定计算可适当简化，一般遵循近后备原则，条件许可时应采用远近结合的方式整定，对远后备的灵敏系数不做严格要求。110kV 及以下电网继电保护应采用远后备原则。在两套主保护拒动时，后备保护应可靠动作切除故障，允许部分失去选择性。

（5）低电阻接地系统必须且只能有一个中性点接地，当接地变压器或中性点电阻失去时，供电变压器的同级断路器必须同时断开。

（6）当单回线与主网联网的终端变电站高压侧带有同级地区电源或地区电源联网线路时，主网供电线路终端变电站侧若配置线路保护，该保护动作可不跳开断路器，而切除地区电源或地区电源联网线路断路器。此时主网供电线路系统侧检无压重合，地区电源侧不重合。

（7）正常最大负荷电流宜取导线允许电流和TA一次额定值的小者。

（8）保护功能需要长期退出时，应通过整定值和控制字退出，在满足保护装置定值校验逻辑的前提下，按下列方法整定：① 欠量保护定值整定为装置最小值，时间整定为装置最大值，如有控制该功能投退的控制字，应退出；② 过量保护定值整定为装置最大值，时间整定为装置最大值，如有控制该功能投退的控制字，应退出。

（9）对继电保护的特殊方式，应编制特殊方式运行整定方案，经批准后执行。

（10）风电场及光伏电站有关涉网保护的配置整定应与电网相协调，并报相应调度机构备案。

（11）区外故障、躲振荡、躲负荷、躲不平衡电压等整定或与有关保护的配合整定，都应考虑必要的可靠系数。对于两种不同动作原理保护的配合或有互感影响时，应选取较大的可靠系数。

（12）在系统振荡时可能误动作的线路或元件保护段均应经振荡闭锁控制，距离Ⅲ段、距离附加段动作时间应大于1.5s以躲过振荡周期时间。在单相接地故障转换为三相故障，或在系统振荡过程中发生不接地的相间故障时，可适当降低对保护装置快速性的要求，但必须保证可靠切除故障。

（13）220kV 电网除采用方向元件后使保护性能有较显著的改善情况外，对简单过电流保护特别是零序过电流保护各段，经核算在保护配合上可不经方向元件控制时，不宜经方向元件控制。为了提高保护动作的可靠性，单侧电源线路的相过电流保护不应经方向元件控制。

（14）220kV 变压器各侧的过电流保护均按躲变压器额定负荷整定，但不作为短路保护的一级参与选择性配合，其动作时间应大于所有出线保护的最长时间；中性点直接接地的变压器各侧零序过电流最末一段不带方向，按与线路零序过电流保护末段配合整定。

（15）110kV 及以下变压器电源侧过电流最末段保护的整定宜为保护变压器安全的最后一级跳闸保护，同时兼作其他侧母线及出线故障的后备保护，其动作时间及灵敏系数视情况可不作为一级保护参与选择配合但动作时间必须大于所有配出线后备保护的动作时间（包括变压器过电流保护范围可能伸入的相邻线路和相隔线路）。

（16）110kV 及以下电网如果变压器低压侧母线无母线差动保护，电源侧高压线路的继电保护整定值应力争对低压母线有足够灵敏系数，距离保护无法保证所带变压器中、低压侧故障的远后备灵敏系数时，应投入距离附加段。对于装有专用母线保护的母线，应有满足灵敏系数要求的线路或变压器的保护实现对母线的后备保护。

（17）110kV 及以下电网中、低压侧接有并网小电源的变压器，如变压器小电源侧的过电流保护不能在变压器其他侧母线故障时可靠切除故障，应由小电源并网线的保护装置切除故障。

（18）继电保护在满足选择性的前提下，应尽量加快动作时间和缩短时间级差。继电保护配合的时间级差应根据断路器开断时间、整套保护动作返回时间、计时误差等因素确定，保护的配合宜采用 0.3s 的时间级差。对 110kV 及以下电网若局部时间配合存在困难的，在确保选择性的前提下，微机保护可适当降低时间级差，但应不小于 0.2s。

（19）上下级距离阻抗定值应按金属性短路故障进行配合整定，不计及故障电阻影响。

（20）分支系数 K_f 的选择，要通过各种运行方式和线路对侧断路器跳闸前或跳闸后等各种情况进行比较，选取其最大值。在复杂的环网中，分支系数的大小与故障点的位置有关，在考虑与相邻零序过电流保护配合时，应选用故障点在被配合段保护范围末端的 K_f 值。但为了简化计算，也可选用故障点在相邻线路末端的可能偏高的 K_f 值，也可选用随故障点位置有关的最大分支系数。

（21）宜按相同动作原理的保护装置进行整定配合，有配合关系的不同动作原理的保护定值，可酌情简化配合整定。

（22）为简化整定计算，双侧电源线路的过电流保护宜经方向元件控制；未经方向元件控制的过电流保护在整定时，应考虑与背侧保护的配合问题。

（23）220kV 线路不配合点的选择应避免因保护失配导致全站停电，宜按照全网范围内保护失配少、动作时间短的原则选取。不配合点的保护配置宜满足以下要求：① 相邻线路的两套主保护均是光纤纵联差动保护；② 相邻线路对侧厂站的母线保护、断路器失灵保护双重化配置。

（24）低电阻接地系统的设备发生单相接地故障时，本设备的保护应可靠切除故障，允许短延时动作但保护动作时间必须满足有关设备热稳定要求。只有当本设备保护或断路器拒动时，才允许由相邻设备的保护切除故障。

（25）在电力设备由一种运行方式转为另一种运行方式的操作过程中，被操作的有关设备均应在保护范围内，允许部分保护装置在操作过程中失去选择性。

（26）在基建或技改过程中，对有新增设备的厂站及相关线路，整定计算工作宜按工程投产进度，兼顾新设备投产前后保护的适应性，合理统筹保护定值调整范围，尽量减少保护定值的频繁更改，降低对系统的影响。在过渡期允许后备保护定值失去选择性。

（27）电力设备电源侧的继电保护整定值应对本设备故障有规程规定的灵敏系数，对远后备方式，继电保护最末一段整定值还应对相邻设备故障有规程规定的灵敏系数。

（28）在同一套保护装置中闭锁、启动和方向判别和选相等辅助元件的灵敏系数应大于所控制的保护测量、判别等主要元件的灵敏系数。

（29）保护灵敏系数允许按常见运行方式下的单一不利故障类型进行校验。线路保护的灵敏系数除去设计原理上需靠相继动作的保护外，必须保证在对侧断路器跳闸前和跳闸后，均能满足规程规定的灵敏系数要求。

（30）对于220kV和110kV电网线路，考虑到在可能的高电阻接地故障情况下的动作灵敏系数要求，其最末一段零序过电流保护的电流定值一般不应大于300A，此时允许线路两侧零序过电流保护相继动作切除故障。220kV线路如不满足精确工作电流的要求，可适当抬高定值。

（31）对于负荷电流与线路末端短路电流数值接近的35kV及以下供电线路，过电流保护的电流定值按躲负荷电流整定，但在灵敏系数不够的地方应装设断路器或有效的熔断器。需要时，也可以采用距离保护装置代替过电流保护装置。

（32）如地区电源侧的线路保护对联网线路的故障不能满足灵敏系数的要求，则地区电源侧的联网线路保护定值应按故障解列装置的要求整定，故障时将地区电源与主网解列。

（33）下级电压电网应按照上级电压电网规定的整定限额要求进行整定，可设置适当的解列点，以缩短故障切除时间。供电变压器过电流保护时间应满足变压器绕组热稳定要求，变压器外部短路故障如短路电流大于任一侧绕组热稳定电流时，变压器过电流保护的动作时间不应超过2s。

（34）为缩短变压器后备保护的动作时间，110kV及以下变压器各侧不带方向的长延时过电流保护跳三侧的时间可以相同。

（35）手动合闸或重合闸合于故障线路时，应有速动保护快速切除故障；过电流及零序电流加速段应保证本线路末端发生金属性接地故障时有规程规定的灵敏系数；110kV线路零序电流加速段不经方向闭锁。

（36）断路器失灵保护动作时间应在保证断路器失灵保护动作选择性的前提下尽量缩短。经电流判别的动作时间应大于断路器动作时间和保护返回时间之和，并考虑一定的裕度。

（37）系统稳定或设备安全有特殊的故障切除时间要求时，继电保护应按要求时间整定。

（38）全线速动保护退出运行时，应根据电网要求采取调整运行方式或缩短线路两侧的保全线有规程规定灵敏系数段动作时间，以保证电网安全。此时，加速段保护可能无选择性动作，应备案说明。

（39）全电缆线路禁止采用重合闸；含电缆线路是否使用重合闸，由一次设备管理部门在投产前向整定部门提出书面意见；分布式电源联络线电网侧宜配置重合闸，重合闸宜采用检无压重合，时间整定值应躲过分布式电源解列时间，重合条件不具备时重合闸停用；110kV 及以下电网均采用三相重合闸。

第二节　保护定值整定要求

一、线路保护

（一）差动保护

（1）差动动作电流定值应躲过本线路稳态最大充电电容电流及正常最大负荷下的不平衡电流，并应保证本线路末端发生金属性短路故障时可靠动作，110kV 及以上线路还应考虑规定范围内的高阻接地；线路两侧一次电流值应相同。

（2）TA 断线后分相差动定值按躲过本线路事故最大负荷电流整定，线路两侧一次电流值应相同。

（3）纵联零序过电流定值应保证线路发生高阻接地故障时可靠动作，并躲过线路最大负荷下的零序不平衡电流。

（二）距离保护

1. 距离Ⅰ段保护定值

（1）220kV 线路、110kV 联络线应按躲过本线路末端故障整定，T 接线路按至所带电气距离最短的变电站计算；长度不大于 10km 的 220kV 线路、长度不大于 5km 的 110kV 线路或二次计算值小于装置整定范围下限时，距离Ⅰ段宜退出。

（2）未配置纵联保护的带终端变电站的线路，允许牺牲部分选择性时，可按躲过本线路所带变压器的中、低压侧母线故障整定。

2. 距离Ⅱ段保护定值

（1）220kV 线路、110kV 联络线应与相邻线路的距离Ⅰ段或Ⅱ段完全配

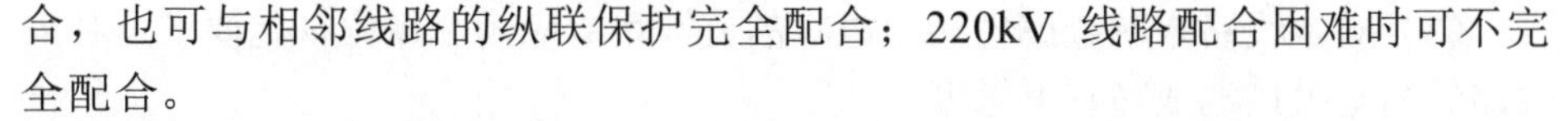

合，也可与相邻线路的纵联保护完全配合；220kV 线路配合困难时可不完全配合。

（2）应躲过本线路所带变压器其他侧母线故障，无法躲过时应与变压器该侧后备保护跳本侧段完全配合或不完全配合。

（3）对本线路末端金属性故障的灵敏系数应满足规程规定要求。

（4）220kV 线路接地距离应与对侧失灵保护时间配合。

3. 距离Ⅲ段保护定值

（1）220kV 线路、110kV 联络线应与相邻线路的距离Ⅱ段或Ⅲ段完全配合，220kV 线路配合困难时可不完全配合。

（2）对本线路末端金属性故障的灵敏系数应满足规程规定要求。

（3）220kV 线路距离Ⅲ段保护定值应躲过本线路所带变压器的中、低压侧母线故障，无法躲过时应与变压器该侧后备保护跳本侧段不完全配合。

（4）110kV 线路距离Ⅲ段保护定值对相邻设备末端发生金属性短路故障的灵敏系数应满足规程规定要求。

（5）应躲最小负荷阻抗。

（三）零序过电流保护

1. 零序过电流Ⅰ段保护定值

（1）110kV 联络线定值应按躲过本线路末端故障整定，T 接线路按至所带电气距离最短的变电站计算。

（2）110kV 终端线定值应按躲过本线路所带变压器中、低压侧母线故障时的最大不平衡电流整定。

2. 零序过电流Ⅱ段保护定值

（1）220kV 线路应与相邻线路零序过电流灵敏段配合，110kV 联络线应与相邻线路的零序过电流Ⅰ段或Ⅱ段定值完全配合，配合困难时也可与相邻线路的纵联保护完全配合。

（2）对本线路末端金属性接地故障的灵敏系数应满足规程规定要求。

（3）220kV 线路应躲非全相运行最大零序电流。

（4）110kV 线路应躲过对侧变压器中、低压侧母线故障时的最大不平衡电流以及过本线路所带变压器其他侧母线接地故障。

3. 零序过电流Ⅲ段保护定值

（1）220kV 线路、110kV 联络线应与相邻线路的零序过电流Ⅱ段或Ⅲ段完全配合，配合困难时可不完全配合。

（2）应躲过本线路所带变压器中、低压侧故障的最大不平衡电流，无法躲过时应与变压器中、低压侧后备保护跳本侧段不完全配合。

（3）对本线路末端金属性接地故障的灵敏系数应满足规程规定要求，对本线路经高电阻接地故障有灵敏度。

（4）220kV线路应考虑全网接地距离Ⅲ段最长时间及全网变压器110kV侧零序方向过电流保护跳本侧最长时间；宜经方向元件闭锁，方向指向线路。

（5）110kV线路零序过电流保护对相邻设备末端发生金属性接地故障的灵敏系数应满足规程规定要求。

（四）过电流保护

1. 过电流Ⅰ段保护定值

（1）联络线应按躲过本线路末端故障整定，T接线路按至所带电气距离最短的变电站计算；对双回线路，应以单回运行作为计算的运行方式；对环网线路，应以开环方式作为计算的运行方式。

（2）终端线应躲过所带变压器低压侧母线故障。

（3）若本线路所带变压器配置过电流Ⅰ段保护作为主保护时，应与变压器过电流Ⅰ段保护配合。

（4）应校验定值是否能够躲开本线路所带变压器的励磁涌流。

2. 过电流Ⅱ段保护定值

（1）联络线应与相邻线路的过电流Ⅰ段或Ⅱ段完全配合，配合困难时也可与相邻线路的纵联保护完全配合。

（2）应躲过本线路所带变压器的低压侧母线故障，无法躲过时应与变压器该侧后备保护跳本侧段完全配合，配合困难时可与该侧馈线保护完全配合，但应有重合闸或备用电源自投装置恢复对非故障设备供电的措施。

（3）对本线路末端金属性接地故障的灵敏系数应满足规程规定要求。

3. 过电流Ⅲ段保护定值

（1）联络线应与相邻线路的过电流Ⅱ段或Ⅲ段完全配合。

（2）应与本线路所带变压器过电流保护配合。

（3）对本线路末端金属性接地故障的灵敏系数应满足规程规定要求。

（4）对相邻设备末端发生金属性接地故障的灵敏系数应满足规程规定要求。

（5）应躲过本线路最大负荷电流。

（五）零序过电流保护定值（低电阻接地系统）

（1）应躲过线路电容电流。

（2）应与下级零序过电流保护相同段完全配合。

（3）对本线路末端经电阻单相接地时的灵敏系数应满足规程规定要求。

二、变压器保护

（一）差动定值

（1）差动保护（包括纵差保护、分侧差动保护及零序差动保护）最小动作电流定值应躲过变压器正常运行时的差动回路最大不平衡电流。

（2）变压器差动速断保护的整定值应按躲过变压器可能产生的最大励磁涌流或外部短路最大不平衡电流整定。

（二）高压侧后备保护

1. 过电流Ⅰ段保护定值

（1）做本侧后备保护时，对本侧母线发生金属性短路故障应有规程规定灵敏系数；做其他侧后备保护时，220kV 变压器对中压侧母线发生金属性短路故障宜有规程规定灵敏系数，110kV 变压器对中、低压侧母线发生金属性短路故障宜有规程规定灵敏系数。

（2）做本侧后备保护时，应与本侧出线最末段保护完全配合，配合困难时可不完全配合；做其他侧后备保护时，应与变压器中、低压侧后备保护完全配合。

（3）应躲过变压器本侧额定电流。

2. 过电流Ⅱ段保护定值

（1）本侧母线发生金属性短路故障时应有规程规定灵敏系数，本侧是主电源侧时不做灵敏系数要求。

（2）中、低压侧母线发生金属性短路故障时应有规程规定灵敏系数，220kV 变压器当低压侧母线故障且低压侧断路器拒动，有可靠切除故障的解决措施时，对低压侧故障可不做灵敏系数要求。

（3）动作时间应与变压器中、低压侧过电流保护跳本侧时间配合，升压变压器应与本侧出线最末段保护时间配合。

（4）应躲过变压器本侧额定电流。

（5）35kV 主变压器高压侧过电流保护可仅使用一段，按过电流Ⅱ段保护原则整定。

3. 零序过电流Ⅰ段保护定值

（1）做本侧后备保护时，对本侧母线发生金属性接地故障应有规程规定灵敏系数；做其他侧后备保护，对变压器中压侧母线发生金属性短路故障宜有规程规定灵敏系数。

（2）做本侧后备保护时，应与本侧出线零序过电流保护完全配合；做其他侧后备保护时，应与变压器中压侧零序方向过电流保护配合。

4. 零序过电流Ⅱ段保护定值

（1）应与本侧出线零序过电流保护末段、中压侧零序方向过电流保护完全配合。

（2）110kV 变压器高压侧零序过电流保护可仅使用一段，在本侧母线发生金属性接地故障时应有规程规定灵敏系数，动作时间与对侧及本侧 110kV 出线零序过电流末段时间配合。

（三）中压侧后备保护

1. 过电流Ⅰ段保护定值

（1）本侧母线发生金属性短路故障时应有规程规定灵敏系数。

（2）作为本侧母线的后备保护，应与本侧出线相间距离（过电流）Ⅰ段或Ⅱ段完全配合。

2. 过电流Ⅱ段保护定值

（1）本侧母线发生金属性短路故障时应有规程规定灵敏系数。

（2）做本侧后备保护时，对本侧出线末端发生金属性短路故障宜有规程规定灵敏系数；做其他侧后备保护时，对其他侧母线发生金属性短路故障时宜有规程规定灵敏系数，本侧不是主电源侧时不做灵敏系数要求。

（3）应与本侧出线相间距离（过电流）Ⅲ段完全配合。

（4）应躲过变压器本侧额定电流。

3. 零序过电流Ⅰ段保护定值

（1）对本侧母线发生金属性接地故障时宜有规程规定灵敏系数。

（2）应与本侧出线零序过电流Ⅰ段或Ⅱ段完全配合。

4. 零序过电流Ⅱ段保护定值

（1）对本侧母线发生金属性接地故障时宜有规程规定灵敏系数。

（2）对本侧出线末端发生金属性接地故障时宜有规程规定灵敏系数。

（3）必要时应与本侧出线零序过电流末段、变压器高压侧零序方向过电流保护完全配合。

（四）低压侧后备保护

1. 过电流Ⅰ段保护定值

（1）应与本侧出线过电流Ⅰ段或Ⅱ段完全配合。

（2）本侧母线发生金属性短路故障时应有规程规定灵敏系数。

2. 过电流Ⅱ段保护定值

（1）应与本侧出线过电流Ⅲ段完全配合。

（2）本侧母线发生金属性短路故障时应有规程规定灵敏系数。

（3）本侧出线末端发生金属性短路故障时宜有规程规定灵敏系数。

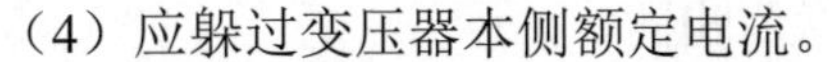

（4）应躲过变压器本侧额定电流。

3. 零序过电流保护定值（低电阻接地系统）

（1）本侧母线发生金属性单相接地故障时应有规程规定灵敏系数。

（2）动作时间应小于接地变零序过电流时间。

（3）接地变安装于变压器本侧引线时，应与下级元件零序过电流末段完全配合，本侧出线末端发生金属性单相接地故障时宜有规程规定灵敏系数。

4. 母线保护

（1）具有比率制动特点的母线保护差电流启动元件、母线选择元件定值应保证母线短路故障在母联断路器跳闸前后有足够的灵敏系数，应可靠躲过最大负荷时的不平衡电流，并尽可能躲过任一元件电流二次回路断线时由负荷电流引起的最大差电流。

（2）TA 断线闭锁定值应躲过各支路正常运行的最大不平衡电流，宜小于最小支路负荷电流。

（3）TA 断线告警定值应躲过正常运行实测最大不平衡电流。

（4）母联分段失灵电流定值应考虑母差保护动作后系统变化对流经母联断路器的故障电流影响。

（5）母联失灵（死区故障）电流元件按有无电流的原则整定，母联失灵时间元件应大于母联断路器的跳闸灭弧时间加失灵保护返回时间及裕度时间。

5. 母联分段保护

（1）充电过电流、零序过电流定值应保证空充母线时母线故障有足够的灵敏系数，用母联（分段）给线路或变压器充电时，应保证被充电设备故障时有足够的灵敏系数。

（2）充电过电流保护一般为瞬时动作，在对主变压器充电时应结合电流定值躲过变压器励磁涌流衰减时间。

6. 电容器保护

（1）电容器成套装置生产厂家应提供电容器组保护计算方法和保护整定值。

（2）过电流Ⅰ段保护在电容器端部引出线发生金属性短路故障时应有规程规定的灵敏系数。

（3）过电流Ⅱ段保护应躲过电容器组额定电流。

（4）过电压保护应保证电容器组不长时间过电压。

（5）低电压保护应能在电容器所接母线失压后可靠动作，而在母线电压恢复正常后可靠返回。如该母线作为备自投装置的工作电源，则低电压定值还应高于备自投装置的低电压元件定值；动作时间应与本侧出线后备保护时间配合，并小于母线备自投装置动作时间。

（6）零序过电流Ⅰ段保护在单相接地故障时应有规程规定的灵敏系数，动作时间应与本母线出线零序过电流Ⅰ段时间相同。

（7）零序过电流Ⅱ段在规定范围内的高阻接地时应能可靠动作，动作时间应与零序过电流Ⅰ段时间配合，宜与本母线出线零序过电流Ⅱ段时间相同。

（8）不平衡保护按部分单台电容器（或单台电容器内小电容元件）切除或击穿后，故障相其余单台电容器（或单台电容器内小电容元件）所承受的电压不长期超过 1.1 倍额定电压的原则整定。

7. 电抗器保护

（1）比率差动保护应可靠躲过电抗器额定负载时的最大不平衡电流，并在电抗器端部引线发生两相金属性短路故障时应有规程规定灵敏系数。

（2）差动速断保护定值应可靠躲过线路非同期合闸产生的最大不平衡电流。

（3）过电流Ⅰ段保护应躲过电抗器投入时的励磁涌流，并在电抗器端部引线发生金属性短路故障时应有规程规定灵敏系数。

（4）过电流Ⅱ段应躲过电抗器的额定电流。

（5）零序过电流Ⅰ段保护在单相接地故障时应有规程规定灵敏系数，动作时间应与本母线出线零序过电流Ⅰ段时间相同。

（6）零序过电流Ⅱ段保护在规程规定范围内的高阻接地时应能可靠动作，动作时间应与零序过电流Ⅰ段时间配合，宜与本母线出线零序过电流Ⅱ段时间相同。

8. 站用变压器保护

（1）过电流Ⅰ段保护应躲过站用变压器励磁涌流、站用变压器低压侧故障，并对站用变压器高压侧发生金属性短路故障时应有规程规定灵敏系数。

（2）过电流Ⅱ段保护应躲过站用变压器额定电流，并对低压侧发生金属性短路故障时应有规程规定灵敏系数。

（3）零序过电流Ⅰ段保护在单相接地故障时应有规程规定灵敏系数，动作时间应与本母线出线零序过电流Ⅰ段时间相同。

（4）零序过电流Ⅱ段保护在规程规定范围内的高阻接地时应能可靠动作，动作时间应与零序过电流Ⅰ段时间配合，宜与本母线出线零序过电流Ⅱ段时间相同。

9. 接地变压器保护

（1）过电流Ⅰ段保护应躲过接地变压器励磁涌流、接地变压器低压侧故障，并与供电变压器同侧后备过电流保护定值配合，对接地变压器高压侧发生金属性短路故障时应有规程规定灵敏系数。

（2）过电流Ⅱ段保护应躲过接地变压器额定电流、区外单相接地时流过接地变压器的最大故障相电流，并在低压侧发生金属性短路故障时应有规程规定灵敏系数。

（3）零序过电流Ⅰ段保护应与下级元件零序过电流Ⅱ段保护配合；在母线发生单相接地故障时应有规程规定灵敏系数，在本侧出线末端发生金属性单相接地故障时宜有规程规定灵敏系数，还应考虑躲过两条线路相继发生单相接地故障。

10. 备自投装置

（1）低电压元件应能在所接母线失压后可靠动作，而在电网故障切除后可靠返回，为缩小低电压元件动作范围，低电压定值宜整定得较低，如母线上接有并联电容器，则低电压定值应低于电容器低压保护电压定值。

（2）有压检测元件应能在所接母线电压正常时可靠动作，而在母线电压低到不允许备自投装置动作时可靠返回。

（3）动作时间应大于本级线路电源侧后备保护动作时间。需要考虑重合闸时，应大于本级线路电源侧有灵敏系数段保护动作时间与线路重合闸时间之和，并与变压器后备保护闭锁备自投时间配合。同时还应大于工作电源母线上运行电容器的低压保护动作时间。

（4）无流定值宜整定为装置整定范围下限。

（5）主网终端变电站高压侧装有备自投装置，主供线路重合闸不成功时，可在跳开地区电源联网线路断路器后再投入备用电源。

11. 故障录波器

（1）变化量电流启动元件定值按最小运行方式下线路末端金属性故障最小短路校验灵敏系数整定。

（2）稳态量相过电流启动元件按躲过最大负荷电流整定；负序和零序过电流启动元件按躲过最大运行工况下的不平衡电流整定，按最小运行方式下线路末端金属性故障最小短路校验灵敏系数。

（3）相电压突变量启动元件按躲正常电压变化整定；电压越限定值按躲过电网电压正常波动范围整定，负序和零序电压启动元件按躲正常运行工况下的最大不平衡电压整定。

（4）频率越限启动元件按大于电网频率允许偏差整定。

12. 解列装置

（1）故障解列装置测量元件定值按保证预定的解列范围有足够的灵敏系数整定，同时还应可靠躲过常见运行式下的正常电气量或正常运行时的不平衡电气量。动作时间可根据解列的需要整定，不与其他保护配合。

（2）分布式电源电网侧低电压、过电压、低频率和过频率时间定值均应与分布式电源侧配合整定，配合级差不小于 0.2s。

第三节 继电保护运行管理

一、线路纵联保护运行管理

（一）线路纵联保护投停管理

为提升线路纵联保护的运行可靠性，应优先采用光纤通道并选用光纤纵差保护。对在运的高频线路保护，应加强高频通道运行监视，确保通道运行正常。联络线纵联保护应正常投入；线路因更换保护或保护异常，造成双纵联保护停役时，为防止后备保护不配合，原则上应将线路停役；若线路不能停役，则需调整本线两侧后备保护动作时限，并停用线路重合闸，同时要求相邻线纵联和母差保护正常投入，以防无选择越级跳闸。正常运行的线路纵联保护两侧需同时投入或停用，不得单侧投、停。线路纵联保护复役后，两侧现场人员必须进行纵联保护通道交换试验，确保正常。经线路对空母线冲击送电时，线路两侧保护正常投入，并将电源侧开关线路保护按稳定要求进行调整。

应避免同一变电站有两回及以上线路同时停用双纵联保护，线路双纵联及相邻任一母差保护或两相邻母线的母差保护也不能同时停用，以免引起保护无选择性跳闸。当任一侧线路保护装置异常，应首先将两侧纵联保护投信号，然后根据现场要求决定是否停后备保护。

（二）线路纵联保护命名管理

双重化配置的线路保护，要有相应命名规则区分第一套、第二套，本书为方便描述，将微机方向高频保护、微机方向光纤保护或微机光纤纵差保护设定为第一套；微机高频闭锁保护、微机光纤闭锁保护设定为第二套。当使用两套微机光纤纵差保护时，分别称为第一套、第二套微机光纤纵差保护；若只配置一套操作箱，则配置操作箱的为第一套微机光纤纵差保护。命名规则详见附录 A。

继电保护装置运行状态定义见附录 B。按照定义，光纤纵差保护只有跳闸、信号两种状态，且光纤纵差保护不能单独停用。双通道光纤纵差保护运行规定如下：① 双通道线路保护的两个光纤通道分别称为通道一、通道二；现场部分双通道线路保护通道命名为通道 A、通道 B，分别对应为通道一、通道二。② 双通道光纤纵差保护投跳闸时，双通道均应投跳闸状态，双通道光纤纵差保护投信号时，双通道均应投信号状态。双通道光纤纵差保护通道一、通道二的跳闸状态、信号状态可单独投退，两个通道间相互不影响。③ 双通道线路保护装置的运行管理、检验管理原则和检修申请管理原则与单通道线路保护装

置一致。④ 双通道线路保护其中单个光纤通道异常或故障时，本套线路保护装置仍具备主保护功能；现场运行维护人员应及时向调度汇报，并申请将异常或故障的线路保护通道投信号处理。⑤ 双通道线路保护两个光纤通道均发生异常或故障时，本套线路保护装置失去主保护功能；现场运行维护人员应及时向调度汇报，并申请将该套线路保护装置投信号处理，必要时也可停用该套线路保护装置。

线路后备保护系指除纵联以外的保护，包括距离（相间距离、接地距离）保护、方向零序保护等。

（三）终端线路运行管理

对于单侧电源的馈电线路，包括正常或检修出现的馈电线路，配有方向高频（光纤）、高频（光纤）闭锁保护时，需将受电侧保护投弱馈方式，受电端仍有一定的选相能力（在小负荷时不能确保选相跳闸），重合闸仍投入，但此时保护存在着单相故障跳三相的可能。对于出线较少的变电站，应预先将可能出现终端受电开关的保护设置一个弱馈定值区备用。

在线路检修情况下，出现终端线前，应将终端线受电开关线路保护投弱馈方式。在检修线路恢复运行（合环）后，将终端线受电开关线路保护恢复联络线方式。对于方向高频（光纤）、高频（光纤）闭锁保护，在线路以终端馈线方式运行时均可投入弱馈方式；对于光纤纵差保护既适应于两侧有电源的联络线方式，又适应于终端馈线运行方式，不需改变保护方式。对于单侧电源的馈电线路，包括正常或检修出现的馈电线路，如有小机组经 110kV 及以下系统并入 220kV 系统变压器运行，不论机组容量大小，若终端线路配有方向高频（光纤）、高频（光纤）闭锁保护，均按投弱馈方式处理。由于线路检修或停役出现双回线终端运行方式时，若两条线路均配有光纤纵差保护时（每条线路至少配有一套光纤纵差保护），该线路保护可以不改弱馈方式，否则应将受电侧开关的线路保护投弱馈方式。

二、母差保护运行管理

（一）母差保护命名管理

对于 220kV 母线配有两套母差保护的，现场应分别定义为第一套母差保护、第二套母差保护，详见附录 A。对于双母线双分段接线的变电站，一般情况下配置有四套 220kV 母差保护，本书定义为：220kV A 母第一套母差保护、220kV A 母第二套母差保护；220kV B 母第一套母差保护、220kV B 母第二套母差保护。

（二）母差保护运行及投停管理

正常运行时要求两套母差保护均投跳闸。一般情况下要求两套母差保护应分别检修，保证有一套母差保护正常运行。对于双母线接线的变电站，当出现用开关闸刀双跨两条母线、母联开关拉开的运行方式时，需将母差保护投互联。

在用外部主电源开关对双母线中的一组母线试送而另一组母线在运行状态时，不需停用母差保护。变电站 220kV 或 110kV 母差保护全部停用期间，母线出线对侧开关定值是否需要调整，按稳定计算结果执行。220kV 母差保护停用或线路双纵联停用，若距离Ⅱ段时间需改为 0.5s，应按以下规定执行：① 两套微机线路保护中的距离Ⅱ段时间定值均改为 0.5s。② 改 0.5s 可不停用纵联保护及后备保护，由现场直接将定值切换到预先设置好的定值区内。因此对于更换或新投运的线路保护，现场应预先将相应的 0.5s 定值区设好，以备使用。如现场没有预先设好的 0.5s 定值区，则还应停保护调定值。③ 若母差保护停用时，需将出线对侧后备保护的距离Ⅱ段时间改为 0.5s，除单回连接纯负荷终端变压器的线路开关其后备保护距离Ⅱ段时间定值可以不调外，其余情况均应将出线对侧后备保护的距离Ⅱ段时间定值改为 0.5s。

三、重合闸装置运行管理

（一）重合闸整定管理

整定的重合闸时间指从断路器主触点断开故障到保护装置发出合闸脉冲之间的时间，并以稳定计算提供的时间为依据。一般 220kV 联络线单相重合闸时间普遍采用 0.8～1s，110kV 及以下线路三相重合闸时间普遍采用 2s。全线敷设电缆的线路不宜采用自动重合闸；部分敷设电缆的终端负荷线路，宜以备自投的方式提高供电可靠性，视具体情况，也可采用自动重合闸；含有少部分电缆、以架空线路为主的联络线路，当供电可靠性需要时，可以采用自动重合闸。变电站备自投装置动作时间应与电源侧线路重合闸时间相配合。

（二）重合闸投停管理

重合闸投停由所辖调度机构下令，装置中的重合闸应按调度对线路重合闸下达的指令及定值通知单的要求执行。对于双纵联保护正常运行时，要求投入两套纵联保护中的重合闸，调度不单独下令停某一套纵联保护中的重合闸，只对线路重合闸的投停下调令，即：投入某线路重合闸，则应投入两套纵联保护中的重合闸；停某线路重合闸，则应退出两套纵联保护中的重合闸。若一套线路保护中的重合闸异常需要退出时应向所属调度申请。

对于电厂单元式接线的线路，部分线路两侧重合闸停用以避免对机组造成非全相运行或很大冲击。正常运行情况下，停用重合闸。为提高牵引站、终端用户站供电可靠性，宜投入其供电线路重合闸功能。在实际工程中，应严格按牵引站主管部门或用户提供的重合闸投退要求执行。线路重合闸在线路连续发生单相瞬时性故障重合数次后，是否仍然投入重合闸装置，应由线路断路器管辖单位根据断路器状态决定，防止因断路器频繁动作后的拒动而引起大面积停电事故。

四、变压器保护运行管理

中性点轮流直接接地运行的220kV变压器，其中性点零序电流保护、零序电压保护、间隙电流保护按定值单调整。普通高压侧单电源供电的110kV变压器，正常运行时高压侧中性点不接地，不配置零序电流保护，当110kV变压器中、低压侧带有小电源时，考虑到零序电流对系统的影响，一般采取高压侧中性点经间隙接地方式，投入中性点间隙过电流、间隙过电压保护，间隙保护动作第一时限跳小电源，第二时限跳开变压器各侧。

110kV及以上电网变压器中性点接地运行方式应尽量保持变电站零序阻抗基本不变。遇到使变电站零序阻抗有较大变化的特殊运行方式时，应根据运行规程规定或根据当时的实际情况临时处理，具体原则如下：① 发电厂只有一台主变压器，则变压器中性点宜直接接地运行，当变压器检修时按特殊情况处理。② 发电厂有接于母线的两台主变压器，则宜保持一台变压器中性点直接接地运行，如由于某些原因，正常运行时必须两台变压器中性点均直接接地运行，则当一台主变压器检修时，按特殊情况处理。③ 发电厂有接于母线的三台及以上主变压器，则宜两台变压器中性点直接接地运行，并把它们分别接于不同的母线上，当不能保持不同母线上各有一个接地点时，按特殊情况处理；视具体情况，正常运行时也可以一台变压器中性点直接接地运行，当变压器全部检修时，按特殊情况处理。④ 变电站变压器中性点的接地方式应尽量保持地区电网零序阻抗基本不变，同时变压器中性点直接接地点也不宜过分集中，以防止事故时直接接地的变压器跳闸后引起其余变压器零序过电压保护动作跳闸。⑤ 绝缘有要求的变压器中性点必须直接接地运行。

五、失灵保护运行管理

新开关投产时失灵保护必须具备投运条件，由开关直调部门下令投入运行。在母差保护功能具备的条件下，开关失灵保护应优先采用母差保护中的失灵启动判据。线路开关失灵保护由开关直调部门整定，除单独装设的失灵启动装置有单独的定值单外，其他整定值以母差保护定值单中出具的定值为准，原则上随母差保护投入同时投入，随母差保护退出而自动退出。

某单元失灵保护在下述情况下停用，工作结束后恢复投入，同时其他单元的失灵保护仍应投入运行：① 一次设备停役进行继电保护工作时，如工作涉及 TA 变比更换，在失灵保护恢复运行前，相应的失灵保护定值应按照实际变比调整，现场应核对定值是否符合要求。② 微机线路保护中，任一套保护装置停用并进行继电保护工作时。

某间隔独立装设的开关失灵启动装置因检修或消缺停用时：若本间隔两套保护通过独立的二次回路分别启动双套母差保护时，停用该装置仅影响一套母差保护中本间隔失灵保护，仅停用该套母差保护中本间隔失灵保护即可；若本间隔两套保护均通过该开关失灵启动装置启动母差保护时，停用该装置将导致本间隔开关失灵时无法启动母差保护，应将该间隔运行母线相连的母联（分段）开关独立过电流保护投入，确保该间隔设备故障且开关失灵时能快速隔离本段母线，以防止全站失电。

六、母联充电、过电流保护运行管理

（一）母联充电、过电流保护命名管理

在电网新设备启动或保护更换后保护向量试验期间，为更好地发挥 220kV 母联（分段）过电流保护的作用，明确各种母联（分段）过电流保护的名称，规定如下：① 对于已配置母联（分段）独立过电流保护的变电站，使用母联（分段）独立过电流保护做试验设备的后备，命名为“独立过电流保护”；② 对于未配置母联（分段）独立过电流保护的变电站，在相应条件具备的情况下，可使用母差保护中的过电流（充电Ⅱ段）保护做试验设备的后备，命名为“母差保护中的过电流保护”；③ 新建智能变电站均配置双重化的 220kV 母联（分段）独立过电流保护，分别命名为“第一套、第二套独立过电流保护”，详见附录 A。

（二）母联充电、过电流保护现场运行管理

微机母差保护中母联开关一般配有充电（过电流）保护：在用母联开关向空母线充电时使用母联充电（或充电过电流Ⅰ段）保护，时间为 0s；在母联与新设备串联运行，母联过电流保护做新设备的后备保护时使用母联过电流（或充电过电流Ⅱ段）保护，时间大于或等于 0.2s。

在母线停役再送电或对空母线上开关冲击时，宜投入母差保护中的母联充电保护，送电正确后退出母联充电保护，母联充电保护的定值应按母差保护定值单中的定值整定。当线路启动送电或母联开关串代新开关做保护向量试验时，宜用母联独立过电流保护做试验设备的后备，保护定值由调度整定并下令投、停。当变压器启动送电，需要用母联独立过电流保护做试验设备的后备时，母联独立过电流保护由调度整定并下令投、停。

七、故障录波器、故障信息子站运行管理

新设备启动时，故障录波器须具备投运条件，应按照信息接入规范要求，接入录波联网主站，由调度下令投入。对于一次系统改扩建、继电保护设备升级改造等工作，应确保新设备已完成故障录波器的接入与联调，在运故障录波器需停用或更换时，需向调度部门提出申请，经许可后方可进行。各变电站故障录波器、继电保护故障信息子站装置正常必须投入。

八、安全自动装置运行管理

（一）备自投装置管理

在正常运行方式及负荷允许的情况下，所有变电站的线路备自投装置均应投入，备自投装置动作宜联切发电厂、新能源厂站并网线路开关。

（二）低频减载装置管理

线路保护低频减载定值及功能投退以系统运行专业下发的低频减载方案为准。

九、智能变电站设备运行管理

智能变电站的过程层网络、交换机、合并单元、网络分析仪等智能电子设备，凡是与上级调度管辖设备有信息交互、影响上级调度管辖设备正常运行时，其运行操作均应得到上级值班调度员的同意。

智能变电站某间隔（设备）保护投入运行是指保护装置、智能终端装置在“跳闸”状态，合并单元在“投入”状态，过程层网络及交换机运行正常，详见附录B。

智能变电站的合并单元、继电保护装置、智能终端、GOOSE网络、SV网络等双重化配置的其中单套设备异常或故障时，可不停运相关一次设备；对于单套配置的间隔，对应断路器应退出运行。母线电压互感器合并单元异常，按母线电压异常处理。因设备检修等原因需退出母差保护或主变压器差动保护中间隔SV接收压板的，设备恢复运行前应确认母差保护、主变压器差动保护中该间隔SV接收压板处于投入状态。智能变电站的合并单元、继电保护装置、智能终端、网络交换机、光缆等设备出现异常或故障时，现场应判断异常或故障设备的影响范围，及时向调度汇报。

十、旁路保护运行管理

旁路开关代出线开关运行，由现场掌握调整继电保护定值，现场应存有正

确无误的继电保护定值单。旁路开关继电保护更换后，将该旁路开关代所有出线的定值单同步启用。

旁路开关代主变压器开关运行时保护调整如下：① 旁路开关对旁母冲击前投入线路保护；② 冲击正常后旁路开关保护停用；③ 主变压器差动保护电流回路切换和母差保护电流回路、二次电压回路及跳闸回路切换按现场运行规定执行，应注意旁代开关与主变压器开关保护电流互感器变比是否一致，注意定值二次值的换算。

第四章

新设备送电原则

第一节　电网新设备启动管理

一、总体原则

接入电网运行的新建、改建或扩建发、输、变电工程一、二次设备统称为新设备。新设备投运包括新建、扩建、改建的发电和输配电（含用户）设备在完成可研、设计、施工后接入系统运行，涉及调度运行、继电保护、运行方式、通信、自动化等各个方面的配合协调，应严格按照批准的启动投产方案实施。

新设备投运管理根据调度管辖范围由相应调度机构负责，下级调度应配合上级调度开展新设备投运管理工作。新设备接入电网运行应遵循国家有关法规、准则、标准及电网相关规程规定要求。新设备业主单位和工程管理部门应邀请相应调度机构参与新设备可行性研究、初步设计、接入系统设计等审查会。新设备接入电网涉及运行设备的配合停电及新设备启动调试等都应报相应调度机构批准，经批复列入月度计划后实施。

新投产机组进入商业化运营前应完成相关涉网调试项目。新设备未经申请批准或虽经批准，但在未得到所辖调度值班调度员的指令前，严禁自行将新设备接入系统运行。运行维护单位在认真检查现场设备满足安全技术要求后，向值班调度员汇报新设备具备启动条件，该新设备即视为投运设备，未经值班调度员下达指令（或许可），不得进行任何操作和工作。若因特殊情况需要操作或工作时，经启动委员会同意后，由运行维护单位向值班调度员汇报撤销具备启动条件，在工作结束后重新汇报新设备具备启动条件。

在新设备启动过程中，相关运行维护单位和调度机构应严格按照已批准的调度实施方案执行并做好事故预案。现场和其他部门不得擅自变更已批准的调度实施方案；如遇特殊情况需变更时，必须经编制调度实施方案的调度机构同意。启动设备一旦移交调度，未经调度许可，不得对设备状态进行任何操作或工作。

二、参与方及其职责

系统运行专业负责牵头协调推进新设备启动工作，做好新设备投产全过程中的系统运行专业相关工作，主要有运行方式专业资料的收集审查，确定电网运行方式，明确调度关系及一次设备名称、编号，编制启动调试调度方案，开展方式计算分析，负责安全自动装置策略制定及定值整定下发，审查停电施工方案，组织调度运行规定的编制等。

继电保护专业负责继电保护专业资料的收集审查，向通信专业提交通道需求，编制启动调试调度方案的继电保护部分，编制调度运行规定继电保护部分，负责继电保护定值整定下发，负责安全自动装置调试等。

自动化专业负责自动化系统（设备）资料的收集审查，向通信专业提出通道需求，负责自动化系统（设备）调试等。

调度计划专业负责参与新设备启动相关的停电计划、启动计划安排，审查新设备启动调试调度方案，负责新投发电机组的并网调度协议签订工作。

水电及新能源专业负责收集审查发电厂（场、站）利用水能或风能、太阳能等新能源发电的相关资料（包括水电厂水库运行相关的规程规定和风电场、光伏电站的并网检测报告），组织发电厂（场、站）向水电及新能源发电调度技术支持系统传送相关数据，审查水力或新能源发电厂（场、站）并网启动调试调度方案。未设置水电及新能源专业的单位，可指定其他专业行使其职能。

调度控制运行专业负责审查启动调试调度方案，负责编写启动调试调度操作票，负责新设备启动的调度操作等。

通信专业负责通信系统（设备）资料的收集审查，审查通信系统接入和切改方案，接收相关专业提出的通道需求，安排、确定通信系统运行方式及新设备调试计划、时间等。

三、新设备启动调度流程

新设备投运调度启动程序主要包括以下五个方面。

（一）资料收集

系统运行专业接到新设备投产申请后启动该流程，并由调度运行控制、继电保护、计划、水电及新能源、通信、自动化等各专业负责人分配本专业工作，资料收集和审查。通过参加启动会，各专业提出相关意见和要求，向有关单位反馈意见并安排下一步工作，确定调度范围、设备命名及编号，并由中心领导审批，如图 4–1 所示。

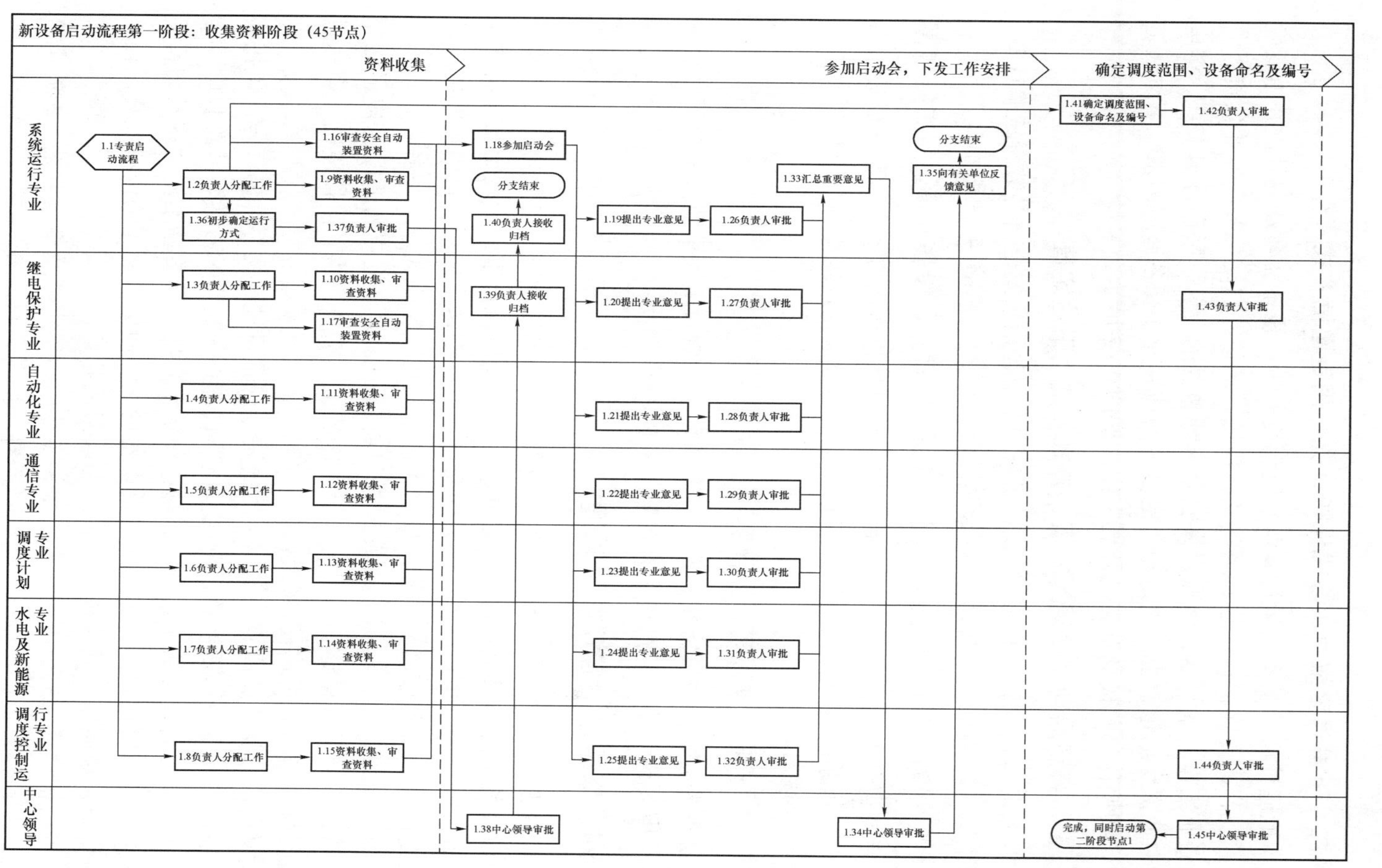

图4-1　收集资料阶段流程图

（二）下发调度编号、方式保护计算、确定通信方式

审批通过后，由系统运行专业下发调度范围、设备命名及编号，并由调度运行控制、继电保护、计划、水电及新能源、通信、自动化等各专业负责人分配本专业工作。系统运行专业提供安全自动装置的命名、联调方案审查。继电保护专业提交通道需求，整定相关定值。通信专业接受各通道需求，下达通道方式。其他各专业接受发文，开展工作，如图 4–2 所示。

（三）编制启动调试调度方案、方式发文、下达定值

以上工作完成后，开始编制调试调度方案，包括了安全自动装置策略计算、定值下发、定值整定以及稳定极限的计算及下发等，如图 4–3 所示。

（四）审批启动调试调度方案、编制运行规定、设备联调、发布接线图

启动调试调度方案审批通过后，各专业参加投运前启动会，并开展设备联调工作。由系统运行、继电保护等专业编制运行规定，提交领导审批后发文，如图 4–4 所示。

（五）审批调度方案、上报实测参数

由各专业审批调度方案，确认投产条件，专责负责跟踪新设备投产，并由各专业编写投产总结，收集实测参数，如图 4–5 所示。

四、新设备命名及收资管理

新建变电站的命名，应在项目可研阶段由变电站所属供电公司与工程管理部门研究确定四个以上备选调度名称，报相应调度机构审批后确定正式调度命名。调度管辖的发电厂（场、站）的命名，应在倒送电前三个月由该发电厂研究确定四个以上备选调度名称，报相应调度机构确定正式调度命名。

新设备投产前三个月工程管理部门或项目业主单位应向调度机构报送相关资料，提交并网申请书。对于分步实施的工程需要提供各阶段停电方案和过渡过程接线方式，并附图详细说明。

材料应包括：政府有关部门下达的发电厂项目批准文件、电气一次主接线图、发电机及主变压器参数、励磁系统及调速系统模型和参数、线路长度、导线型号及原线路改接情况示意图、继电保护配置图、装置施工原理图及装置使用说明书、调度自动化、远动设施及设备情况、通信工程相关资料及其他相关设备资料及说明等，同时提供设备命名编号的建议。

资料报送后 15 个工作日内，相关专业应给出审查及修改意见，做好审查记录，并通知资料报送单位补充完善资料，见表 4–1～表 4–7。

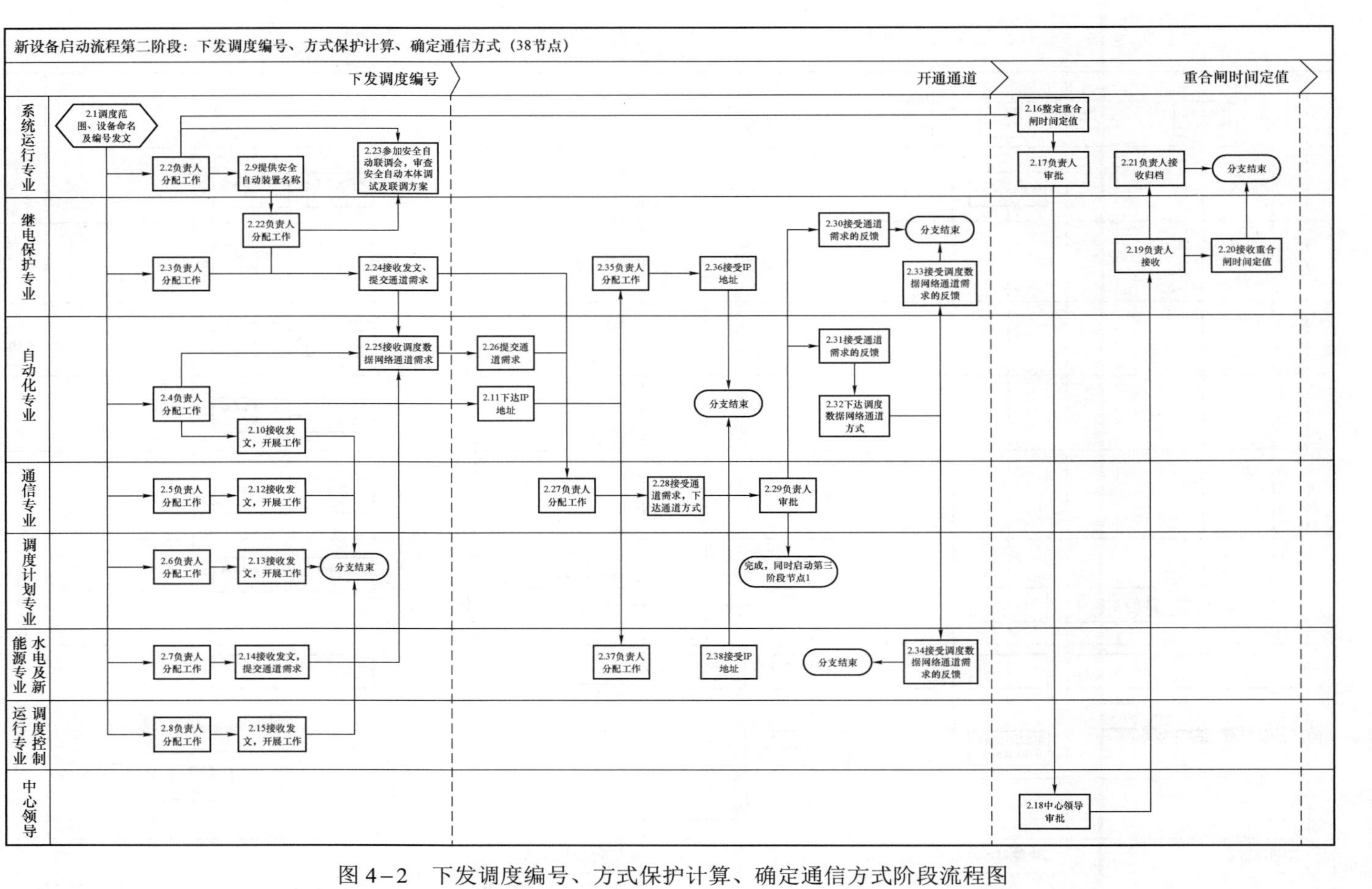

图4-2　下发调度编号、方式保护计算、确定通信方式阶段流程图

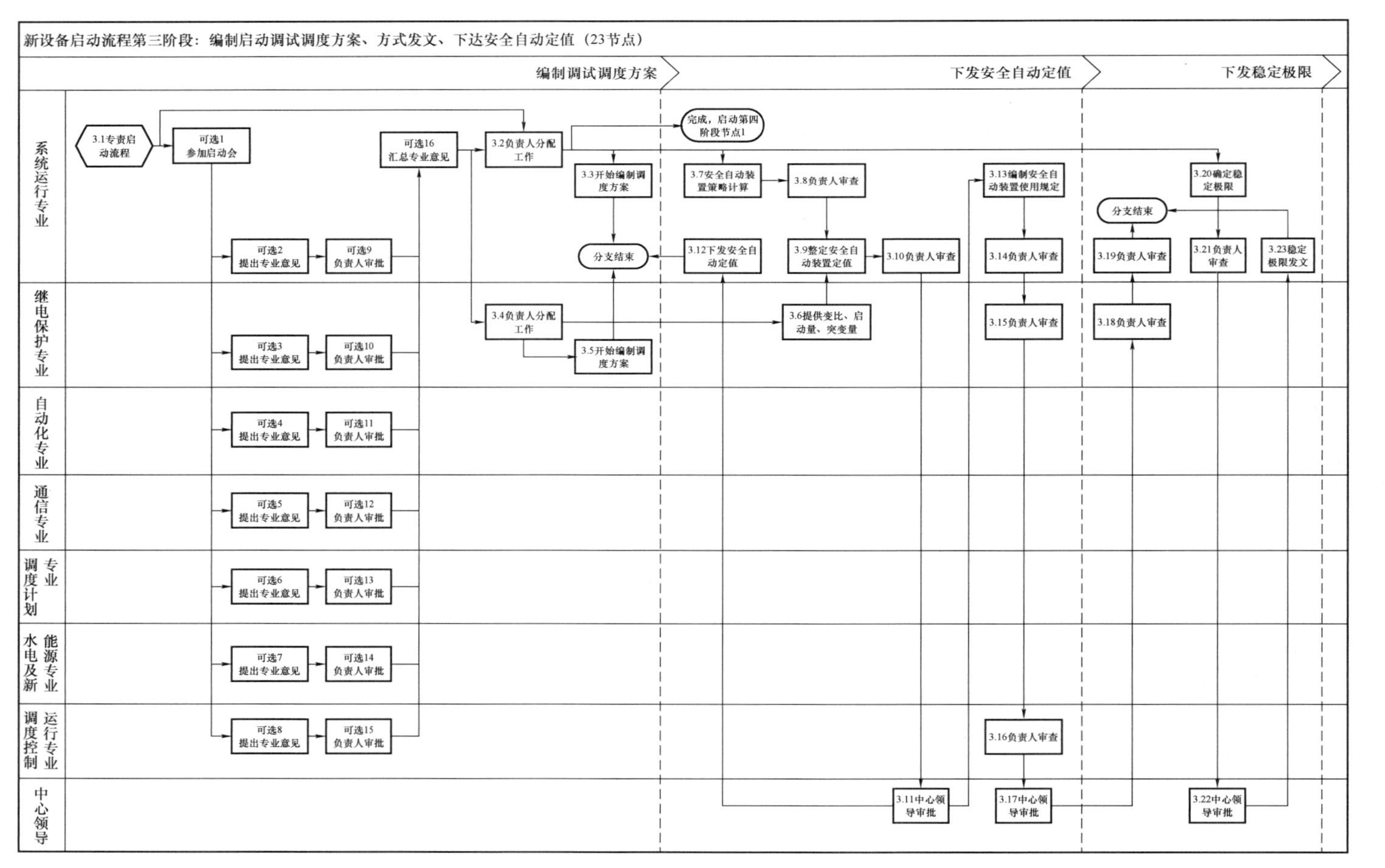

图4-3 编制启动调试调度方案、方式发文、下达定值阶段流程图

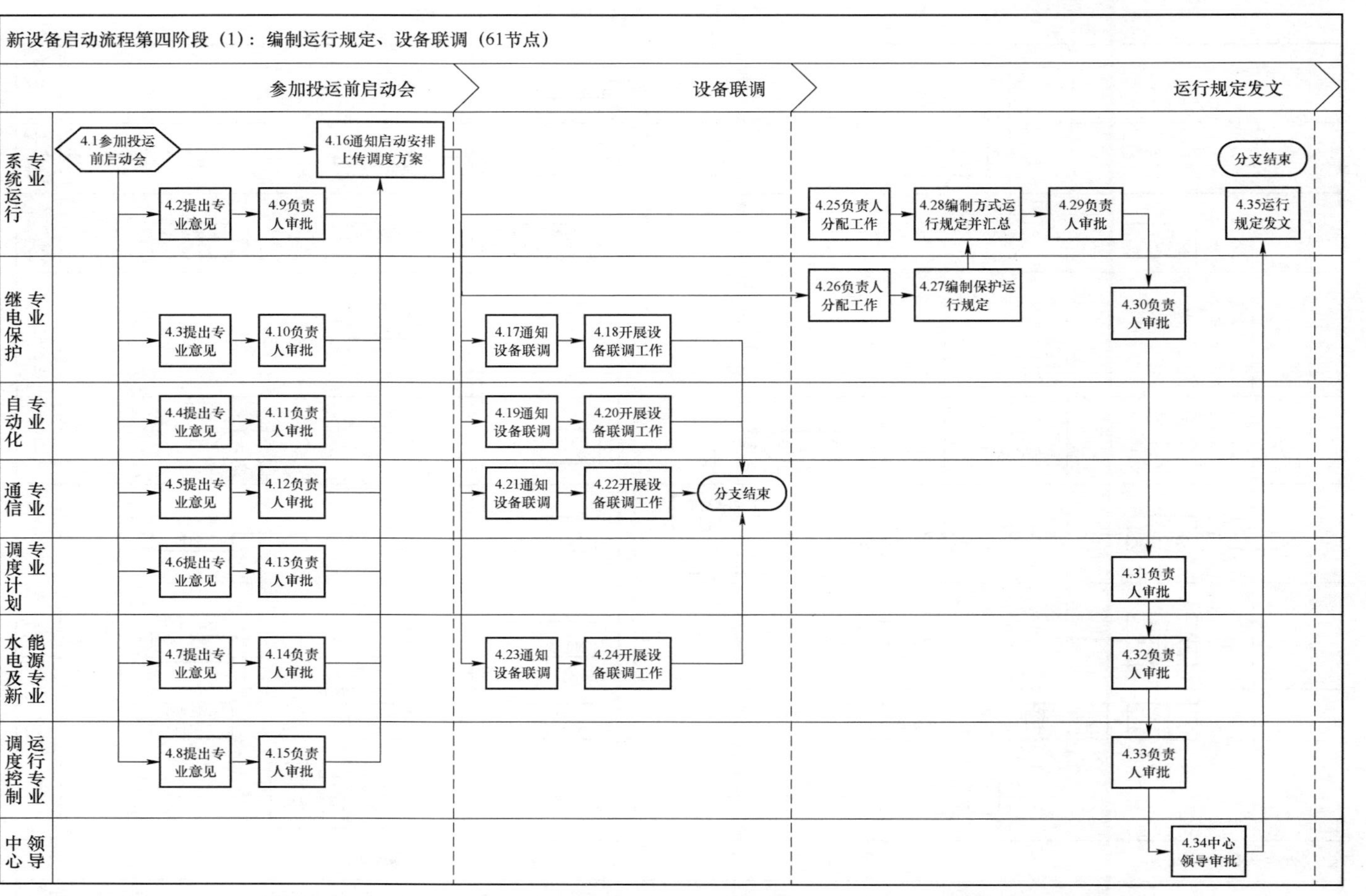

图 4-4　审批启动调试调度方案、编制运行规定、设备联调、发布接线流程图

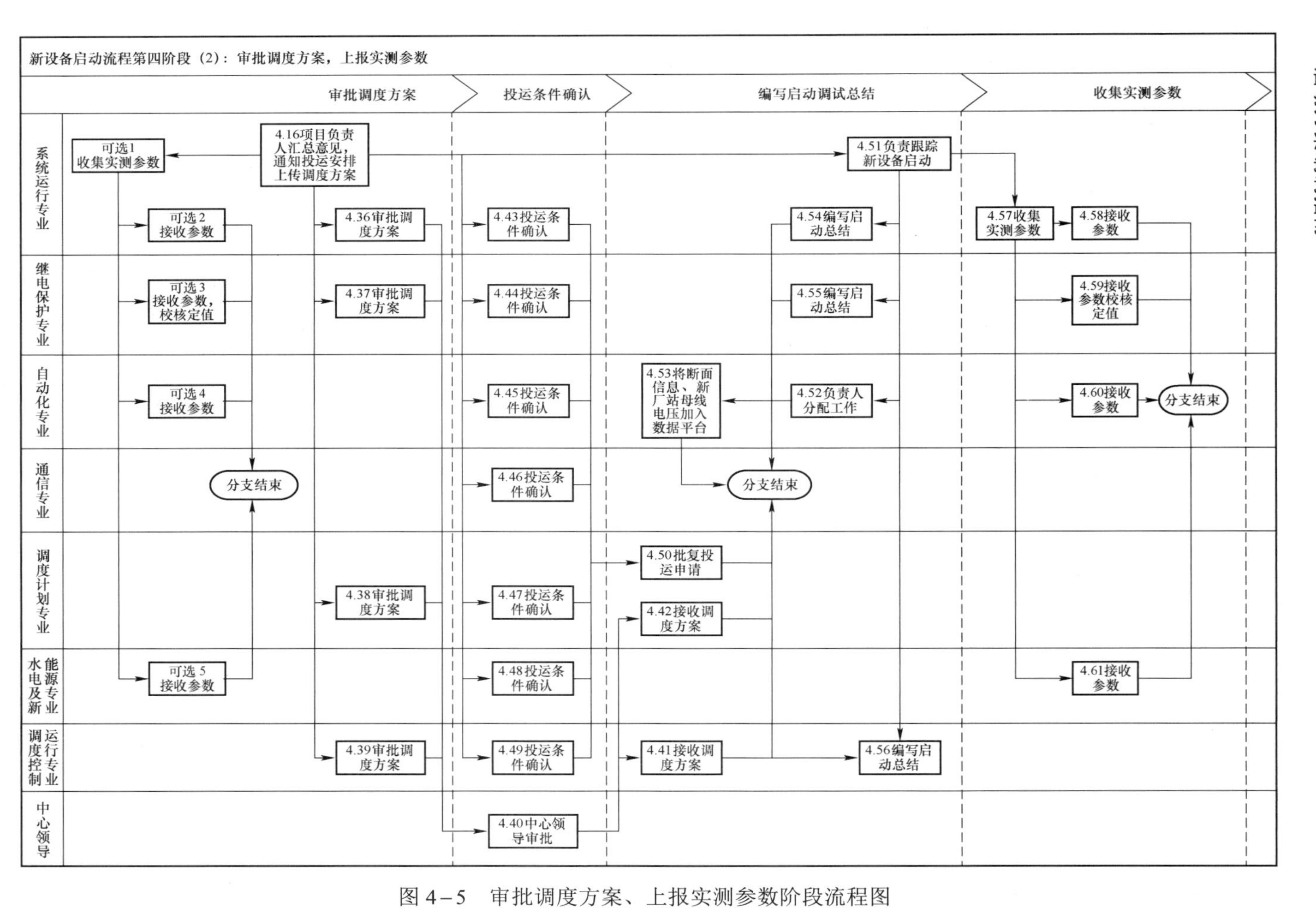

图4－5 审批调度方案、上报实测参数阶段流程图

表 4-1　　系统运行专业资料审查

序号	资料内容	备注
1	变压器参数	
2	变压器出厂试验报告	
3	输电线路参数	
4	发电机参数	
5	发电机出厂试验报告	
6	发电机励磁调速框图、参数	
7	新投线路对应关系图	
8	新投设备调度编号图	
9	输电线路载流能力数据	
10	并联高压电抗器参数	
11	串补参数	
12		
其他意见		

表 4-2　　继电保护专业资料审查

序号	资料内容	备注
1	变压器参数（含出厂试验报告、过激磁曲线）	
2	输电线路参数	
3	发电机参数	
4	新投设备电气主接线设计图纸	
5	新投设备的保护图纸、二次图纸	
6	投产保护设备所接的 TA 变比（盖章）	
7	保护厂家说明书	
8	定值清单、软件版本，进口保护的出口回路可编程逻辑图	
其他意见		

表 4-3　　安全自动装置资料审查

序号	资料内容	备注
1	装置配置是否符合要求	
2	安全自动装置图纸是否齐全	
3	通道设计图纸是否齐全	
4	TA、TV 变比资料是否符合要求	
5	安全自动装置相关说明书	
其他意见		

表 4-4 水新专业资料审查（风电场并网）

序号	资料内容	备注
1	风机参数	
2	异常保护及定值设置	
3	动态无功补偿装置型号、各支路容量、性能指标、试验报告	
4	风机动态调压能力说明	
5	风电场电气接线图	
6	AVC 子站（制造厂家、控制策略）	
7	PMU 子站（已接入电气量列表）	
8	安控联调情况	
9	机组低电压穿越能力证明、检测报告	
10	升压变压器、箱式变压器铭牌参数、分接头位置	
11	项目批准文件和前期设计审查文件	
12	风功率预测系统	
13	各专业联系人、联系电话	
其他意见		

表 4-5 水新专业资料审查（光伏电站并网）

序号	资料内容	备注
1	光伏电站光伏阵列信息	
2	逆变器型号	
3	逆变器制造商	
4	异常保护及定值设置	
5	动态无功补偿装置型号、各支路容量、性能指标、试验报告	
6	光伏电站动态调压能力说明	
7	光伏电站电气接线图	
8	AVC 子站（制造厂家、控制策略）	
9	PMU 子站（已接入电气量列表）	
10	安控联调情况	
11	光伏阵列低电压穿越能力证明、检测报告	
12	升压变压器、箱式变压器铭牌参数、分接头位置	
13	项目批准文件和前期设计审查文件	
14	光功率预测系统及调度计划系统	
15	光伏电站建设进度表	
16	各专业联系人、联系电话	
其他意见		

表 4-6　通信专业资料审查

序号	资料内容	备注
1	设计资料和设备清单	
2	主要设备关键数据指标说明	
3	设备产品说明书	
4	设备订货清册	
5	施工图等	
其他意见		

表 4-7　自动化专业资料审查

监控系统/远动装置		
序号	资料内容	备注
1	可研报告	
2	图纸	
3	新型号、新产品说明书	
4	初设报告	
5	装置配置	
6	TA、TV 变比资料	
其他意见		
相量测量装置		
序号	资料内容	备注
1	可研报告	
2	图纸	
3	新型号、新产品说明书	
4	初设报告	
5	装置配置	
6	TA、TV 变比资料	
其他意见		
时钟同步装置		
序号	资料内容	备注
1	可研报告	
2	图纸	
3	新型号、新产品说明书	
4	初设报告	
5	装置配置	
其他意见		

续表

不间断电源		
序号	资料内容	备注
1	可研报告	
2	图纸	
3	新型号、新产品说明书	
4	初设报告	
5	装置配置	
其他意见		
电量采集装置		
序号	资料内容	备注
1	可研报告	
2	图纸	
3	新型号、新产品说明书	
4	初设报告	
5	装置配置	
6	TA、TV 变比资料	
其他意见		
二次安全防护装置		
序号	资料内容	备注
1	可研报告	
2	图纸	
3	新型号、新产品说明书	
4	初设报告	
5	装置配置	
其他意见		
调度数据网络装置		
序号	资料内容	备注
1	可研报告	
2	图纸	
3	新型号、新产品说明书	
4	初设报告	
5	装置配置	
其他意见		

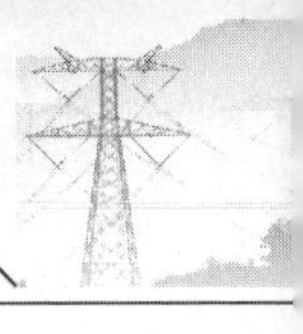

五、新设备调度启动程序

调度机构接到新设备投运申请后应做如下工作，并于投产前通知有关单位：

（1）确定调度管辖范围，对调度管辖或许可范围内的设备进行命名编号。

（2）修正短路容量，明确相关继电保护及安全自动装置整定原则方案。

（3）进行潮流计算、稳定计算，修订稳定规定有关部分，确定运行方式，修改一次系统接线图。

（4）修改调度自动化系统、电能量计费系统、生产管理系统等。

（5）确定调度通信、自动化设备调试方案。

（6）根据工程进度和调试程序，拟订新设备启动调度方案。

（7）修订或补充运行管理规定有关部分。

（8）有关调度人员应熟悉现场设备和现场规程，了解运行方式、管理规定等。

新设备投产前工程管理部门或项目业主单位应组织启动预备会，召开有关单位参加，确定启动日程。新设备投产前工程管理部门或项目业主单位应组织启动委员会，召开有关单位参加的启动会议，讨论并确定启动调试方案。

新设备启动投产或试运行，应提前 12 个工作日由新设备所属生产运行单位向调度机构申报新设备启动工作申请票，其内容包括：

（1）投产设备及投产范围。

（2）启动、调试和试运行的计划，试验项目、方案及要求。

（3）调度通信方式。

（4）现场安全措施。

调度机构应在新设备启动前规定时间内对新设备启动投产工作申请票予以答复，并应将启动调度方案下达有关单位。新设备启动调度方案内容包括：

（1）新设备投产后的正常运行方式及安全稳定运行要求。

（2）新设备投产的启动、调试操作方案。

（3）继电保护及安全自动装置整定方案。

（4）调度通信、调度自动化要求。

（5）调度机构有权发布调度指令的人员名单。

六、新设备启动注意事项

新设备投产过程中考虑到待投产设备本身不可靠以及不同设备操作过程中的配合问题，应提前分析操作过程中的危险点、可能出现的问题，并加以管控，确保新设备顺利投运。

（一）新设备投运危险点及处理措施

新设备投运危险点及处理措施见表 4-8。

表 4-8　　新设备投运危险点及处理措施

危险点	处理措施
新投设备首次带电，设备绝缘未经受全电压及过电压考验，保护未进行测试	新投设备出现故障的概率较运行设备高，因此在投产方案编制过程中应考虑设备故障对系统的影响，选择合适的投产方案，防范由于新设备故障、保护不正确动作造成正常运行设备跳闸
新设备一、二次接线均有可能错误	接线错误有可能造成相序、相位不正确，因此在启动投运时必须核相，检查一次、二次回路相序、相位正确
继电保护系统的接线未经过带负荷测试	可能出现电流、电压等回路接线不正确情况，导致新设备故障时保护误动或拒动。因此，在启动投运时必须带负荷校核相关元件保护接线正确
倒闸操作项数多，操作时间长	新设备投运时，保证安全的组织措施和技术措施较为复杂，倒闸操作项数多，操作时间长，一旦发生启动委员会、试验指挥、调度员、现场操作人员沟通不畅情况，极易产生误操作，故各环节人员应提前熟悉投产方案，在调度统一指挥下操作
对一、二次新设备性能不熟悉	现场操作人员对一、二次新设备性能不熟悉，可能造成安全隐患，故操作人员应提前掌握设备情况，了解投产过程中的危险点，在调度统一指挥下操作

（二）新设备投运操作注意事项

1. 母线

母线投产时，需核相正确，电压互感器二次侧负荷切换正确。

2. 线路

（1）线路投产时若待投产断路器为“老开关、老保护”，则可用该断路器对线路充电，若为“新开关、新保护”则需调整运行方式和保护。需注意运行方式调整后可能出现的单母线运行、母线保护停用等薄弱点。

（2）在保护向量测试前，线路合环时若没有停用线路纵联保护，有发生误动的可能，对系统会产生较大影响，需针对上述情况制定相应控制措施。

（3）母线保护需做带负荷测试的，线路合环前应停用母线保护，并应尽量缩短母线保护停用时间。若未按规程要求停用，母线保护有发生误动的可能，导致运行设备跳闸，需针对上述情况制订相应控制措施。

3. 变压器

（1）充电前核实主变压器分接头置于运行方式专业要求的挡位。

（2）主变压器低压侧电容器、电抗器进行投切试验前，应将低压侧母线电压控制在允许范围内。如电流足够，则进行相关保护向量测试工作。

4. 电压互感器

电磁式电压互感器投产时应注意停送电顺序，防止谐振过电压。

5. 其他

（1）在冲击过程中应从提高系统运行可靠性、减少设备故障影响范围的角度考虑系统一次设备运行方式，避开从电厂侧、系统薄弱侧冲击。

（2）冲击时保护应满足相关规定，方案中若存在与上级调度管辖设备交界的保护定值，应满足上级电网和调度部门的要求。

（3）投产过程中应注意一次设备与二次保护之间的配合，带负荷、解合环前保护的配合调整。

（4）冲击及带负荷过程中，应特别注意母差保护方式及母差电流二次回路状态。

（5）下级调度机构管辖范围内新设备加入系统运行，可能对上级调度机构管辖系统安全产生较大影响时，调度机构应将相关资料报送上级调度机构，经上级调度机构许可后，方可进行启动投运操作。

第二节　新设备投运的基本原则

新设备是指新建、改扩建的发电和输变配电设备（首次接入电网的电力基建、技改的一次和二次设备），包括断路器、线路、母线、变压器、电流互感器、电压互感器、发电机组、电容器、接地变压器、站用变压器、消弧线圈、继电保护及安全自动装置以及厂站。

一、新设备启动调试基本原则

（1）厂站内设备相位的正确性由设备运维单位负责。应保证新设备的相位与系统一致。有可能形成环路时，启动过程中必须核对相位。

（2）新设备启动调试方案内容主要包括：启动范围、启动条件、预定启动时间、启动步骤、启动后正常接线方式、启动过程中继电保护要求等。

（3）在一次设备送电前，应检查保护装置处于正常运行状态，启动范围内所有继电保护及安全自动装置等设备应符合系统设计要求，并经调试验收合格，具备启动条件，保证继电保护装置、安全自动装置以及故障录波器等二次设备与一次设备同期投入。

（4）在新设备启动过程中，保护应有足够的灵敏度，允许失去选择性，严禁无保护运行。

（5）在新设备启动过程中，相关母差保护运行方式应根据系统运行方式做相应调整。母差保护临时退出时，应尽量减少无母差保护运行时间，并严格限制母线及相关元件的倒闸操作。

（6）启动过程中的一次方式安排应综合考虑保护启动需求，在保证安全、经济的前提下，确保有足够的负荷电流供保护向量测试用。

（7）110kV 及以上系统新设备投运过程中，应满足“双开关、双保护”要求；35kV 及以下系统在条件具备时可采用“双开关、双保护”。

（8）在电力设备由一种运行方式转为另一种运行方式的操作过程中，被操作的有关设备均应在保护范围内，允许部分保护装置在操作过程中失去选择性。

（9）遇稳定有特殊要求时，应在新设备启动调度实施方案中明确。

（10）为防止电容器、接地变压器、站用变压器开关和室外设备不对应可能带来的安全风险，在送电方案中应考虑进行带电检查试验。

（11）新设备启动过程中，应考虑安排通过拉合上级电源的方法进行备投的实际试验，以便验证二次回路的正确性。

（12）新设备启动过程中，客观上存在一定的风险，有关发、供电单位及各级调度部门必须做好相关事故预案。

二、新设备冲击送电时冲击电源的选择

为防止新设备冲击送电时发生送电事故，减少对电网及系统的影响，在编制新设备送电调度启动方案时，应遵循以下原则选择冲击电源对新设备进行冲击送电：

（1）宜选用老开关对新设备进行第一次冲击（“老开关”在此只是用于区别新设备）。

（2）应选用保护二次回路经过验证的开关对新设备进行冲击。

（3）如果送电的两侧间隔都是新设备，尽量不用电厂侧冲击。宜避开方式较为薄弱的厂站作为冲击电源点，应选取对系统影响小的冲击电源。

（4）多个元件送电时，为节省操作时间，在保证安全的前提下，能够合并的宜合并冲击，不同厂站的操作宜同时进行。

三、新设备的冲击送电要求

为验证电气设备绝缘及冲击电流作用下的机械强度和保护是否误动，新上（或大修后）的设备投产时需要对其进行冲击。应注意以下问题：

（1）冲击合闸用的断路器保护装置应完备、可靠投入，重合闸退出，断路器遮断容量满足要求，切断故障电流的次数应在规定次数内。

（2）设备冲击前应无异状，冲击合闸时，应防止发电机自励磁和空载（轻载）线路末端电压升高超过允许值。

（3）为防止稳定性破坏，对变压器或线变组进行冲击时，大电流接地系统

变压器中性点应可靠接地。

（一）变压器、电抗器

新变压器或大修后的变压器在正式投运前要做冲击试验，主要检查变压器绝缘强度能否承受全电压或操作过电压的冲击，同时验证变压器在励磁涌流作用下的机械强度和继电保护是否会误动。当拉开空载变压器时，切断很小的励磁电流可能在励磁电流到达零点之前发生强制熄灭，由于断路器的截流现象，使得具有电感性质的变压器产生的操作过电压，其值除与断路器的性能、变压器结构等有关外，变压器的中性点接地方式也影响切空载变压器过电压。一般不接地变压器或经消弧线圈接地的变压器，过电压幅值可达 4～4.5 倍相电压，而中性点直接接地的变压器，操作过电压幅值一般不超过 3 倍相电压，这也是要求冲击试验的变压器中性点直接接地的原因所在。

新变压器投入需冲击 5 次，大修后的变压器需冲击 3 次。有条件的应采用发电机零起升压，正常后用高压侧电源对新变压器冲击 5 次，串供冲击方式下的线路负荷原则上予以转移。无零起升压条件时用变压器的中压侧或低压侧电源对新变压器冲击 4 次，冲击正常后用高压侧电源对变压器再冲击 1 次。考虑到主变压器保护为新保护，若主变压器故障，主变压器保护有可能不能正确动作切除故障，因此在接线方式允许的情况下，宜采用高压侧电源对新变压器直接冲击，冲击电源宜选用外来电源，采用老开关与新开关串供，冲击侧应有可靠的两级保护。宜采用新主变压器自身的开关对主变压器本体实施冲击。若采用线路送电侧开关对主变压器本体实施冲击，应考虑线路保护的手合加速定值能否躲避主变压器的空载合闸涌流。对于双母线接线方式的变电站，采用送端空出一条母线，投入母联开关过电流保护，用母联开关与主变压器开关串联，用母联开关保护作为后备保护，再对变压器进行冲击送电，如图 4–6～图 4–8 所示。

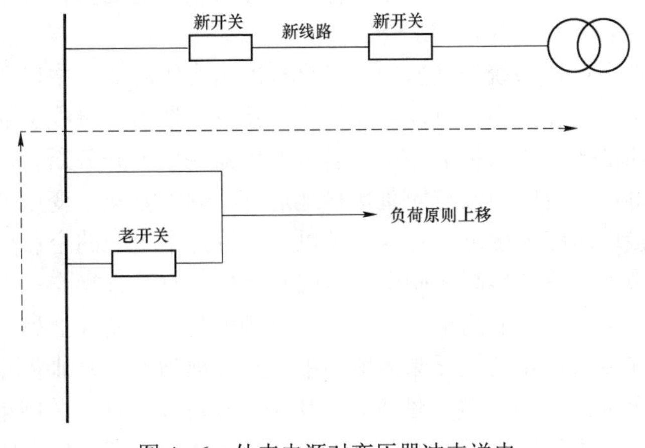

图 4–6　外来电源对变压器冲击送电

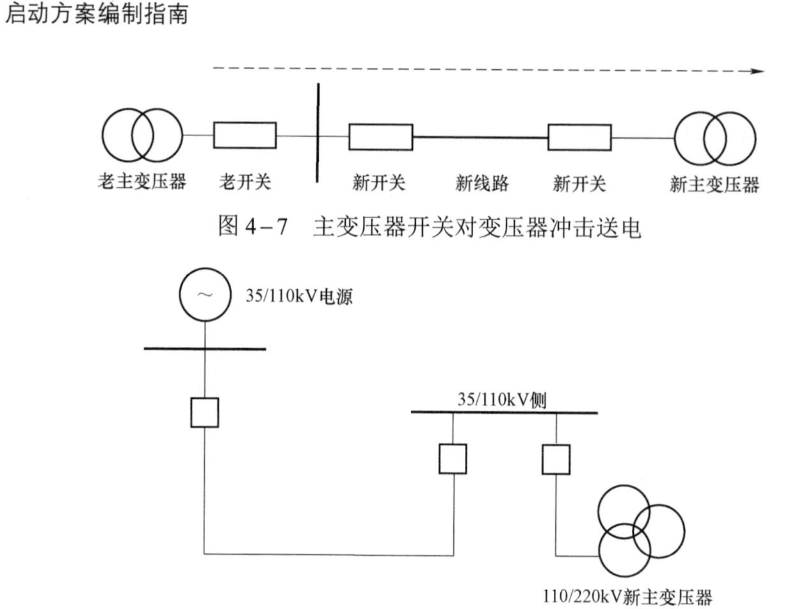

图 4－7　主变压器开关对变压器冲击送电

图 4－8　由中、低压侧对变压器冲击送电

变压器、电抗器第一次投入时，可全电压冲击合闸，如有条件时宜采取零起升压；冲击合闸时，变压器宜由高压侧送电，对发电机变压器组接线的变压器，当发电机与变压器之间无操作断开点时，可不做全电压冲击合闸。新上变压器、电抗器冲击期间需记录冲击电流，应无异常情况。第一次送电后持续时间不应少于 10min；若在 5 次冲击过程中，变压器保护动作跳闸，应停止冲击，将变压器停电，对变压器全面检查试验，同时应根据记录的冲击电流，判断是否是因励磁涌流过大引起保护装置的误动。带电后，检查本体及附件所有焊缝和连接面，不应有渗油现象且声音正常。对新变压器冲击正常后，新变压器中、低压侧必须核相，变压器保护与母差保护需做带负荷测向量试验。变压器试运行 24h 无异常后方可转入正常运行。

接于中性点接地系统的变压器，在进行冲击合闸时高、中压侧中性点必须接地。所有保护均需启用，方向元件退出；新变压器所在母线上的母差保护按规定调整，冲击侧高频保护需停用。当主变压器高压侧开关断开、由中压侧向低压侧供电时，高压侧中性点应直接接地运行，同时校验主变压器中、低压侧相间短路及接地短路灵敏度。110kV 及以上中性点半绝缘的空载变压器，在拉合操作时，必须将变压器高压侧中性点临时接地，再进行操作。运行中的变压器中性点接地闸刀，若需倒至另一台中性点接地时，须先合上另一台变压器的中性点接地闸刀后，才能拉开原接地的中性点接地闸刀。110kV 并网电源厂站宜保持一台变压器 110kV 侧中性点直接接地。双母线运行的并网电源厂站，应考虑当母联开关跳闸后，保证被分开的两个系统至少应有一台变压器中性点直接接地。110kV 变压器中压侧中性点消弧线圈倒换时，应先拉后合。

新变压器冲击期间，保护定值应考虑躲变压器励磁涌流，并有足够的灵敏度。变压器冲击期间，应投入变压器所有保护，并始终有一级可靠的保护作为后备保护，该后备保护对变压器中低压侧母线相间、接地故障有不小于 1.2 倍灵敏度且时间为 0.2s，非冲击侧主变压器纵差保护 TA 二次短接退出主变压器纵差保护回路；如果在主变压器冲击过程中按照相间、接地故障有不小于 1.2 倍灵敏度整定仍然躲不过空载合闸时的励磁涌流，可以采取改变操作方式或调整时间等方法躲过励磁涌流但是应经上级领导批准，并在变压器全面检查无故障的情况下方可再次对变压器进行冲击。变压器带负荷前，应停用主变压器差动保护，待向量测试正确后投入。变压器差动保护停用期间，调整主变压器高压侧相间、零序保护对主变压器中、低压侧有足够灵敏度的保护段定值，时间为 0.2s。新安装或大修后的变压器，冲击送电前应将重瓦斯投入跳闸，冲击送电后对强迫油循环变压器，气体未排尽之前重瓦斯保护应投信号。

（二）线路（含架空线路和电缆线路）

有条件的应采用发电机零起升压，正常后用老开关对新线路冲击 3 次，冲击侧应有可靠的一级保护；无零起升压条件时优先采用外电源送电方式，用老开关对新线路冲击 3 次，即冲击侧老开关与线路开关串供，冲击侧应有可靠的两级保护（一般为母联开关的长时限过电流保护和线路保护）。冲击送电的方式如图 4-9～图 4-11 所示。架空线路送电应由电源侧合闸，以额定电压空载冲击，若该线路所带母线、主变压器均为新设备，第三次带受电侧母线冲击，包括主变压器高压侧开关、母线侧刀闸（变压器侧刀闸应断开）。为保护电缆绝缘，防止电缆绝缘层在冲击时被击穿，对电缆线路一般只冲击送电 1 次。冲击正常后，线路必须做核相试验，核相时，两侧电源点之间必须要有明显断开点（母联开关转冷备用或者改非自动方式）。

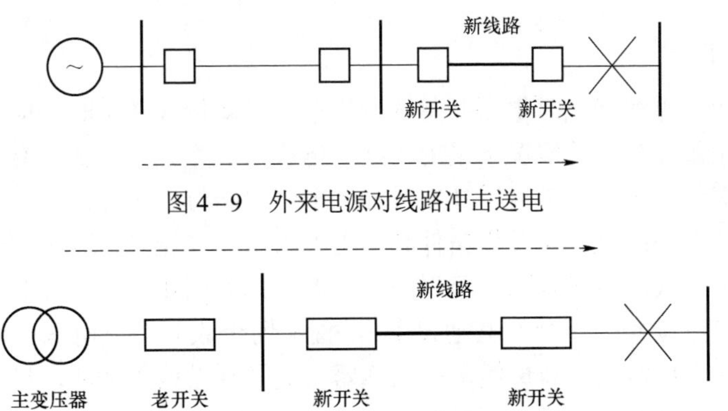

图 4-9　外来电源对线路冲击送电

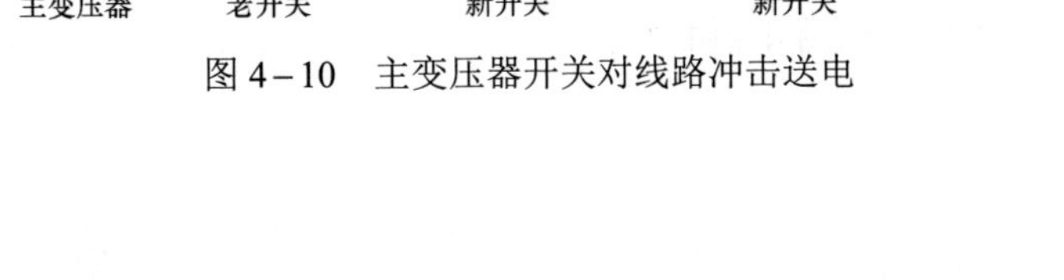

图 4-10　主变压器开关对线路冲击送电

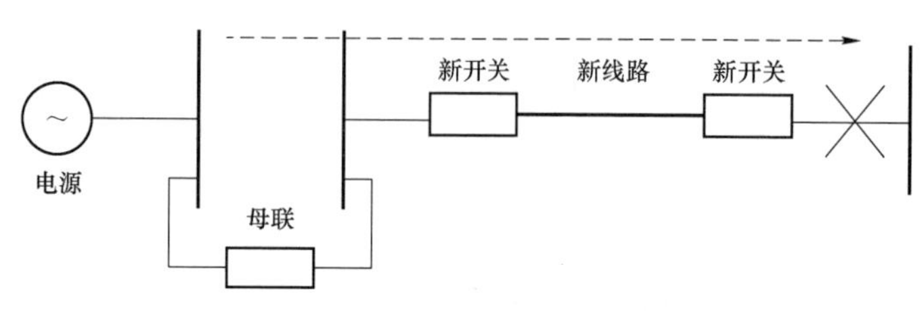

图 4-11　母联开关对线路冲击送电

考虑到新线路的保护装置为新装置，保护二次回路未经过验证，有可能在线路故障的情况下保护装置不动作，造成上一级设备保护越级动作，扩大电网事故。因此在接线方式允许的情况下，采用送端空出一条母线，投入母联开关过电流保护，用母联开关与新线路开关串联，用母联开关的保护作为后备保护，在新线路发生故障时，能够正确、快速地切除故障，缩小停电范围，有利于电网的安全运行。

线路冲击期间应投入线路所有保护，保证始终有一级可靠的保护作为后备保护，该后备保护需对线路末端相间、接地故障有足够的灵敏度（其中 220kV 线路长度在 200km 以上时灵敏度不小于 1.25，150～200km 时灵敏度不小于 1.3，100～150km 时灵敏度不小于 1.35，50～100km 时灵敏度不小于 1.4，50km 以下时灵敏度不小于 1.45；110kV 线路长度 50km 以上时灵敏度为 1.3，20～50km 时灵敏度为 1.4，20km 以下时灵敏度为 1.5），时间为 0.2s；配置纵联保护、距离保护及带方向闭锁的过电流保护、零序过电流保护的保护装置在新设备投运前或二次回路改动后应开展带实际负荷的向量测试，正确后才能投入运行。对于电厂并网线路、用户专线及牵引供电线路，应严格按照用户需求投入或退出重合闸。新线路启动过程中应停用本开关重合闸，启动结束后根据需求投、停重合闸。

（三）母线

为防止空母线送电时电压互感器发生谐振，新母线送电时一般只冲击送电一次，并在条件允许的情况下采用线路及母线一起充电的方式。有条件的应采用发电机零起升压，正常后用外来或本侧电源对新母线进行冲击，冲击侧应有可靠的一级保护；无零起升压条件时，用外来电源（无条件时可用本侧电源）对母线冲击一次，冲击侧应有可靠的一级保护，如图 4-12 和图 4-13 所示。

母线扩建延长（不涉及其他设备），宜采用母联开关充电保护对新母线进行冲击。冲击正常后，新母线电压互感器二次必须做核相试验，母差保护需做带负荷测向量试验，如图 4-14 所示。

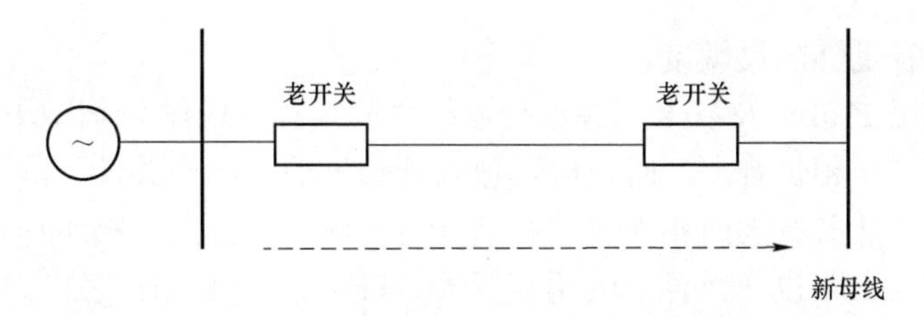

图 4－12　外来电源对母线冲击送电

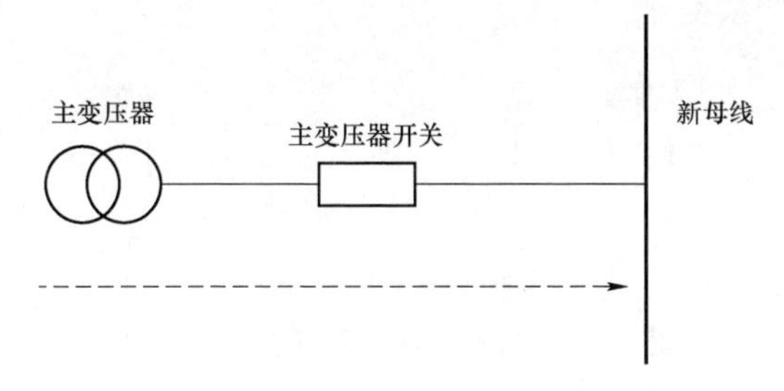

图 4－13　主变压器开关对母线冲击送电

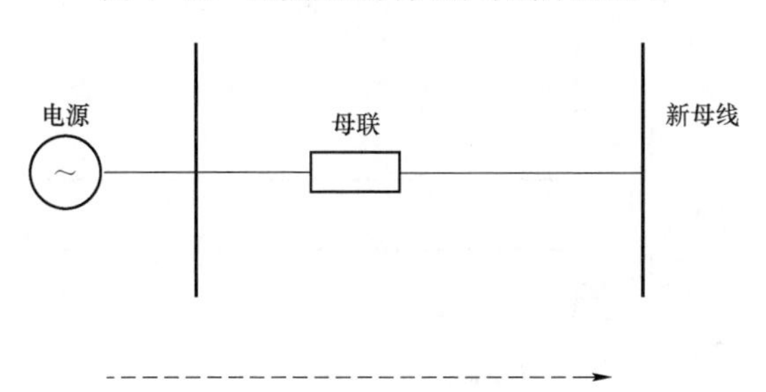

图 4－14　母联开关对母线冲击送电

（四）断路器

（1）有条件的应采用发电机零起升压。优先考虑采用外来电源对新开关冲击一次，冲击侧应有可靠的一级保护非冲击侧与系统应有明显的断开点，母差保护或母差 TA 应做相应调整。如无条件，可考虑采用旁路（或其他出线）开关经旁路母线，或由主变压器开关、母联（分段）开关冲击。若新开关所在变电站的母线差动保护处于投入状态，应将被冲击新设备的母线差动 TA 短接退出母差回路，如图 4－15～图 4－20 所示。新线路开关需先行启动时，可将该开关的出线搭头拆除，使该开关作为母联或受电开关，做保护带负荷测向量试验。对新开关做六角图试验时，在试验系统中不允许无保护运行。新开关作为送电开关时，可采用串供方式，被串供的老开关一、二次均应完备可靠。新开关所在母线无负荷时，新开关可作为环路中开关进行保护试验，扩大两侧保护范围。

（2）新开关作为受电开关进行保护试验时，对侧老开关保护应对整条线路及新开关都有足够的灵敏度。

（3）利用 110kV 及以上开关进行系统并列或解列操作，因机构失灵造成两相开关断开（一相仍合上）时，应迅速拉开合上的一相开关，不准再合上已断开的两相。如开关合上两相而有一相断开时，应将断开的一相迅速再合一次，如不成功则应立即拉开原合上的两相开关。110kV 及以上开关在有电压情况下禁止慢速合闸操作。弹簧机构的开关若失去能量，可手动储能后再合闸，液压机构压力异常时严禁操作。

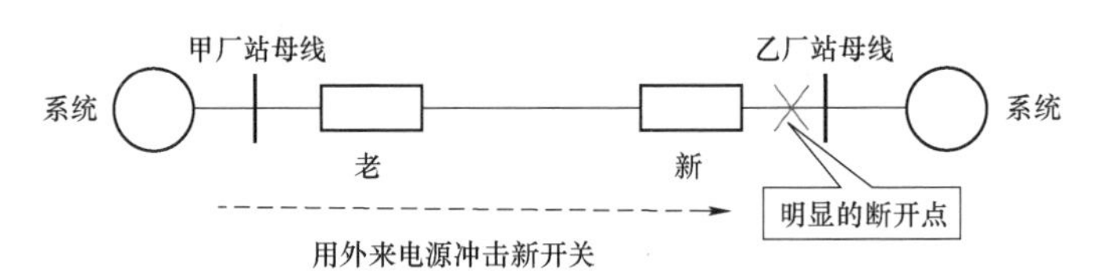

图 4－15　外来电源对新开关冲击送电

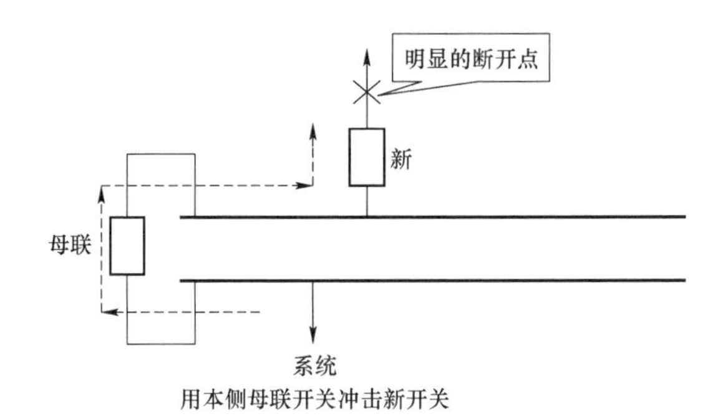

图 4－16　母联开关对新开关冲击送电

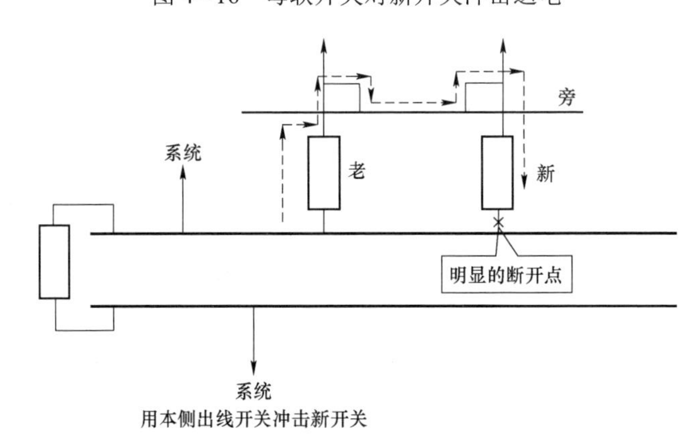

图 4－17　用其他出线开关对新开关冲击送电

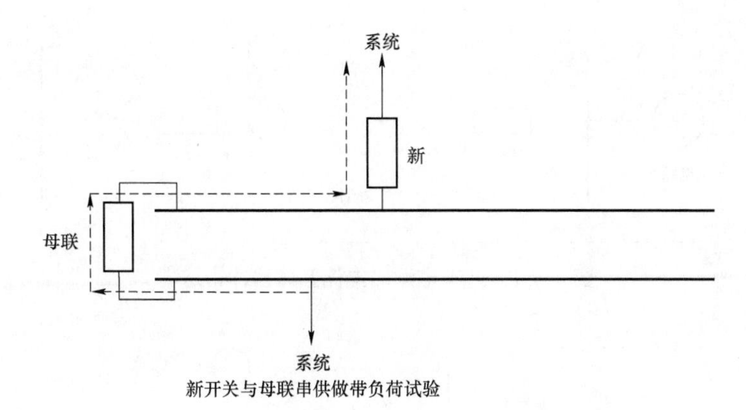

图 4-18　母联串供方式进行带负荷测向量试验

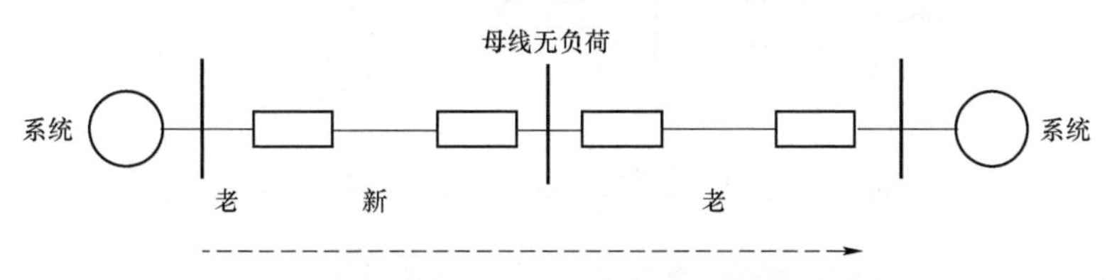

图 4-19　系统环路进行带负荷测向量试验

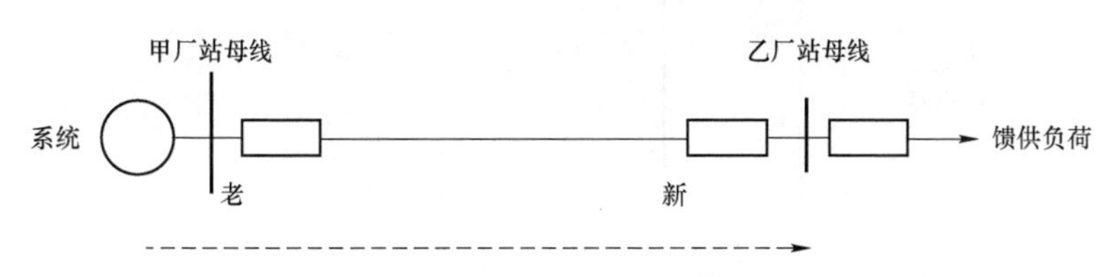

图 4-20　受电侧带负荷进行测向量试验

（五）电流互感器

优先考虑用外来电源对新电流互感器冲击一次，冲击侧应有可靠的一级保护，新电流互感器非冲击侧与系统应有明显的断开点，母差保护的电流回路必须短接退出。若用本侧母联开关对新电流互感器冲击一次时，应启用母联充电过电流保护。冲击正常后，相关保护需做带负荷测向量试验，如图 4-21～图 4-23 所示。

（六）电压互感器

优先考虑用外来电源对新电压互感器冲击一次，冲击侧应有可靠的一级保护。若用本侧母联开关对新电压互感器冲击一次时，应启用母联充电过电流保护。冲击正常后，新电压互感器二次侧必须进行核相，如图 4-24～图 4-26 所示。

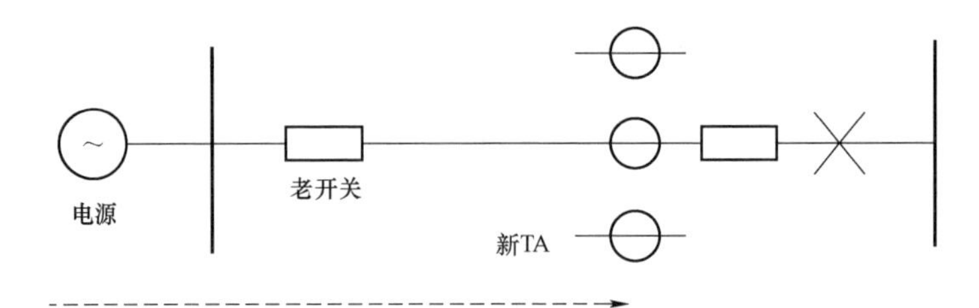

图 4－21　外来电源对电流互感器冲击送电

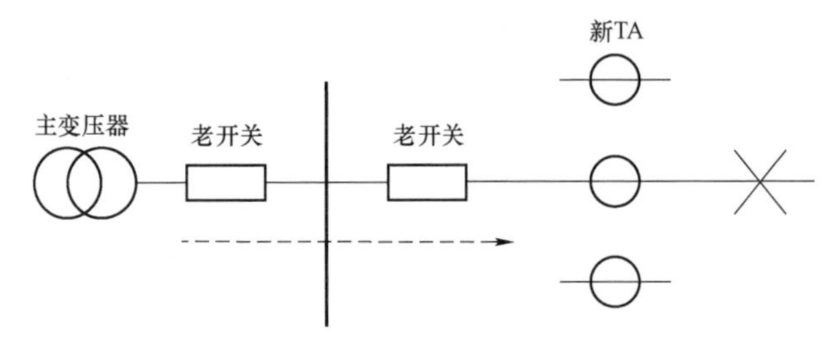

图 4－22　主变压器开关对电流互感器冲击送电

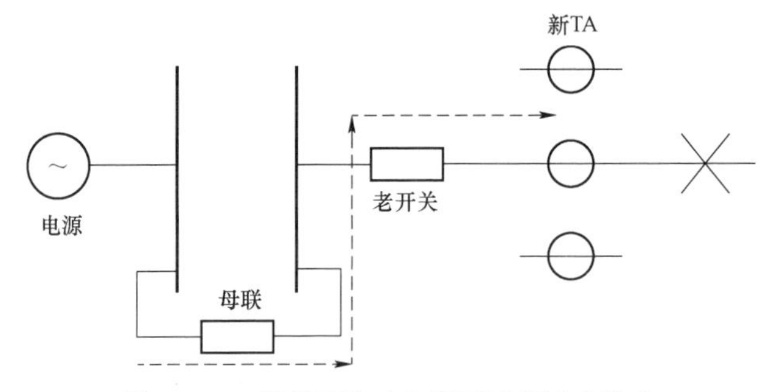

图 4－23　母联开关对电流互感器冲击送电

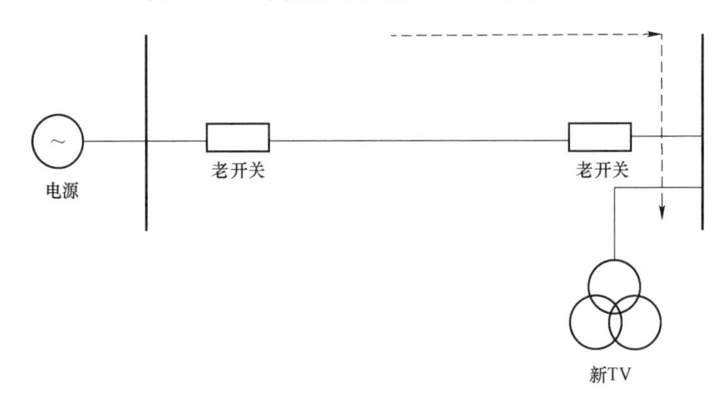

图 4－24　外来电源对电压互感器冲击送电

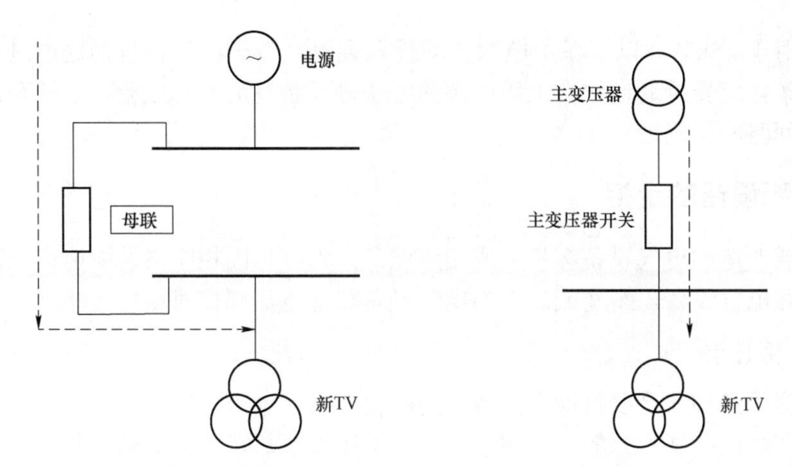

图 4-25　母联开关对电压互感器冲击送电　　图 4-26　主变压器开关对电压互感器冲击送电

（七）发电机组

新机组并网前，设备运行维护单位负责做好新机组的各项试验并满足并网运行条件。新机组同期并网后，发变组有关保护和母差保护应做带负荷测向量试验。新机组的升压变压器需冲击时，在满足第一个条件后按新变压器启动原则执行。发电机短路试验、空载试验、假同期并列试验由电厂负责，电网调度部门配合调整相关运行方式以满足试验要求，同时应注意调整母差保护的运行方式，以及母差 TA 需短接退出所在母线的母差保护回路。

（八）35kV 及以下其他高压电气设备

（1）对于 35kV 架空线路和电力电容器，送电时应在电网额定电压下对其进行冲击 3 次。其中电容器冲击试验，每次间隔 5min，冲击时，现场运行人员应对电容器组进行巡视，检查电容器无异常，电容器组各相电流的差值不应超过 5%。

（2）对于 35kV 以下的电容器、线路、主变压器外的高压配电装置（含电流互感器、电压互感器、站用变压器、接地变压器等）冲击合闸一次。

（3）用空载变压器冲击电容器时，若为有载调压变压器，应将有载调压分接头调至要求的挡位，母线电压应不超过系统标称电压，冲击时母线设备均应投入。

（4）35kV 主变压器保护及二次设备变更后的送电和保护带负荷测向量试验参照变压器送电原则和向量测试方案。

（5）35kV 及以下的线路、电容器、电流互感器、电压互感器、站用变压器、接地变压器等设备的保护更换后，新保护按定值单要求投入，以正常方式进行送电，无特殊要求时一般不再安排带负荷测向量试验。

（6）对于35kV及以下备用电源自动投入装置，在一次设备启动送电过程中，若有条件应安排通过拉合上级电源的方法进行备投的实际试验，以便全面验证二次回路的正确性。

四、新设备的定相

新建或改造的电气设备容易造成相序混乱，为防止因相序错误而造成电网事故、损坏电气设备，新建或改造的电气设备在送电后要核对相位、相序。

（一）变压器

变压器的定相就是要将检查接线组别的变压器（电压互感器）一次侧与运行变压器（电压互感器）的一次侧接于同一电源母线，在二次侧确定其电压相位的试验。定相时，如果测量两变压器（电压互感器）待并列的同名端电压差为零，就说明接线组别一致、相位相同，可以并列（对定相所用的两组母线电压互感器须在同一电源下定相一致）。对主变压器的定相还应注意下列事项：变压器定相时用任一侧电压母线均可，如果条件允许，最好做降压运行，这样对定相的安全有利；如以升压方式定相，最好在该变压器中性点接地的高压侧进行，因系统中性点接地运行，不发生并联铁磁谐振。三绕组变压器定相应分两次进行，如先定高、低压侧，再定中、低压侧。三相变压器组更换备用相后，也应进行定相。变压器定相出现的电压差，在接线组别已经确定一致的情况下，大多是由于变压器分接头位置不一致、所带负荷不等、压降不同等因素引起的，一般数值较小，无危害。

（二）线路

具备合环条件的线路定相方法有两种：一种是对于110kV及以下电压等级的线路，应采用相应电压等级的核相器（静电电压表）在一次线上直接定相，该方法操作比较简单，但若无相应电压等级的核相器，可按第二种方法进行；第二种是对于220kV及以上电压等级的线路，应采用母线电压互感器二次侧电压，用压差法及同期表法进行定相，即间接定相法。间接定相的基本要求如下：定相所用的两组母线电压互感器需在同一电源下定相一致。对于定相线路分别带的两组母线电压互感器，其相电压、线电压三相应平衡，如果任一相电压不平衡，不得进行定相。定相时，要检查有关同期回路、同期表，以保证接线正确，若两组母线电压互感器在不同电源下定相一致，说明两线路相序相同。

五、继电保护带负荷向量试验

为验证保护装置接线是否正确，确保保护装置正确、可靠动作，新投运保护装置或保护二次回路改造后，保护在正式投运前应进行带负荷向量测试。《国

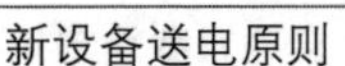

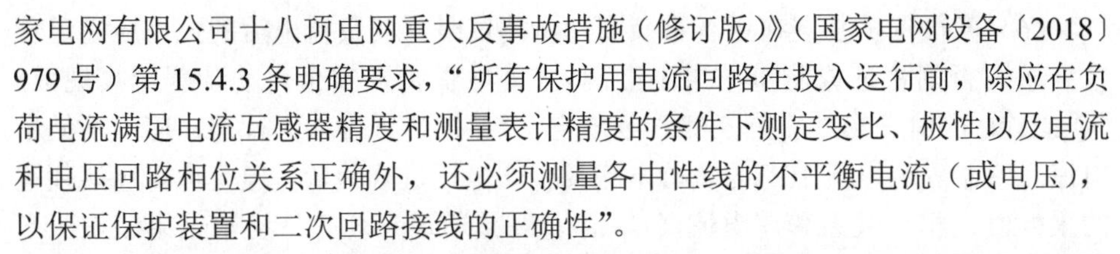

家电网有限公司十八项电网重大反事故措施（修订版）》（国家电网设备〔2018〕979 号）第 15.4.3 条明确要求，“所有保护用电流回路在投入运行前，除应在负荷电流满足电流互感器精度和测量表计精度的条件下测定变比、极性以及电流和电压回路相位关系正确外，还必须测量各中性线的不平衡电流（或电压），以保证保护装置和二次回路接线的正确性”。

（1）线路保护的向量测试。因线路冲击送电时已考虑用“送端空出一条母线，投入母联开关过电流保护作为线路后备保护”的措施，消除了线路保护因二次接线不正确保护拒动造成事故扩大的隐患，但仍存在因线路保护二次接线不正确带负荷时保护装置误动造成所带负荷停电的可能。为此，在安排新线路保护带负荷测向量时应考虑线路合环的方式，即使在保护装置误动时也不会造成所带负荷的损失。

（2）变压器保护的向量测试。220kV 变压器送电时需对差动保护、零序方向过电流保护等进行带负荷向量测试，因保护装置接线不正确易造成在带负荷向量测试期间保护装置误动作致使所带负荷停电。为防止以上送电事故的发生，在安排新变压器保护带负荷向量测试时，应考虑与运行变压器并列带负荷的方式，或与线路合环保护向量测试工作相配合等方式，避免造成对用户的停电。

（3）母线保护的向量测试。新建 220kV 变电站三侧母线一般配置了母线保护，因此，在对新建 220kV 变电站送电时需对各侧配置的母线保护进行向量测试。因新建 220kV 变电站高、中压侧多为双母线，在母线设备冲击送电时采用空出一条母线串母联开关的方式，母线保护的向量测量结合线路或主变压器带负荷向量测试一并进行。对于配置母差保护的新母线送电前，要求母线上所有开关的电流互感器二次回路均接入母差保护电流回路，投入母差保护所有跳闸压板，在母线测向量测试正确后，对于无法带负荷测量母差保护向量的开关，应恢复至冷备用状态。

（4）部分新建 220kV 变电站送电时存在配出工程不能同时投产接带负荷的情况，在编制送电方案时，可考虑对该站低压侧配置的电容器送电，用无功负荷电流对相关保护进行方向测量。对于因暂时无配出负荷无法测量方向的保护，须在送电方案中加以注明，以便调度运行人员掌握，同时也可以防止在以后的送电方案编制中发生遗漏。

（5）对于受端为单线路、单变压器、单母线的变电站送电时不具备合环或并列的条件，容易在带负荷进行向量测试时因保护装置误动造成对用户的停电，针对该情况，可在新设备冲击送电正常后，对有关保护（如线路纵差保护、母线保护、主变压器差动保护等）短时间停用，带负荷测向量正确后立即投入，但该方式下必须确保相关后备保护投入。

（6）微机保护装置在进行带负荷向量测试时，其负荷电流的大小应满足一定要求，否则将造成测量结果不准确。《继电保护及安全自动装置验收规范》（Q/GDW 1914—2013）第 5.5.20 条规定，“保护装置投入运行前，应用不低于电流互感器额定电流 10%的负荷电流及工作电压进行检验，检验项目包括装置的采样值、相位关系和差电流（电压）、高频通道衰耗等，检验结果应按照当时的负荷情况进行计算，凡所得结果与计算结果不一致时，应进行分析，查找原因，不得随意改动保护回路接线。若实际送电时负荷电流不能满足要求时，可结合现场实际进行上述工作，但应在系统负荷电流满足要求后，对以上有关数据进行复核”。

第三节　新设备启动送电条件

新设备启动调度方案应包含启动送电条件、启动范围以及启动送电步骤、新设备调度管辖划分、与新设备送电相关的系统一次接线图。

一、新设备投运前生产准备工作

（1）新投产发电设备、牵引站或用户所属单位已与相应调度机构签订《并网调度协议》。

（2）设备竣工验收结束，质量符合安全运行要求。

（3）设备参数测量及有关试验（包括保护元件及整组试验）结束，并提前将实测参数和有关试验报告以书面形式报送相应调度机构和有关单位。

（4）生产准备工作就绪（包括运行人员培训、考试合格、现场规程、制度健全等）。

（5）电力通信、调度自动化设备良好，通信畅通，各项功能符合国家标准及调度运行要求。

（6）继电保护、安全自动装置等设备符合系统要求，校验合格并具备投运条件。

（7）电能计量关口已经有关部门批复，计量表计齐全，校验合格并具备运行条件。

（8）新建变电站（发电厂升压站和用户变电站除外）无人值守相关技术条件通过验收。

（9）启动范围内的全部设备具备启动条件，并正式向有关调度报告，明确启动前设备状态。

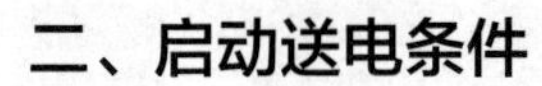

二、启动送电条件

新设备启动送电调度措施中所列的新设备在送电前应具备的条件包括但不限于以下内容：

（1）新建输变电设备经有关人员验收合格，具备送电条件；新建输电和变电设备的验收单位应分别向值班调度员汇报其验收设备已达到送电条件。

（2）配合新建输变电设备施工的有关停电检修工作申请须终结。

（3）新建输变电设备须在冷备用状态，即施工单位自设的接地线（包括接地刀闸）、短路线等安全措施应全部拆除。

（4）调度、变电运行人员须熟悉有关设备的接线方式，变电运行人员须核对现场有关设备的名称、编号与调度下达的设备命名、编号一致，并汇报值班调度员。

（5）新建输、变电设备的设备检修设备运维管理单位已按《调度规程》规定向值班调度员分别提出相应设备的启动送电申请（明确启动送电的设备及范围）。

（6）新建输变电设备调度管辖权限已明确，便于统一调度、分级管理。

（7）对于配置故障录波器的厂站，有关送电设备的开关量应接入相应电压等级的故障录波器。

（8）电气设备不允许无保护运行，值班调度员应与变电运行人员核对有关设备保护定值（包括故障录波器）与定值单相符，变电运行人员应按调度指令（或保护定值要求）投入有关设备保护。

（9）新建 110kV 及以上输电线路实测参数工作结束，实测参数已上报所辖调度。

（10）新建变电站的调度自动化相关信息已上传至调度自动化主站，遥控、遥调、遥信等试验正常，遥测值的核对需在新设备送电带负荷后进行。

（11）在新设备启动过程中，相关运行维护单位和调度机构应严格按照已批准的调度实施方案执行并做好事故预案。现场和其他部门不得擅自变更已批准的调度实施方案；如遇特殊情况需变更，必须经编制调度实施方案的调度机构同意。

第五章

220kV 系统继电保护启动方案编制要求

一、220kV 新建联络变电站

1. *启动范围*

（1）220kV 线路及开关、母线及其附属设备、主变压器及三侧开关、110kV 线路及开关、母线及其附属设备、35（20、10）kV 线路及开关、母线及其附属设备、电容器及开关、接地变压器兼站用变压器及开关，全部为新设备、新保护。

（2）220kV 母线接线方式：双母线接线、双母双分段接线、双母单分段接线、单母线接线、单母分段接线、桥形接线、角形接线方式等。

2. *启动要点*

（1）对于双母线接线方式（含双母线双分段和双母线单分段）以及单母分段接线方式的变电站，应使用相邻的母联（分段）开关作为新设备投运送电的后备保护，若母联（分段）开关配置独立过电流保护，应优先投入使用；若母联（分段）开关未配置独立过电流保护，则采用母差保护中的过电流保护。对于单母线及桥形、角形接线方式的变电站，应优先使用本开关配置的断路器保护作为后备保护；若未配置断路器保护，经相关单位确认后可采用加装临时过电流保护方式。220kV 线路、母线启动过程中投入的过电流保护，其定值应满足对线路末端相间故障及接地故障均有灵敏度。220kV 主变压器送电前，调整本站 220kV 过电流保护及主变压器高后备保护定值，保证对主变压器中、低压侧相间、接地故障均有足够灵敏度。

（2）在新设备投运过程中，相关母差保护状态及其他保护状态调整应根据系统运行方式做相应调整。

（3）启动过程中，线路重合闸应停用，启动结束后再投入。

（4）启动过程中，220kV 母差保护在跳闸状态下方可投入新启动间隔的失灵保护。

（5）带负荷测向量时，若 110、35（20、10）kV 无线路负荷，110kV 侧可

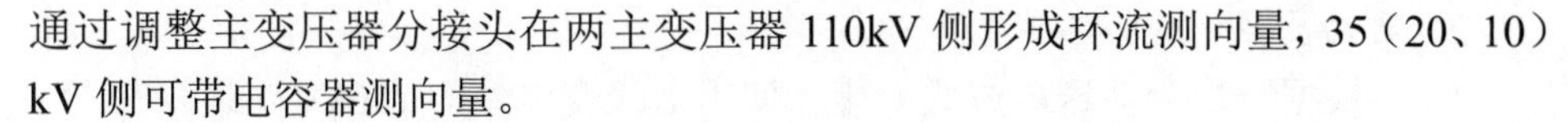

通过调整主变压器分接头在两主变压器 110kV 侧形成环流测向量，35（20、10）kV 侧可带电容器测向量。

3. *启动阶段*

启动阶段分送电前、送电期间、送电后三个阶段。

送电前：调整 220kV 新建线路两侧、新建变电站对侧厂站线路故障录波器、新建站内线路故障录波器、主变压器、主变压器中性点接地方式及中性点零序保护、主变压器故障录波器、母联（分段）开关过电流保护、110kV 线路、35（20、10）kV 线路、电容器、接地变压器兼站用变压器等保护状态及保护定值；调整 220kV 线路保护中的后备保护定值，停用线路重合闸。调整 220kV 主变压器高后备保护定值；调整本站 220kV 母差保护、110kV 母差保护定值，暂不投入。

送电期间：根据系统运行方式要求调整新建变电站对侧厂站 220kV 母线出线对侧后备保护距离Ⅱ段时间定值、母联（分段）开关过电流保护定值；新建变电站对侧厂站母差保护停用、新定值单调整。带负荷前，停用主变压器差动保护。具备条件后进行线路保护、新间隔接入母差保护、主变压器差动保护向量试验。

送电后：在所有保护向量测试正确后，投入新建变电站对侧厂站 220kV 母差保护；投入新建变电站的 220kV 母差保护、110kV 母差保护；投入新启动间隔失灵保护；投入 220kV 线路保护、线路重合闸，相关线路后备保护定值调回；投入主变压器差动保护，将主变压器高后备保护定值调回；停用母联（分段）过电流保护。投入 110kV 及 35（20、10）kV 线路重合闸。

4. *典型方案*

该方案以典型的双母线单分段接线方式 220kV 变电站为示例，变电站为配置有母联（分段）开关独立过电流保护装置，其中 220kV 线路保护配置两套微机光纤纵差保护，220kV 母线配置双套母差保护；采用线路对侧 220kV 变电站的母联开关独立过电流保护做后备保护。具体送电方案详见第八章第一节 220kV 高丰变电站（联络变电站）启动方案。

二、220kV 新建终端变电站

1. *启动范围*

（1）220kV 线路及开关、母线及其附属设备、主变压器及三侧开关、110kV 线路及开关、母线及其附属设备、35（20、10）kV 线路及开关、母线及其附属设备、电容器及开关、接地变压器兼站用变压器及开关，全部为新设备、新保护。

（2）220kV 母线接线方式：双母线接线、双母单分段接线方式。

2. 启动要点

（1）根据一次启动送电方式安排，使用上级变电站的220kV母联（分段）开关及本站220kV母联（分段）开关独立过电流保护做总后备保护。调整上级变电站的220kV母联（分段）开关独立过电流保护定值，保证对220kV线路末端相间、接地故障有足够灵敏度，时间为0.2s；调整本站220kV母联（分段）开关独立过电流保护定值，保证对主变压器中、低压侧相间、接地故障有足够灵敏度，时间为0.2s。

（2）新建变电站送电前，应调整220kV主变压器高后备保护定值，保证有足够灵敏度，时间为0.2s。

（3）220kV母差保护停用前，根据系统稳定结果调整对侧开关线路保护中的后备保护。

（4）带负荷测向量时，若110、35（20、10）kV无线路负荷，110kV侧可通过调整主变压器分接头在两主变压器110kV侧形成环流测向量，35（20、10）kV侧可带电容器测向量。

3. 启动阶段

启动阶段分送电前、送电期间、送电后三个阶段。

送电前：完成上级变电站的线路故障录波器、本站内的主变压器、线路故障录波器、主变压器故障录波器、110kV线路、35（20、10）kV线路、电容器、接地变压器兼站用变压器保护定值调整，并投入，线路重合闸不投；调整220kV主变压器高后备保护定值；完成本站220kV母差保护、110kV母差保护定值调整，暂不投入；完成新建220kV线路两侧开关线路保护定值调整，仅投入线路保护中的后备保护，并将两侧开关线路保护中的后备保护距离Ⅱ段时间定值调至0.5s，线路重合闸不投。

送电期间：调整上级变电站及本站的220kV母联（分段）开关独立过电流保护中的相过电流及零序过电流保护定值，并按要求投入；调整上级变电站220kV母线对侧开关线路保护中的距离Ⅱ段时间定值至0.5s，停用上级变电站的220kV母差保护，调整定值后暂不投入；带负荷前，停用主变压器差动保护。具备条件后进行母差保护、线路保护、主变压器保护向量测试。

送电后：投入上级变电站及本站的220kV母差保护、新间隔失灵保护；投入新建220kV线路两侧所有线路保护，线路重合闸投入，将两侧线路保护中的距离Ⅱ段时间定值调回；将上级变电站220kV母线对侧开关线路保护中的距离Ⅱ段时间定值调回；投入主变压器差动保护，将主变压器高后备保护定值调回；投入110kV母差保护；停用上级变电站及本站的220kV母联（分段）开关独立过电流保护；投入110kV及35（20、10）kV线路重合闸。

4. 典型方案

该方案以典型的双母线接线方式 220kV 变电站为示例，以上级变电站分段开关及本站 220kV 母联开关独立过电流保护做总后备保护。具体送电方案详见第八章第一节 220kV 江塘变电站（终端变电站）启动方案。

三、220kV 新建线路

1. 启动范围

（1）220kV 线路及开关，新设备、新保护。

（2）220kV 母线接线方式：双母线接线、双母双分段接线、双母单分段接线、单母线接线、单母分段接线、桥形接线、角形接线方式等。

2. 启动要点

（1）对于双母线接线方式（含双母线双分段和双母线单分段）以及单母分段接线方式的变电站，应使用相邻的母联（分段）开关作为新设备投运送电的后备保护，若母联（分段）开关配置独立过电流保护，应优先投入使用；若母联（分段）开关未配置独立过电流保护，则采用母差保护中的过电流保护。对于单母线及桥形、角形接线方式的变电站，应优先使用本开关配置的断路器保护作为其后备保护；若未配置断路器保护，经相关单位确认后可采用加装临时过电流保护方式。

（2）线路两侧变电站内的 220kV 母差保护应在向量测试前停用，并按新定值单整定，待新间隔接入母差保护向量测试结束并正确后投入。

（3）作为送电后备的过电流保护，其定值应满足对线路末端相间故障及接地故障均有灵敏度。

（4）送电期间线路重合闸应停用，送电结束后再投入。

（5）启动过程中，220kV 母差保护在跳闸状态下方可投入新启动间隔的失灵保护。

3. 启动阶段

启动阶段分送电前、送电期间、送电后三个阶段。

送电前：完成新建线路保护、故障录波器等保护定值调整；调整 220kV 线路保护中的后备保护定值，停用线路重合闸。

送电期间：根据系统稳定调整对侧后备保护距离Ⅱ段时间定值以及母联（分段）开关的过电流保护；停用两侧变电站母差保护，并按新定值单调整。具备条件后进行线路保护向量测试和新间隔接入母差保护向量测试。

送电后：投入 220kV 母差保护、失灵保护、线路保护、线路重合闸，将对侧后备保护时间定值调回，停用独立过电流保护。

4. 典型方案

该方案以典型的220kV牵引变电站为示例，相关变电站均配置有母联（分段）开关独立过电流保护装置，其中220kV线路保护配置两套微机光纤纵差保护，采用220kV系统侧变电站的母联开关过电流保护做后备保护。具体送电方案详见第八章第一节220kV宗向2VQ7线路启动方案。

四、220kV改扩建母线

1. 启动范围

（1）220kV母线及其附属设备，新设备、新保护。

（2）220kV母线接线方式：双母线接线、双母双分段接线、双母单分段接线、单母分段接线、桥形接线、角形接线方式等。

2. 启动要点

（1）对新母线冲击前，应投入本侧母联（分段）开关的独立过电流保护，且过电流定值对新母线相间故障及接地故障均有灵敏度。

（2）新建母联（分段）开关接入220kV母差保护向量测试前应停用220kV母差保护，并按新定值单整定，暂不投入。

（3）母差保护停用期间，根据系统稳定调整对侧线路保护中的后备保护距离Ⅱ段时间定值，待母差保护投入后调回。

（4）送电结束母差保护投入后，应停用母联（分段）开关独立过电流保护。

3. 启动阶段

启动阶段分送电前、送电期间、送电后三个阶段。

送电前：投入母联（分段）开关独立过电流保护，根据系统稳定调整对侧后备保护距离Ⅱ段时间定值，停用220kV母差保护并按新定值单调整。

送电期间：具备条件后进行母联（分段）开关接入母差保护向量测试。

送电后：投入220kV母差保护，将对侧后备保护距离Ⅱ段时间定值调回，停用独立过电流保护。

4. 典型方案

该方案以典型的双母线接线方式220kV变电站为示例，新建母联（分段）开关配置独立过电流保护，220kV母线配置双套母差保护，选择220kV线路作为新母线的外电源送电。具体送电方案详见第八章第一节220kV启航变电站扩建220kV母线工程启动方案。

五、220kV新建变压器

1. 启动范围

（1）220kV主变压器及三侧开关，新设备、新保护。

（2）220kV 母线接线方式：双母线接线、双母单分段接线方式。

2. *启动要点*

（1）根据一次启动送电方式安排，使用 220kV 母联（分段）开关过电流保护做新设备的总后备保护。调整 220kV 母联（分段）开关独立过电流保护定值，保证有足够灵敏度，时间为 0.2s。

（2）新建主变压器送电前，应调整主变压器高后备保护定值，保证有足够灵敏度，时间为 0.2s。

（3）220kV 母差保护停用前，根据系统稳定调整对侧开关线路保护中的后备保护。

3. *启动阶段*

启动阶段分送电前、送电期间、送电后三个阶段。

送电前：完成主变压器保护、主变压器故障录波器定值调整，并投入；调整 220kV 主变压器高后备保护定值。

送电期间：调整 220kV 母联（分段）开关过电流保护中的相过电流及零序过电流保护定值，并按要求投入；调整 220kV 母线对侧开关线路保护中距离Ⅱ段时间定值至 0.5s；停用 220kV 母差保护、110kV 母差保护，调整定值后暂不投入；带负荷前，停用主变压器差动保护。具备条件后进行新间隔接入 220kV 母差保护、新间隔接入 110kV 母差保护、主变压器保护向量测试。

送电后：投入 220kV 母差保护、主变压器 220kV 侧开关间隔失灵保护；将 220kV 母线对侧开关线路保护中距离Ⅱ段时间定值调回；投入 110kV 母差保护；投入主变压器差动保护，将主变压器高后备保护定值调回；停用 220kV 母联（分段）开关过电流保护。

4. *典型方案*

该方案以典型的双母线接线方式 220kV 变电站为示例，220kV 母线配置双套母差保护，以母联开关独立过电流保护做总后备保护。具体送电方案详见第八章第一节 220kV 南天变电站 1 号主变压器扩建启动方案。

六、220kV 电流互感器更换

（一）线路间隔电流互感器更换

1. *启动范围*

（1）220kV 线路及开关、电流互感器，新电流互感器、老保护。

（2）220kV 母线接线方式：双母线接线、双母双分段接线、双母单分段接线、单母线接线、单母分段接线、桥形接线、角形接线方式等。

2. 启动要点

（1）启动前，需将线路两侧保护改投信号，并将两侧开关线路保护中的后备保护距离Ⅱ段时间定值调至 0.5s；若电流互感器变比调整，需将本侧线路保护定值单重新整定；待保护向量测试结束并正确后，投入 220kV 线路主保护，并将线路后备保护时间定值调回。

（2）本侧 220kV 母差保护应在向量测试前停用，并按新定值单整定，暂不投入。

（3）对新电流互感器冲击前，应投入母联（分段）开关独立过电流保护，且过电流定值对线路末端相间故障及接地故障均有灵敏度。

（4）送电期间线路重合闸应停用，送电结束后再投入。

（5）新间隔失灵保护待 220kV 母差保护投入后再投入。

（6）送电结束后，待本侧 220kV 母差保护、线路主保护投入后，应将母联（分段）开关独立过电流保护停用。

3. 启动阶段

启动阶段分送电前、送电期间、送电后三个阶段。

送电前：包括所有线路保护、失灵保护、重合闸状态调整。

送电期间：根据一次方式调整对侧后备保护、本侧母联（分段）开关独立过电流保护、母差保护定值调整。具备条件后进行线路保护向量测试及接入母差保护向量测试。

送电后：投入 220kV 母差保护、失灵保护、线路保护、线路重合闸、调整对侧后备保护定值、停用独立过电流保护。

4. 典型方案

该方案以典型的双母线接线方式 220kV 变电站为示例。具体送电方案详见第八章第一节 220kV 瑞金变压器 220kV 竹振 4842 开关电流互感器更换工程启动方案。

（二）母联（分段）开关电流互感器更换

1. 启动范围

（1）220kV 母联（分段）开关、电流互感器，新电流互感器、老保护。

（2）220kV 母线接线方式：双母线接线、双母双分段接线、双母单分段接线、单母分段接线、桥形接线、角形接线方式等。

2. 启动要点

（1）本侧 220kV 母差保护应在向量测试前停用，若电流互感器变比调整，需按新定值单整定，暂不投入。

（2）对新电流互感器冲击前，应投入母联（分段）开关的独立过电流保护，且过电流定值对电流互感器相间故障及接地故障均有灵敏度。

（3）送电结束后，待本侧 220kV 母差保护投入后，停用母联（分段）开关独立过电流保护。

3. 启动阶段

启动阶段分送电前、送电期间、送电后三个阶段。

送电前：包括所有本侧母差保护、母联（分段）开关独立过电流保护、对侧线路保护中的后备保护距离Ⅱ段时间定值调整。

送电期间：具备条件后进行母联（分段）开关接入母差保护向量测试。

送电后：投入 220kV 母差保护、调整对侧后备保护定值、停用独立过电流保护。

4. 典型方案

该方案以典型的双母线接线方式 220kV 变电站为示例，220kV 母线配置有两套母差保护，且母联（分段）开关电流互感器更换后变比有调整。具体送电方案详见第八章第一节 220kV 胜利变电站 220kV 母联 2800 开关电流互感器更换工程启动方案。

（三）主变压器开关电流互感器更换

1. 主变压器高压侧开关电流互感器更换

（1）启动范围。

1）220kV 主变压器高压侧开关、电流互感器，新电流互感器、老保护。

2）220kV 母线接线方式：双母线接线、双母单分段接线方式。

（2）启动要点。

1）根据一次启动送电方式安排，使用 220kV 母联（分段）开关独立过电流保护做总后备。调整 220kV 母联（分段）开关独立过电流保护定值，保证有足够灵敏度，时间为 0.2s。

2）主变压器送电前，应调整主变压器高后备保护定值，保证有足够灵敏度，时间为 0.2s。

3）220kV 母差保护停用前，根据系统稳定结果调整对侧开关线路保护中的后备保护。

（3）启动阶段。

启动阶段分送电前、送电期间、送电后三个阶段。

送电前：完成主变压器保护定值调整，并投入；调整 220kV 主变压器高后备保护定值。

送电期间：调整 220kV 母联（分段）开关独立过电流保护中相过电流及零序过电流保护定值，并按要求投入；调整 220kV 母线对侧开关线路保护中的距离Ⅱ段时间定值至 0.5s；停用 220kV 母差保护，调整定值后暂不投入；带负荷前，停用主变压器差动保护。具备条件后进行 220kV 母差保护、主变压器保护向量测试。

送电后：投入 220kV 母差保护；将 220kV 母线对侧开关线路保护中的距离Ⅱ段时间定值调回；投入主变压器差动保护，将主变压器高后备保护定值调回；停用 220kV 母联（分段）开关独立过电流保护。

（4）典型方案。该方案以典型的双母线接线方式 220kV 变电站为示例，主变压器高压侧开关电流互感器更换，以 220kV 母联开关独立过电流保护做总后备。具体送电方案详见第八章第一节 220kV 迎春变电站 1 号主变压器 2801 开关电流互感器更换工程启动方案。

2. 主变压器中（低）压侧开关电流互感器更换

（1）启动范围。

1）220kV 主变压器中（低）压侧开关、电流互感器，新电流互感器、老保护。

2）220kV 母线接线方式：双母线接线、双母单分段接线方式。

（2）启动要点。主变压器送电前，应调整主变压器高后备保护定值，保证有足够灵敏度，时间为 0.2s。

（3）启动阶段。

启动阶段分送电前、送电期间、送电后三个阶段。

送电前：完成主变压器保护定值调整，并投入；调整 220kV 主变压器高后备保护定值。

送电期间：停用中（低）压侧母差保护，调整定值后暂不投入；带负荷前，停用主变压器差动保护。具备条件后进行中（低）压侧母差保护、主变压器保护向量测试。

送电后：投入主变压器差动保护，将主变压器高后备保护定值调回；投入中（低）压侧母差保护。

（4）典型方案。该方案以典型的双母线接线方式 220kV 变电站为示例，主变压器中压侧开关电流互感器更换，以 220kV 母联开关独立过电流保护做总后备。具体送电方案第八章第一节 220kV 凤凰变电站 1 号主变压器保护更换启动方案（该工程含主变压器中压侧电流互感器更换）。

七、220kV 电压互感器更换

1. 启动范围

（1）220kV 母线电压互感器，新设备、老保护。

（2）220kV 母线接线方式：双母线接线、双母双分段接线、双母单分段接线、单母线接线、单母分段接线等。

2. 启动要点

（1）一般不涉及定值调整、二次回路变更，不需做保护向量测试。

（2）对新电压互感器冲击前，投入母联（分段）开关过电流保护，定值对电压互感器高压侧故障有灵敏度。

3. 启动阶段

启动阶段分送电前、送电后两个阶段。

送电前：调整母联（分段）开关过电流保护定值，并投入。

送电后：停用母联（分段）开关过电流保护。

4. 典型方案

该方案以典型的双母线接线方式 220kV 变电站为示例，220kV 母联（分段）开关配置独立过电流保护。具体送电方案详见第八章第一节 220kV 迎春变电站Ⅰ母线电压互感器更换工程启动方案。

八、220kV 线路改造

1. 启动范围

（1）220kV 线路及开关，新设备、老保护。

（2）220kV 母线接线方式：双母线接线、双母双分段接线、双母单分段接线、单母线接线、单母分段接线、桥形接线、角形接线方式等。

2. 启动要点

（1）线路两侧变电站内间隔未调整，不需做保护向量测试。

（2）若线路改造导致线路参数变动较大，需整定线路保护定值单；若线路改造后参数变化不大经校核后可不整定线路保护定值单，可按正常线路恢复送电。

3. 启动阶段

送电前：线路保护按新定值单整定，并投入；投入线路重合闸。

4. 典型方案

该方案是以线路参数有调整需整定定值单为示例，两侧间隔未调整。具体送电方案详见第八章第一节 220kV 琴梓 4880 线路改造工程启动方案。

九、220kV 线路间隔调整

1. 启动范围

（1）220kV 线路及开关，新设备、老保护。

（2）220kV 母线接线方式：双母线接线、双母双分段接线、双母单分段接线、单母线接线、单母分段接线等。

2. 启动要点

（1）间隔调整后需要进行线路保护和母差保护向量测试。

（2）线路间隔调整后，如电流互感器变比或保护型号不同，需重新整定并执行线路保护、母差保护、录波器定值单。

（3）线路调整至老间隔后启动时，若不涉及二次回路变更，则不需做保护向量测试。

3. 启动阶段

启动方案同本章第六节电流互感器更换。

4. 典型方案

该方案以典型的双母线接线方式 220kV 变电站为示例。具体送电方案详见第八章第一节 220kV 瑞金变电站 220kV 竹振 4842 开关电流互感器更换工程启动方案。

十、220kV 主变压器更换

1. 启动范围

（1）220kV 主变压器，新设备、老保护。

（2）220kV 母线接线方式：双母线接线、双母单分段接线方式。

2. 启动要点

（1）根据一次启动送电方式安排，使用 220kV 母联（分段）开关过电流保护做新设备的总后备保护。调整 220kV 母联（分段）开关过电流保护定值，保证有足够灵敏度，时间为 0.2s。

（2）主变压器送电前，应调整主变压器高后备保护定值，保证有足够灵敏度，时间为 0.2s。

3. 启动阶段

启动阶段分送电前、送电期间、送电后三个阶段。

送电前：完成主变压器保护定值调整，并投入；调整 220kV 主变压器高后备保护定值。

送电期间：调整 220kV 母联（分段）开关过电流保护中的相过电流及零序过电流保护定值，并按要求投入。

送电后：将主变压器高后备保护定值调回；停用 220kV 母联（分段）开关过电流保护。

4. 典型方案

该方案以典型的双母线带旁路接线方式 220kV 变电站为示例，以 220kV 母联开关独立过电流保护做总后备保护。具体送电方案详见第八章第一节 220kV 八公山变电站 2 号主变压器更换启动方案。

十一、220kV 线路保护更换

1. 启动范围

（1）220kV 线路及开关，老设备、新保护。

（2）220kV 母线接线方式：双母线接线、双母双分段接线、双母单分段接线、单母线接线、单母分段接线、桥形接线、角形接线方式等。

2. 启动要点

（1）只涉及线路保护更换，两侧均不需要进行母差保护向量测试，仅需线路保护向量测试。

（2）送电过程中线路保护的两套主保护需投信号，应使用相邻的母联（分段）开关作为新设备投运送电的后备，若母联（分段）开关配置独立过电流保护，应优先投入使用；若母联（分段）开关未配置独立过电流保护，则需要调整并投入母差保护中的过电流保护。对于单母线及桥形、角形接线方式的变电站，应优先使用本开关配置的断路器保护作为其后备保护；若未配置断路器保护，经相关单位确认后可采用加装临时过电流保护方式。

（3）作为送电后备的过电流保护，其定值应满足对线路末端相间故障及接地故障均有灵敏度。

（4）送电期间线路重合闸应停用，送电结束后再投入。

3. 启动阶段

启动阶段分送电前、送电期间、送电后三个阶段。

送电前：完成新建线路保护定值调整；调整 220kV 线路保护中的后备保护时间定值，停用线路重合闸。

送电期间：调整并投入母联（分段）开关过电流保护，具备条件后进行线路保护向量测试。

送电后：投入线路保护、线路重合闸、将两侧线路保护中的后备保护时间定值调回、停用母联（分段）开关过电流保护。

4. 典型方案

该方案以典型的 220kV 变电站为示例，相关变电站均配置有母联（分段）开关独立过电流保护，220kV 线路保护配置两套微机光纤纵差保护，以变电站母联过电流保护做总后备保护。具体送电方案详见第八章第一节 220kV 山宁 2D93 线路保护更换启动方案。

十二、220kV 母差保护更换

1. 启动范围

（1）220kV 母线，老设备、新保护。

（2）220kV 母线接线方式：双母线接线、双母双分段接线、双母单分段接线、单母线接线、单母分段接线等。

2. 启动要点

（1）母差保护更换后需重新整定并执行母差保护定值，并且需要进行所有间隔接入新母差保护的向量测试。

（2）若两套母差保护全部更换，或只更换单母差配置的保护，则母差保护停役前需投入母联（分段）开关过电流保护做解列保护使用，且时间定值为 0.2s，保证单一母线故障情况下保护选择性。

（3）母差保护改造期间，应将对侧所有线路保护中后备保护距离Ⅱ段时间改为 0.5s。

3. 启动阶段

启动阶段分送电前、送电期间、送电后三个阶段。

送电前：投入母联（分段）开关独立过电流保护，调整对侧后备保护距离Ⅱ段时间定值，停用 220kV 母差保护并按新定值单调整。

送电期间：具备条件后进行所有间隔接入母差保护向量测试。

送电后：投入 220kV 母差保护、将对侧线路后备保护时间定值调回、停用母联（分段）开关独立过电流保护、投入所有间隔失灵保护。

4. 典型方案

该方案以典型的双母线接线方式 220kV 变电站为示例，母联（分段）开关配置独立过电流保护，具体送电方案详见第八章第一节 220kV 同文变电站 220kV 第二套母差保护更换启动方案。

十三、220kV 主变压器保护更换

1. 启动范围

（1）220kV 主变压器，老设备、新保护。

（2）220kV 母线接线方式：双母线接线、双母单分段接线方式。

2. 启动要点

（1）根据一次启动送电方式安排，使用 220kV 母联（分段）开关过电流保护做总后备保护。调整 220kV 母联（分段）开关过电流保护定值，保证有足够灵敏度，时间为 0.2s。

（2）主变压器送电前，应调整主变压器高后备保护定值，保证有足够灵敏度，时间为 0.2s。

3. 启动阶段

启动阶段分送电前、送电期间、送电后三个阶段。

送电前：完成主变压器保护定值调整，并投入；调整 220kV 主变压器高后

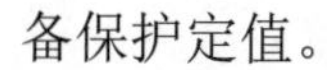

备保护定值。

送电期间：调整 220kV 母联（分段）开关过电流保护中的相过电流及零序过电流保护定值，并按要求投入；带负荷前，停用主变压器差动保护。具备条件后进行主变压器保护向量测试。

送电后：投入主变压器差动保护，将主变压器高后备保护定值调回；停用 220kV 母联（分段）开关过电流保护。

4. *典型方案*

该方案以典型的双母线接线方式变电站为示例，以 220kV 母联开关独立过电流保护做总后备保护。具体送电方案详见第八章第一节 220kV 凤凰变电站 1 号主变压器保护更换启动方案。

十四、220kV 开关端子箱（汇控柜）更换

（一）线路开关端子箱（汇控柜）更换

1. *启动范围*

（1）220kV 线路及开关，老设备、老保护。

（2）适用于智能变电站合并单元更换、升级、反措等。

（3）220kV 母线接线方式：双母线接线、双母双分段接线、双母单分段接线、单母线接线、单母分段接线、桥形接线、角形接线方式等。

2. *启动要点*

（1）端子箱（汇控柜）更换或者消缺，涉及线路保护和母差保护，事后需进行线路保护和母差保护向量测试。

（2）带负荷测向量前，线路主保护应投信号，停用母差保护，投入母联（分段）开关过电流保护做后备保护，且过电流定值对线路末端相间故障及接地故障均有灵敏度。

（3）送电期间线路重合闸应停用，送电结束后再投入。

（4）送电结束待本侧 220kV 母差保护、线路主保护投入后，停用母联（分段）开关过电流保护。

3. *启动阶段*

启动阶段分送电前、送电期间、送电后三个阶段。

送电前：包括所有线路保护、重合闸状态调整。

送电期间：保护根据一次方式调整对侧后备保护、本侧母联（分段）开关过电流保护、母差保护定值调整。具备条件后进行线路保护向量测试及接入母差保护向量测试。

送电后：投入 220kV 母差保护、线路保护、线路重合闸、调整对侧后备保

护定值、停用母联（分段）开关过电流保护。

4. *典型方案*

该方案以典型的双母线接线方式220kV变电站为示例，母联（分段）开关配置有独立过电流保护。具体送电方案详见第八章第一节 220kV 瑞金变电站220kV竹振4842开关电流互感器更换工程启动方案。

（二）母联（分段）开关端子箱（汇控柜）更换

1. *启动范围*

（1）220kV母联（分段）开关、电流互感器，老设备、老保护。

（2）220kV母线接线方式：双母线接线、双母双分段接线、双母单分段接线、单母线接线、单母分段接线、桥形接线、角形接线方式等。

2. *启动要点*

（1）220kV母联（分段）开关端子箱（汇控柜）更换或者消缺，涉及母差保护，需进行母差保护向量测试。

（2）停用母差保护前，投入母联（分段）开关独立过电流保护，且过电流定值对本母线相间故障及接地故障均有灵敏度；根据系统稳定结果调整对侧开关线路保护中的后备保护。

（3）送电结束待本侧220kV母差保护投入后，停用母联（分段）开关独立过电流保护。

3. *启动阶段*

启动阶段分送电前、送电期间、送电后三个阶段。

送电前：调整本侧母联（分段）开关独立过电流保护定值并投入，调整对侧后备保护距离Ⅱ段时间，停用220kV母差保护。

送电期间：具备条件后进行母联（分段）开关接入母差保护向量测试。

送电后：投入220kV母差保护，调回对侧开关线路后备保护定值，停用母联（分段）开关独立过电流保护。

4. *典型方案*

该方案以典型的双母线接线方式220kV变电站为示例，母联（分段）开关配置有独立过电流保护。具体送电方案详见第八章第一节 220kV 胜利变电站220kV母联2800开关电流互感器更换工程启动方案。

（三）主变压器开关端子箱（汇控柜）更换

1. *启动范围*

（1）220kV主变压器高压侧开关、电流互感器，老设备、老保护。

（2）220kV母线接线方式：双母线接线、双母单分段接线。

2. 启动要点

（1）主变压器端子箱（汇控柜）更换或者消缺，涉及主变压器保护和母差保护，事后需进行主变压器差动保护和母差保护向量测试。

（2）使用 220kV 母联（分段）开关独立过电流保护做总后备。调整 220kV 母联（分段）开关独立过电流保护定值，保证对主变压器相间故障及接地故障均有足够灵敏度，时间为 0.2s；调整主变压器高后备保护定值，保证有对主变压器有足够灵敏度，时间为 0.2s。

（3）220kV 母差保护停用前，根据系统稳定结果调整对侧开关线路保护中的后备保护。

（4）送电结束待 220kV 母差保护、主变压器差动保护投入后，停用 220kV 母联（分段）开关独立过电流保护。

3. 启动阶段

启动阶段分送电前、送电期间、送电后三个阶段。

送电前：调整 220kV 主变压器高后备保护定值。

送电期间：保护根据一次方式安排，调整 220kV 母联（分段）开关独立过电流保护中相过电流及零序过电流保护定值，并按要求投入；调整 220kV 母线对侧开关线路后备保护中的距离Ⅱ段时间定值至 0.5s。停用 220kV 母差保护；带负荷前，停用主变压器差动保护。具备条件后进行 220kV 母差保护、主变压器差动保护向量测试。

送电后：投入 220kV 母差保护，将 220kV 母线对侧开关线路保护中的距离Ⅱ段时间定值调回；投入主变压器差动保护，将主变压器高后备保护定值调回；停用 220kV 母联（分段）开关独立过电流保护。

4. 典型方案

该方案以典型的双母线接线方式 220kV 变电站为示例，220kV 母联（分段）开关配置有独立过电流保护做总后备。具体送电方案详见第八章第一节 220kV 迎春变电站 1 号主变压器 2801 开关电流互感器更换工程启动方案。

十五、220kV 保护装置消缺

1. 启动范围

220kV 单套保护装置，老设备、老保护。

2. 启动要点

（1）保护装置消缺如涉及版本信息、定值单内容变更的需整定并执行保护新定值单。

（2）保护装置消缺如涉及二次回路变更的需做保护向量测试。其中，主变压器、线路、母差保护装置消缺分别与主变压器保护、线路保护、母差保护装置更换启动方案相同。

3. 典型方案

该方案以单套线路保护装置消缺为示例。具体送电方案详见第八章第一节220kV庆祝变电站220kV宣山2D95开关合并单元反措启动方案。

十六、220kV保护通道调整

1. 启动范围

220kV单套线路保护装置，老设备、老保护。

2. 启动要点

保护通道调整一般不涉及定值调整、二次回路变更，不需做保护向量测试，仅需在通道路由调整前，将主保护改投信号，通道调整结束后恢复跳闸状态即可。

第六章

110kV 系统继电保护启动方案编制要求

一、110kV 新建变电站

1. 启动范围

（1）110kV 线路及开关、母线及其附属设备、主变压器及各侧开关、35kV（20kV、10kV）线路及开关、母线及其附属设备、电容器及开关、接地变压器兼站用变压器及开关，全部为新设备、新保护。

（2）110kV 母线接线方式：单母线接线、内桥接线、单母分段接线方式。

2. 启动要点

（1）根据一次系统启动送电方式安排，可使用上级 220kV 主变压器中压侧后备保护、110kV 母联（分段）开关过电流保护或 110kV 联络线路保护做新设备的总后备保护。

1）若采用上级 220kV 主变压器中压侧后备保护、110kV 母联（分段）开关过电流保护做总后备保护时，应调整其相过电流保护及零序过电流保护定值，保证有足够灵敏度，时间为 0.2s。

2）若采用 110kV 联络线路保护做总后备保护时，应调整其电源侧距离Ⅲ段保护定值，保证有足够灵敏度，时间为 0.2s；停用 110kV 联络线路受电侧距离零序保护、110kV 联络线路两侧重合闸。

（2）新建变电站送电前，应调整 110kV 主变压器高压侧后备保护定值，保证有足够灵敏度，时间为 0.2s。

3. 启动阶段

启动阶段分送电前、送电期间、送电后三个阶段。

送电前：完成 220kV 变电站内 110kV 线路故障录波器、110kV 新建线路、新建变电站内主变压器、故障录波器、35kV 线路、10（20）kV 线路、电容器、接地变压器兼站用变压器保护定值调整，并投入；调整 110kV 主变压器高压侧后备保护定值，停用线路重合闸，备自投定值调整后暂不投入。

送电期间：调整总后备保护定值；停用上级 220kV 变电站 110kV 母差保护，

并按新定值单调整暂不投入。带负荷前，将光纤纵差保护改投信号，停用主变压器差动保护。具备条件后进行母差保护、线路保护、主变压器保护向量测试。

送电后：投入主变压器差动保护、上级220kV变电站110kV母差保护，将线路光纤纵差保护改投跳闸，将主变压器高压侧后备保护定值调回，将总后备保护定值复原，投入线路重合闸、备自投。

4. 典型方案

该方案是以典型的内桥接线方式110kV变电站为示例，其中110kV线路保护两侧配置微机光纤纵差保护，选择上级220kV变电站110kV母联独立过电流保护做总后备保护。具体送电方案详见第八章第二节110kV树人变电站启动方案。

二、110kV新建线路

（一）单电源供电线路

1. 启动范围

（1）110kV线路及开关，新设备、新保护。

（2）110kV母线接线方式：双母单分段接线、双母线接线、单母线接线、内桥接线、单母分段接线方式。

2. 启动要点

（1）根据一次系统启动送电方式安排，可使用220kV主变压器中压侧后备保护、110kV母联（分段）开关过电流保护或110kV联络线路保护做新设备的总后备保护。

1）若采用220kV主变压器中压侧后备保护、110kV母联（分段）开关过电流保护做总后备保护，应调整其相过电流保护及零序过电流保护定值，保证有足够灵敏度，时间为0.2s。

2）若采用110kV联络线路保护做总后备保护，应调整其电源侧距离Ⅲ段保护定值，保证有足够灵敏度，时间为0.2s；停用110kV联络线路受电侧距离零序保护，停用110kV联络线路两侧重合闸。

（2）110kV母线接线方式若为内桥接线，新建线路送电前，应调整110kV主变压器高压侧后备保护定值，保证有足够灵敏度，时间为0.2s。

3. 启动阶段

启动阶段分送电前、送电期间、送电后三个阶段。

送电前：完成220kV变电站内110kV线路故障录波器、线路保护、110kV主变压器保护、故障录波器定值调整，并投入；停用线路重合闸，备自投定值调整后暂不投入。

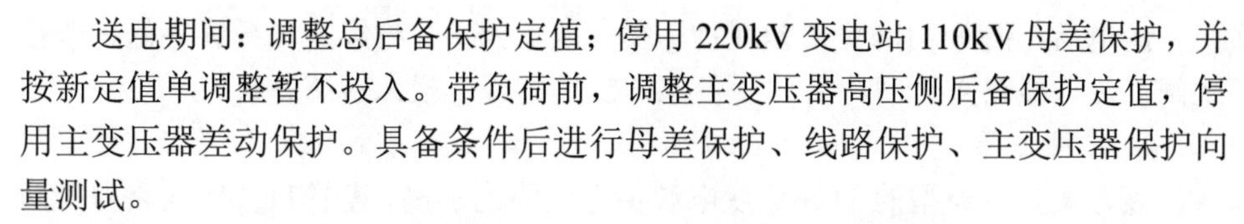

送电期间：调整总后备保护定值；停用220kV变电站110kV母差保护，并按新定值单调整暂不投入。带负荷前，调整主变压器高压侧后备保护定值，停用主变压器差动保护。具备条件后进行母差保护、线路保护、主变压器保护向量测试。

送电后：投入110kV母差保护、主变压器保护、线路重合闸，将主变压器高压侧后备保护、总后备保护定值复原，投入线路备自投。

4. 典型方案

该方案是以典型的110kV单电源供电线路为示例，其中110kV线路保护单侧配置距离零序保护，选择220kV主变压器中压侧后备保护做总后备。具体送电方案详见第八章第二节110kV茶彭714、凤茶715线路启动方案。

（二）双电源供电线路

1. 启动范围

（1）110kV线路及开关，新设备、新保护。

（2）110kV母线接线方式：双母单分段接线、双母线接线、单母线接线、内桥接线、单母分段接线方式。

2. 启动要点

（1）根据一次系统启动送电方式安排，可使用220kV主变压器中压侧后备保护、110kV母联（分段）开关过电流保护或110kV联络线路保护做新设备的总后备保护。

1）若采用220kV主变压器中压侧后备保护、110kV母联（分段）开关过电流保护做总后备时，应调整其相过电流保护及零序过电流保护定值，保证有足够灵敏度，时间为0.2s。

2）若采用110kV联络线路保护做总后备时，应调整其电源侧距离Ⅲ段保护定值，保证有足够灵敏度，时间为0.2s；停用110kV联络线路受电侧距离零序保护，停用110kV联络线路两侧重合闸。

（2）110kV母线接线方式若为内桥接线，新建线路送电前，应调整110kV主变压器高压侧后备保护定值，保证有足够灵敏度，时间为0.2s。

3. 启动阶段

启动阶段分送电前、送电期间、送电后三个阶段。

送电前：完成线路保护、110kV主变压器保护、故障录波器定值调整，并投入；停用线路重合闸，备自投定值调整后暂不投入。

送电期间：调整总后备保护定值；停用220kV变电站110kV母差保护，并按新定值单调整暂不投入。带负荷前，将线路光纤纵差保护改投信号，停用主变压器差动保护。具备条件后进行母差保护、线路保护、主变压器保护向量测试。

送电后：投入 110kV 母差保护、主变压器保护，将线路光纤纵差保护改投跳闸，投入线路重合闸，将总后备保护定值复原，投入线路备自投。

4. 典型方案

该方案是以典型的 110kV 双电源供电线路为示例，其中 110kV 线路保护两侧配置微机光纤纵差保护，选择 110kV 母联独立过电流保护做总后备。具体送电方案详见第八章第二节 110kV 树人变电站启动方案（该方案含双电源供电线路启动）。

三、110kV 改扩建母线

（一）不完整双母单分段改完整接线

1. 启动范围

（1）110kV 母联开关、分段开关，全部为新设备、新保护。

（2）110kV 母线接线方式：双母单分段接线方式。

2. 启动要点

根据一次系统启动送电方式安排，可使用该 110kV 母联（分段）开关独立过电流保护做母线的充电保护。对母线冲击前，应调整其相过电流保护及零序过电流保护定值，保证有足够灵敏度，时间为 0s。

3. 启动阶段

启动阶段分送电前、送电期间、送电后三个阶段。

送电前：完成母联（分段）开关独立过电流保护定值调整，并投入。

送电期间：停用 220kV 变电站 110kV 母差保护，并按新定值单调整暂不投入。母线冲击后，停用母联（分段）开关独立过电流保护，具备条件后进行母联、分段开关接入母差保护向量测试。

送电后：投入 110kV 母差保护。

（二）不完整扩大内桥改完整接线

1. 启动范围

（1）110kV 桥开关，新设备、新保护。

（2）110kV 母线接线方式：扩大内桥接线方式。

2. 启动要点

（1）根据一次系统启动送电方式安排，可使用 110kV 线路保护做主变压器保护的总后备保护。新设备送电时，应调整其电源侧距离Ⅲ段保护定值，保证有足够灵敏度，时间为 0.2s。

（2）可使用母联（分段）开关过电流保护做母线的充电保护。对母线冲击前，应调整其相过电流保护及零序过电流保护定值，保证有足够灵敏度，时间为 0s。

（3）新设备送电前，应调整 110kV 主变压器高压侧后备保护定值，保证有足够灵敏度，时间为 0.2s。

3. *启动阶段*

启动阶段分送电前、送电期间、送电后三个阶段。

送电前：完成母联独立过电流保护、主变压器保护、故障录波器定值调整，并投入；调整 110kV 主变压器高压侧后备保护定值，备自投定值调整后暂不投入。

送电期间：调整 110kV 线路距离Ⅲ段保护定值，停用线路重合闸。母线冲击后，停用母联（分段）开关独立过电流保护。带负荷前，停用主变压器差动保护。具备条件后进行主变压器差动保护向量测试。

送电后：投入主变压器差动保护，主变压器高压侧后备保护定值调回，110kV 线路电源侧距离Ⅲ段保护定值调回，投入线路重合闸、备自投装置。

4. *典型方案*

该方案以典型的扩大内桥接线方式 110kV 变电站为示例，110kV 线路保护单侧配置距离零序保护，选择 110kV 线路保护做总后备保护。具体送电方案详见第八章第二节 110kV 台电变电站 110kV 母线改扩建启动方案。

（三）单母改内桥接线

1. *启动范围*

（1）110kV 桥开关，新设备、新保护。

（2）110kV 母线接线方式：内桥接线方式。

2. *启动要点*

（1）根据一次系统启动送电方式安排，可使用 110kV 线路保护做主变压器保护的总后备保护。新设备送电时，应调整其电源侧距离Ⅲ段保护定值，保证有足够灵敏度，时间为 0.2s。

（2）新设备送电前，应调整 110kV 主变压器高压侧后备保护定值，保证有足够灵敏度，时间为 0.2s。

3. *启动阶段*

启动阶段分送电前、送电期间、送电后三个阶段。

送电前：完成主变压器保护、主变压器故障录波器定值调整，并投入；调整 110kV 主变压器高压侧后备保护定值，备自投定值调整后暂不投入。

送电期间：调整 110kV 线路保护距离Ⅲ段定值，停用线路重合闸。带负荷前，停用主变压器差动保护。具备条件后进行主变压器差动保护向量测试。

送电后：投入主变压器差动保护，主变压器高压侧后备保护定值调回，

110kV 线路保护电源侧距离Ⅲ段定值调回，投入线路重合闸、备自投装置。

（四）单母扩单母分段接线（闸刀改断路器）

1. 启动范围

（1）110kV 分段开关，新设备、新保护。

（2）110kV 母线接线方式：单母分段接线方式。

2. 启动要点

（1）根据一次系统启动送电方式安排，可使用 110kV 线路保护做总后备保护。新设备送电时，应调整其电源侧距离Ⅲ段保护定值，保证有足够灵敏度，时间为 0.2s。

（2）可使用母联（分段）开关过电流保护做母线的充电保护。对母线冲击前，应调整其相过电流保护及零序过电流保护定值，保证有足够灵敏度，时间为 0s。

3. 启动阶段

启动阶段分送电前、送电期间、送电后三个阶段。

送电前：完成母联独立过电流保护定值调整，并投入；备自投定值调整后暂不投入。

送电期间：调整 110kV 线路保护距离Ⅲ段定值，停用线路重合闸。母线冲击后，停用母联（分段）开关独立过电流保护。

送电后：110kV 线路保护电源侧距离Ⅲ段定值调回，投入线路重合闸、备自投装置。

四、110kV 新建主变压器

1. 启动范围

（1）110kV 主变压器及各侧开关，新设备、新保护。

（2）110kV 母线接线方式：单母线接线、内桥接线、单母分段接线方式。

2. 启动要点

（1）根据一次系统启动送电方式安排，可使用 110kV 线路保护做主变压器保护总后备保护。新设备送电时，应调整其电源侧距离Ⅲ段保护定值，保证有足够灵敏度，时间为 0.2s。

（2）新设备送电前，应调整 110kV 主变压器高压侧后备保护定值，保证有足够灵敏度，时间为 0.2s。

3. 启动阶段

启动阶段分送电前、送电期间、送电后三个阶段。

送电前：完成主变压器保护、故障录波器定值调整，并投入；调整 110kV 主变压器高压侧后备保护定值。

送电期间：调整 110kV 线路保护距离Ⅲ段定值，停用线路重合闸。带负荷前，停用主变压器差动保护。具备条件后进行主变压器差动保护向量测试。

送电后：投入主变压器差动保护，主变压器高压侧后备保护定值调回，110kV 线路保护电源侧距离Ⅲ段定值调回，投入线路重合闸。

4. 典型方案

该方案以典型的扩大内桥接线方式 110kV 变电站为示例，110kV 线路保护两侧配置微机光纤纵差保护，选择 110kV 线路保护做总后备。具体送电方案详见第八章第二节 110kV 金山变电站 3 号主变压器扩建启动方案。

五、110kV 电流互感器更换

（一）主变压器电流互感器更换

1. 启动范围

（1）110kV 主变压器开关、电流互感器，新设备、老保护。

（2）110kV 母线接线方式：单母线接线、内桥接线、单母分段接线方式。

2. 启动要点

（1）若主变压器高压侧开关、高桥侧开关电流互感器更换，新设备送电时，可使用 110kV 线路保护做主变压器保护的总后备，并应调整其电源侧距离Ⅲ段保护定值，保证有足够灵敏度，时间为 0.2s。

（2）新设备送电前，应调整 110kV 主变压器高压侧后备保护定值，保证有足够灵敏度，时间为 0.2s。

3. 启动阶段

启动阶段分送电前、送电期间、送电后三个阶段。

送电前：完成主变压器保护、110kV 线路保护定值调整，并投入；调整 110kV 主变压器高压侧后备保护定值，备自投定值调整后暂不投入。

送电期间：调整 110kV 线路保护电源侧距离Ⅲ段定值，停用线路重合闸。带负荷前，将线路光纤纵差保护改投信号，停用主变压器差动保护。具备条件后进行主变压器差动保护、110kV 线路保护向量测试。

送电后：投入主变压器差动保护，主变压器高压侧后备保护定值调回，将线路光纤纵差保护改投跳闸，110kV 线路保护电源侧距离Ⅲ段定值调回，投入线路重合闸、备自投装置。

4. 典型方案

该方案以典型的内桥接线方式 110kV 变电站为示例，选择 110kV 线路保护做总后备，主变压器高压侧开关电流互感器更换，具体送电方案详见第八章第二节 110kV 明城变电站 1 号主变压器高压侧电流互感器更换启动方案。

（二）线路电流互感器更换

1. 启动范围

（1）110kV线路及开关、电流互感器，新设备、老保护。

（2）110kV母线接线方式：双母单分段接线、双母线接线、单母线接线、单母分段接线方式。

2. 启动要点

根据一次系统启动送电方式安排，可使用220kV主变压器中压侧后备保护、110kV母联（分段）开关独立过电流保护或110kV联络线路保护做新设备的总后备保护。

1）若采用220kV主变压器中压侧后备保护、110kV母联（分段）开关独立过电流保护做总后备时，应调整其相过电流保护及零序过电流保护定值，保证有足够灵敏度，时间为0.2s。

2）若采用110kV联络线路保护做总后备时，应调整其电源侧距离Ⅲ段保护定值，保证有足够灵敏度，时间为0.2s；停用110kV联络线路受电侧距离零序保护，停用110kV联络线路两侧重合闸。

3. 启动阶段

启动阶段分送电前、送电期间、送电后三个阶段。

送电前：完成线路保护、故障录波器定值调整，并投入；停用线路重合闸。

送电期间：调整总后备保护定值；停用220kV变电站110kV母差保护，并按新定值单调整暂不投入。带负荷前，将线路光纤纵差保护改投信号。具备条件后进行母差保护、线路保护向量测试。

送电后：投入110kV母差保护，将线路光纤纵差保护改投跳闸，投入线路重合闸，将总后备保护定值复原。

（三）母联（分段）开关电流互感器更换

1. 双母单分段、双母、单母分段接线母联（分段）开关电流互感器更换

（1）启动范围。

1）110kV母联（分段）开关、电流互感器，新设备、老保护。

2）110kV母线接线方式：双母单分段接线、双母线接线、单母分段接线方式。

（2）启动要点。根据一次系统启动送电方式安排，可使用该110kV母联（分段）开关独立过电流保护对电流互感器进行冲击。对电流互感器冲击前，应调整其相过电流保护及零序过电流保护定值，保证有足够灵敏度，时间为0s。

（3）启动阶段。启动阶段分送电前、送电期间、送电后三个阶段。

送电前：完成母联（分段）开关独立过电流保护定值调整，并投入。110kV

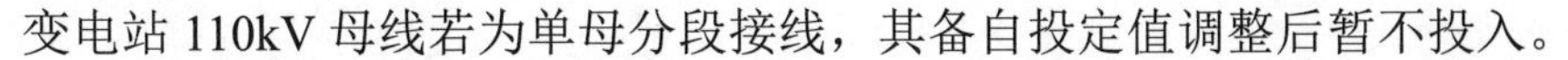

变电站 110kV 母线若为单母分段接线，其备自投定值调整后暂不投入。

送电期间：停用 220kV 变电站 110kV 母差保护，并按新定值单调整暂不投入。电流互感器冲击后，停用母联（分段）开关独立过电流保护，具备条件后进行母联（分段）开关接入母差保护向量测试。

送电后：投入 110kV 母差保护，投入备自投。

2. 内桥接线母联（分段）开关电流互感器更换

（1）启动范围。

1）110kV 母联（分段）开关、电流互感器，新设备、老保护。

2）110kV 母线接线方式：内桥接线方式。

（2）启动要点。

1）根据一次系统启动送电方式安排，可使用 110kV 线路保护做主变压器保护的总后备保护。新设备送电时，应调整其电源侧距离Ⅲ段保护定值，保证有足够灵敏度，时间为 0.2s。

2）可使用该 110kV 母联（分段）开关独立过电流保护对电流互感器进行冲击。对电流互感器冲击前，应调整其相过电流保护及零序过电流保护定值，保证有足够灵敏度，时间为 0s。

3）新设备送电前，应调整 110kV 主变压器高压侧后备保护定值，保证有足够灵敏度，时间为 0.2s。

（3）启动阶段。启动阶段分送电前、送电期间、送电后三个阶段。

送电前：完成母联过电流保护、主变压器保护、故障录波器定值调整，并投入；调整 110kV 主变压器高压侧后备保护定值，备自投定值调整后暂不投入。

送电期间：调整 110kV 线路保护距离Ⅲ段定值，停用线路重合闸。电流互感器冲击后，停用母联（分段）开关独立过电流保护。带负荷前，停用主变压器差动保护。具备条件后进行主变压器差动保护向量测试。

送电后：投入主变压器差动保护，主变压器高压侧后备保护定值调回，110kV 线路保护电源侧距离Ⅲ段定值调回，投入线路重合闸、备自投装置。

六、110kV 电压互感器更换

一般不涉及定值调整、二次回路变更，不需做保护向量测试。具体送电方案详见第八章第二节 110kV 阚疃变电站 110kV 母线电压互感器更换启动方案。

七、110kV 线路改造

1. 启动范围

（1）110kV 线路及开关，新设备，老保护。

（2）110kV 母线接线方式：双母单分段接线、双母线接线、单母分段接线方式等。

2. 启动要点

（1）线路两侧变电站内间隔未调整，不需做保护向量测试。

（2）若线路改造导致线路参数变动较大，需整定线路保护定值单；若线路改造后参数变化不大经校核后可不整定线路保护定值单，可按正常线路恢复送电。

3. 启动阶段

送电前：线路保护按新定值单整定，并投入。

4. 典型方案

具体送电方案详见第八章第二节 110kV 泉南 236 线、金大九泉 146 线路改造启动方案。

八、110kV 线路间隔调整

1. 启动范围

（1）110kV 线路及开关，新设备，老保护。

（2）110kV 母线接线方式：双母单分段接线、双母线接线、单母线接线方式、单母分段接线方式。

2. 启动要点

（1）线路调整至新间隔，根据一次系统启动送电方式安排，可使用 220kV 主变压器中压侧后备保护、110kV 母联（分段）开关独立过电流保护或 110kV 联络线路保护做新设备的总后备保护。

1）若采用 220kV 主变压器中压侧后备保护、110kV 母联（分段）开关过电流保护做总后备时，应调整其相过电流保护及零序过电流保护定值，保证有足够灵敏度，时间为 0.2s。

2）若采用 110kV 联络线路保护做总后备时，应调整其电源侧距离Ⅲ段保护定值，保证有足够灵敏度，时间为 0.2s；停用 110kV 联络线路受电侧距离零序保护，停用 110kV 联络线路两侧重合闸。

（2）线路调整至老间隔，不涉及二次回路变更，不需做保护向量测试。

3. 启动阶段

启动阶段分送电前、送电期间、送电后三个阶段。

送电前：完成线路保护、故障录波器定值调整，并投入；停用线路重合闸。

送电期间：调整总后备保护定值；停用 220kV 变电站 110kV 母差保护，并按新定值单调整暂不投入。带负荷前，将线路光纤纵差保护改投信号。具备条件后进行母差保护、线路保护向量测试。

送电后：投入 110kV 母差保护，将线路光纤纵差保护改投跳闸，投入线路

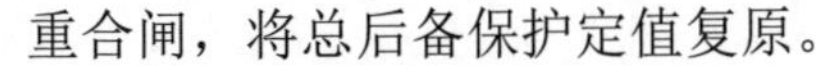

重合闸，将总后备保护定值复原。

4. 典型方案

该方案以典型的 110kV 双电源供电线路为示例，其中 110kV 线路保护两侧配置微机光纤纵差保护，选择 110kV 联络线路保护做总后备。具体送电方案详见第八章第二节 110kV 盛南 633 线路、盛籍 632 线路间隔调整启动方案。

九、110kV 主变压器更换

1. 启动范围

（1）110kV 主变压器，新设备、老保护。

（2）110kV 母线接线方式：双母单分段接线、双母线接线、单母分段接线方式。

2. 启动要点

智能变电站主变压器更换一般不影响二次回路；常规站主变压器更换，如主变压器带方向的后备保护采用主变压器套管电流互感器，则需考虑主变压器保护向量测试。

3. 启动阶段

送电前：调整新主变压器保护定值，并投入。

4. 典型方案

具体送电方案详见第八章第二节 110kV 保义变电站 2 号主变压器更换后启动方案。

十、110kV 线路保护更换

1. 启动范围

（1）110kV 线路及开关，老设备、新保护。

（2）110kV 母线接线方式：双母单分段接线、双母线接线、单母线接线方式、单母分段接线方式。

2. 启动要点

根据一次系统启动送电方式安排，可使用 220kV 主变压器中压侧后备保护、110kV 母联（分段）开关独立过电流保护或 110kV 联络线路保护做新设备的总后备保护。

1）若采用 220kV 主变压器中压侧后备保护、110kV 母联（分段）开关独立过电流保护做总后备时，应调整其相过电流保护及零序过电流保护定值，保证有足够灵敏度，时间为 0.2s。

2）若采用 110kV 联络线路保护做总后备时，应调整其电源侧距离Ⅲ段保护定值，保证有足够灵敏度，时间为 0.2s；停用 110kV 联络线路受电侧距离零序保护，停用 110kV 联络线路两侧重合闸。

3. *启动阶段*

启动阶段分送电前、送电期间、送电后三个阶段。

送电前：完成线路保护定值调整，并投入；停用线路重合闸。

送电期间：调整总后备保护定值；带负荷前，将线路光纤纵差保护改投信号。具备条件后进行线路保护向量测试。

送电后：将线路光纤纵差保护改投跳闸，投入线路重合闸，将总后备保护定值复原。

4. *典型方案*

该方案以典型的 110kV 双电源供电线路为示例，其中 110kV 线路保护两侧配置微机光纤纵差保护，选择 110kV 联络线路保护做总后备。具体送电方案详见第八章第二节 110kV 瑞石 531、瑞尖 532 线路保护更换启动方案。

十一、110kV 母差保护更换

1. *启动范围*

（1）110kV 母差及附属设备，老设备、新保护。

（2）110kV 母线接线方式：双母单分段接线、双母线接线方式。

2. *启动要点*

110kV 母差保护更换、启动送电期间，考虑到上下级保护的相互配合，上级设备有关保护定值不做调整。

3. *启动阶段*

启动阶段分送电前、送电期间、送电后三个阶段。

送电前：停用 220kV 变电站 110kV 母差保护，并按新定值单调整暂不投入。

送电期间：具备条件后进行母差保护向量测试。

送电后：投入 110kV 母差保护。

4. *典型方案*

具体送电方案详见第八章第二节国泰变压器 110kV 母差保护更换启动送电方案。

十二、110kV 主变压器保护更换

1. *启动范围*

（1）110kV 主变压器，老设备、新保护。

（2）110kV 母线接线方式：单母线接线、内桥接线、单母分段接线方式。

2. *启动要点*

（1）根据一次系统启动送电方式安排，可使用 110kV 线路保护做主变压器

保护的总后备保护。新设备送电时，应调整其电源侧距离Ⅲ段保护定值，保证有足够灵敏度，时间为0.2s。

（2）新设备送电前，应调整110kV主变压器高压侧后备保护定值，保证有足够灵敏度，时间为0.2s。

3. 启动阶段

启动阶段分送电前、送电期间、送电后三个阶段。

送电前：完成主变压器保护定值调整，并投入；调整110kV主变压器高压侧后备保护定值。

送电期间：调整110kV线路保护距离Ⅲ段定值，停用线路重合闸。带负荷前，停用主变压器差动保护。具备条件后进行主变压器差动保护向量测试。

送电后：投入主变压器差动保护，主变压器高压侧后备保护定值复原，110kV线路保护电源侧距离Ⅲ段定值复原，投入线路重合闸。

4. 典型方案

该方案以典型的内桥接线方式110kV变电站为示例，110kV线路保护两侧配置微机光纤纵差保护，选择110kV线路保护做总后备。具体送电方案详见第八章第二节110kV固镇变电站1号主变压器保护更换后启动方案。

十三、110kV 端子箱（汇控柜）更换

1. 启动要点

（1）端子箱（汇控柜）更换涉及二次回路变更，需做保护向量测试。

（2）适用于智能变电站合并单元更换、升级、反措等。

2. 典型方案

（1）主变压器端子箱更换，其保护方案与新建主变压器启动送电保护方案相似。

（2）线路端子箱更换，其保护方案与新建线路启动送电保护方案相似。具体送电方案详见第八章第二节利辛变电站110kV茨利715开关端子箱更换后启动送电方案。

（3）双母单分段接线、双母接线母联端子箱更换，其保护方案与不完整双母单分段改完整接线启动送电保护方案相似。

（4）内桥接线母联端子箱更换，其保护方案与主变压器高桥侧电流互感器更换启动送电保护方案相似。

十四、110kV 保护装置检修

1. 启动要点

保护装置检修如涉及二次回路变更的需做保护向量测试。

2. *典型方案*

110kV 保护装置检修有：

（1）保护装置定检或不动二次回路的检修工作。检修结束后，直接送电。

（2）保护装置检修中需更换主变压器保护、线路保护、母差保护等装置保护插件的，启动前应完成主变压器保护、线路保护、母差保护等装置的传动测试，如涉及保护软件版本升级的，需完成相应定值单的调整，启动送电时直接送电，不需做主变压器保护、线路保护、母差保护等带负荷测向量测试。

（3）保护装置检修中需更换主变压器保护、线路保护、母差保护等装置的，检修结束后启动送电时，需做主变压器差动保护、线路保护、母差保护带负荷测向量测试。启动步骤可参见 110kV 主变压器保护、110kV 线路保护、110kV 母差保护更换启动方案典型案例。

十五、110kV 保护通道调整

110kV 光纤纵差保护是通过光纤通道实现不同厂站间传送信息或指令，当光纤通道传输设备故障，如光端机、PCM 机等，或光纤中继站异常、光纤断开等，或光纤通道对调，此时为了防止光纤纵差保护不正确动作，需将线路两侧的光纤纵差保护由跳闸改投信号，待光纤通道检修或对调结束后，再将线路两侧的光纤纵差保护由信号改投跳闸。

十六、110kV 备自投更换检修

执行新定值单备自投，待现场测试正确后投入。具体送电方案详见第八章第二节 110kV 四褐山变电站 110kV 备自投更换后启动方案。

十七、110kV 地区电源并入系统

1. *启动范围*

（1）110kV 线路及开关，新设备、新保护。

（2）110kV 母线接线方式：双母单分段接线、双母线接线、单母线接线、内桥接线、单母分段接线方式。

2. *启动要点*

（1）根据一次系统启动送电方式安排，可使用 220kV 主变压器中压侧后备保护、110kV 母联（分段）开关过电流保护或 110kV 联络线路保护做新设备的总后备保护。

1）若采用 220kV 主变压器中压侧后备保护、110kV 母联（分段）开关过电流保护做总后备时，应调整其相过电流保护及零序过电流保护定值，保证有足够灵敏度，时间为 0.2s。

2）若采用 110kV 联络线路保护做总后备时，应调整其电源侧距离Ⅲ段保护定值，保证有足够灵敏度，时间为 0.2s；停用 110kV 联络线路受电侧距离零序保护，停用 110kV 联络线路两侧重合闸。

（2）依据该电源接入系统评审意见，调整其他相关保护定值和保护状态。

3. 启动阶段

启动阶段分送电前、送电期间、送电后三个阶段。

送电前：完成线路保护、故障录波器定值调整，并投入；调整其他相关保护定值和保护投退；停用线路重合闸。

送电期间：调整总后备保护定值；停用 220kV 变电站 110kV 母差保护，并按新定值单调整暂不投入。带负荷前，将线路光纤纵差保护改投信号。具备条件后进行母差保护、线路保护向量测试。

送电后：投入 110kV 母差保护，将线路光纤纵差保护改投跳闸，线路重合闸根据《并网调度协议》投退，将总后备保护定值调回。

4. 典型方案

具体送电方案详见第八章第二节 110kV 招新光伏站启动送电方案。

第七章

35kV 及以下系统继电保护启动方案编制要求

一、35kV 新建变电站

1. 启动范围

（1）35kV 线路及开关、母线及其附属设备、主变压器、10kV 线路、母线（不包含主变压器）及其附属设备、电容器及开关、接地变压器兼站用变压器及开关，全部为新设备、新保护。

（2）35kV 母线接线方式：单母线接线、单母分段接线、内桥接线方式。

2. 启动要点

（1）新建变电站送电前，应调整主变压器高压侧后备保护定值，保证对主变压器低压侧相间故障有灵敏度，时间为 0.2s。

（2）35kV 变电站上一级电源线路保护一般为纯过电流保护，如果为带方向的过电流保护，应退出方向元件，待向量测试正确后投入。

（3）若无 10kV 出线负荷的，可带电容器负荷测向量。

3. 启动阶段

启动阶段分送电前、送电期间、送电后三个阶段。

送电前：将 35kV 线路、35kV 新建变电站内主变压器、10kV 线路、电容器、接地变压器兼站用变压器保护定值调整，并投入；将备自投定值调整，暂不投入；调整主变压器高压侧后备保护定值；停用线路重合闸；退出保护方向元件。

送电期间：带负荷前，停用主变压器差动保护，具备条件后进行主变压器差动保护向量测试。若配置微机光纤纵差保护，带负荷前将光纤纵差保护改投信号，具备条件后进行线路保护向量测试。

送电后：投入主变压器差动保护，将主变压器高压侧后备保护定值调回；投入线路重合闸、备自投。投入保护方向元件。若配置微机光纤纵差保护，将线路光纤纵差保护改投跳闸。

4. 典型方案

该方案以典型的单母线接线方式 35kV 变电站为示例，其中 35kV 线路保护两侧配置微机光纤纵差保护。具体送电方案详见第八章第三节 35kV 双龙变电站启动方案。

二、35kV 新建线路

1. 启动范围

（1）35kV 线路及开关，新设备、新保护。

（2）35kV 母线接线方式：单母线接线、单母分段接线、内桥接线方式。

2. 启动要点

35kV 线路保护一般为纯过电流保护，如果为带方向的过电流保护，应退出方向元件，待向量测试正确后投入。

3. 启动阶段

启动阶段分送电前、送电期间、送电后三个阶段。

送电前：将新建 35kV 线路定值调整，并投入；将备自投定值调整，暂不投入；停用线路重合闸；退出保护方向元件。

送电期间：若配置微机光纤纵差保护，带负荷前将光纤纵差保护改投信号；具备条件后进行 35kV 线路保护向量测试。

送电后：投入线路重合闸、备自投；投入保护方向元件；若配置微机光纤纵差保护，将线路光纤纵差保护改投跳闸。

4. 典型方案

该方案分别以典型的两侧配置微机光纤纵差保护、单侧配置过电流保护 35kV 线路为示例。具体送电方案详见第八章第三节 35kV 丁店Ⅱ384 线路启动方案。

三、35kV 新建主变压器

1. 启动范围

（1）35kV 主变压器及两侧开关，新设备、新保护。

（2）35kV 母线接线方式：单母线接线、单母分段接线、内桥接线方式。

2. 启动要点

新建主变压器送电前，应调整主变压器高压侧后备保护定值，保证对主变压器低压侧相间故障有灵敏度，时间为 0.2s。

3. 启动阶段

启动阶段分送电前、送电期间、送电后三个阶段。

送电前：将新建主变压器保护定值调整，并投入，调整主变压器高压侧后备保护定值，停用35kV线路重合闸、备自投。

送电期间：带负荷前，停用主变压器差动保护；具备条件后进行主变压器差动保护向量测试。

送电后：投入主变压器差动保护，将主变压器高压侧后备保护定值调回，投入线路重合闸、备自投。

4. 典型方案

该方案以典型的单母线接线方式35kV变电站为示例。具体送电方案详见第八章第三节35kV朱桥变电站2号主变压器扩建启动方案。

四、35kV电流互感器更换

（一）主变压器电流互感器更换

1. 启动范围

（1）35kV主变压器、电流互感器，新设备、老保护。

（2）35kV母线接线方式：单母线接线、单母分段接线、内桥接线方式。

2. 启动要点

主变压器电流互感器更换送电前，应调整主变压器高压侧后备保护定值，保证对主变压器低压侧相间故障有灵敏度，时间为0.2s。

3. 启动阶段

启动阶段分送电前、送电期间、送电后三个阶段。

送电前：将主变压器保护定值调整，并投入，调整主变压器高压侧后备保护定值。

送电期间：带负荷前，停用主变压器差动保护；具备条件后进行主变压器差动保护向量测试。

送电后：投入主变压器差动保护，将主变压器高压侧后备保护定值调回。

4. 典型方案

该方案以典型的单母线接线方式35kV变电站为示例。具体送电方案详见第八章第三节35kV散兵变电站2号主变压器电流互感器更换启动方案。

（二）线路电流互感器更换

1. 启动范围

35kV线路及开关、电流互感器，新设备、老保护。

2. 启动要点

35kV线路保护一般为纯过电流保护，如果为带方向的过电流保护，应退出方向元件，待向量测试正确后投入。

3. 启动阶段

启动阶段分送电前、送电期间、送电后三个阶段。

送电前：将线路保护定值调整，并投入；退出保护方向元件。

送电期间：若配置微机光纤纵差保护，带负荷前将光纤纵差保护改投信号；具备条件后进行线路保护向量测试。

送电后：投入保护方向元件；若配置微机光纤纵差保护，将线路光纤纵差保护改投跳闸。

4. 典型方案

该方案以典型的单母线接线方式 35kV 变电站为示例。具体送电方案详见第八章第三节 35kV 银散 365 线路电流互感器更换启动方案。

五、35kV 主变压器更换

1. 启动范围

（1）35kV 主变压器，新设备、老保护。

（2）35kV 母线接线方式：单母线接线、单母分段接线、内桥接线方式。

2. 启动要点

主变压器更换，主变压器保护定值应重新整定。

3. 启动阶段

启动阶段分送电前、送电后两个阶段。

送电前：将新建主变压器保护定值调整，并投入；停用 35kV 线路重合闸、备自投。

送电后：投入 35kV 线路重合闸、备自投。

4. 典型方案

该方案以典型的单母线接线方式 35kV 变电站为示例。具体送电方案详见第八章第三节 35kV 焗炀变电站 1 号主变压器更换启动方案。

六、35kV 线路改造

1. 启动范围

（1）35kV 线路及开关，新设备、老保护。

（2）35kV 母线接线方式：单母线接线、单母分段接线、内桥接线方式。

2. 启动要点

若线路改造导致线路参数变动较大，需整定线路保护定值单；若线路改造后参数变化不大经校核后可不整定线路保护定值单，可按正常线路恢复送电。

3. 启动阶段

启动阶段分送电前、送电后两个阶段。

送电前：将线路保护定值整定，并投入；停用线路重合闸、备自投。

送电后：投入线路重合闸、备自投。

4. 典型方案

该方案是以线路参数有调整需整定定值单为示例。具体送电方案详见第八章第三节 35kV 乐桥 361 线路改造启动方案。

七、35kV 线路保护更换

1. 启动范围

（1）35kV 线路及开关，老设备、新保护。

（2）35kV 母线接线方式：单母线接线、单母分段接线、内桥接线方式。

2. 启动要点

35kV 线路保护一般为纯过电流保护，如果为带方向的过电流保护，应退出方向元件，待向量测试正确后投入。

3. 启动阶段

启动阶段分送电前、送电期间、送电后三个阶段。

送电前：将线路保护定值调整，并投入；退出保护方向元件。

送电期间：若配置微机光纤纵差保护，带负荷前将光纤纵差保护改投信号；具备条件后进行线路保护、新保护向量测试。

送电后：投入保护方向元件；若配置微机光纤纵差保护，将线路光纤纵差保护改投跳闸。

4. 典型方案

该方案以典型的两侧配置微机光纤纵差保护 35kV 线路为示例。具体送电方案详见第八章第三节 35kV 庙岗 383 线路保护更换启动方案。

八、35kV 主变压器保护更换

1. 启动范围

（1）35kV 主变压器，老设备、新保护。

（2）35kV 母线接线方式：单母线接线、单母分段接线、内桥接线方式。

2. 启动要点

主变压器保护更换送电前，应调整 35kV 主变压器高压侧后备保护定值，保证对主变压器低压侧相间故障有灵敏度，时间为 0.2s。

3. 启动阶段

启动阶段分送电前、送电期间、送电后三个阶段。

送电前：将主变压器保护定值调整，并投入，调整主变压器高压侧后备保护定值。

送电期间：带负荷前停用主变压器差动保护；具备条件后进行主变压器差动保护向量测试。

送电后：投入主变压器差动保护，将主变压器高压侧后备保护定值调回。

4. 典型方案

该方案以典型的单母线接线方式35kV变电站为示例。具体送电方案详见第八章第三节35kV坝镇变电站1号主变压器保护更换启动方案。

九、35kV备自投更换检修

执行新定值单备自投，待现场测试正确后投入。具体送电方案详见第八章第三节35kV响导变电站35kV备自投更换启动方案。

十、35kV地区电源并入系统

1. 启动范围

（1）35kV线路及开关，新设备、新保护。

（2）35kV母线接线方式：单母线接线、单母分段接线、内桥接线方式。

2. 启动要点

（1）35kV并网线路保护一般配置微机光纤纵差保护，如果后备保护带方向，应退出方向元件，待向量测试正确后投入。

（2）依据该电源接入系统评审意见，调整相关保护定值和保护状态。

3. 启动阶段

启动阶段分送电前、送电期间、送电后三个阶段。

送电前：调整相关保护定值和保护投退；调整35kV并网线路两侧定值，并投入；停用线路重合闸；退出保护方向元件。

送电期间：带负荷前将光纤纵差保护改投信号；具备条件后进行35kV线路保护及其他需要测向量保护的向量测试。

送电后：将线路光纤纵差保护改投跳闸，投入保护方向元件，投入其他测向量的保护及送电结束后需要投入的保护；按《并网调度协议》投退线路重合闸。

4. 典型方案

具体送电方案详见第八章第三节35kV东升光伏站并入系统启动方案。

第八章

典 型 案 例

第一节 220kV 系统继电保护启动方案典型案例

一、220kV 高丰变电站（联络变电站）启动方案

1. 启动送电范围

（1）220kV 军南 2D33 线路、军南 2D34 线路、敬军 4889 线路、敬军 4890 线路及其附属设备。

（2）南天变电站 220kV 军南 2D33 开关、军南 2D34 开关及其附属设备。

（3）宣北变电站 220kV 敬军 4889 开关、敬军 4890 开关及其附属设备。

（4）高丰变电站 220kV ⅠA、ⅠB、Ⅱ母线、母联 2800 开关、军南 2D33 开关、军南 2D34 开关、敬军 4889 开关、敬军 4890 开关、220kV 1 号、2 号主变压器及其附属设备；1 号主变压器及三侧开关及其附属设备；2 号主变压器及三侧开关及其附属设备；110kVⅠ母线、110kVⅡ母线、养贤 476 开关、军莲 599 开关、备用Ⅰ467 开关、备用Ⅱ468 开关、备用ⅡⅠ471 开关、备用Ⅳ472 开关、备用Ⅴ473 开关、备用Ⅵ474 开关及其附属设备；10kVⅠ段母线、10kVⅡ段母线、分段 100 开关、永德 111 开关、富民 112 开关、汪卫 113 开关、高冲 114 开关、富竹 115 开关、仁义 116 开关、百岁 117 开关、古其 118 开关、谷丰 119 开关、备用Ⅰ120 开关、备用Ⅱ121 开关、备用Ⅲ122 开关、方阳 123 开关、保南 124 开关、永丰 125 开关、石山 126 开关、备用Ⅳ127 开关、备用Ⅴ128 开关及其附属设备；1 号电容器及 011 开关及其附属设备；2 号电容器及 012 开关及其附属设备；3 号电容器及 013 开关及其附属设备；4 号电容器及 014 开关及其附属设备；5 号电容器及 015 开关及其附属设备；6 号电容器及 016 开关及其附属设备；7 号电容器及 017 开关及其附属设备；8 号电容器及 018 开关及其附属设备；1 号接地变压器兼站用变压器及 105 开关、1 号消弧变压器及其附属设备；2 号接地变压器兼站用变压器及 106 开关、2 号消弧变压器及其附属设备。

注：宣北变电站、南天变电站对应老间隔旧设备。

2. 启动送电应具备的条件

（1）本次启动范围内的所有设备经验收合格，并具备投运条件，且一次设备均处冷备用。

（2）220kV 军南 2D33 线路、军南 2D34 线路、敬军 4889 线路、敬军 4890 线路工频参数测试完毕。

（3）220kV 军南 2D33 线路、军南 2D34 线路、敬军 4889 线路、敬军 4890 线路保护通道联调工作结束，并正确。

（4）高丰变电站 10kV Ⅰ、Ⅱ段母线上出线均未接入站内。

（5）高丰变电站 1 号、2 号主变压器分接头位置：230/115/10.5kV。

（6）高丰变电站蓄电池电压处额定值。

（7）本次启动各项生产准备工作均已完成。

（8）本次启动范围内所有保护、自动化、通信设备均已调试合格，具备投运条件。

3. 启动送电步骤

（1）南天变电站将军南 2D33 开关微机光纤纵差保护、微机光纤闭锁保护按（*****）、（*****）定值单，失灵保护按（*****）定值单调整，仅投入微机光纤纵差保护、微机光纤闭锁保护中的后备保护及失灵保护，并将微机光纤纵差保护、微机光纤闭锁保护中的后备保护距离Ⅱ段时间定值调整为 0.5s。

（2）南天变电站将军南 2D34 开关微机光纤纵差保护、微机光纤闭锁保护按（*****）、（*****）定值单，失灵保护按（*****）定值单调整，仅投入微机光纤纵差保护、微机光纤闭锁保护中的后备保护及失灵保护，并将微机光纤纵差保护、微机光纤闭锁保护中的后备保护距离Ⅱ段时间定值调整为 0.5s。

（3）南天变电站将母联 4800 开关第一套、第二套独立过电流保护中的相过电流Ⅰ段按 I=5000A，0.2s。零序过电流Ⅰ段按 $3I_0$=3900A，0.2s 调整，仅投入第一套、第二套独立过电流保护的相过电流Ⅰ段和零序过电流Ⅰ段保护。

（4）南天变电站停用 220kV 第一套母差保护、第二套母差保护。

（5）南天变电站 220kV 第一套母差保护、第二套母差保护按（*****）、（*****）定值单调整，暂不投入。

（6）宣北变电站将敬军 4889 开关微机光纤纵差保护、微机光纤闭锁保护按（*****）、（*****）定值单，失灵保护按（*****）定值单调整，仅投入微机光纤纵差保护、微机光纤闭锁保护中的后备保护及失灵保护，并将微机光纤纵差保护、微机光纤闭锁保护中的后备保护距离Ⅱ段时间定值调整为 0.5s。

（7）宣北变电站将敬军 4890 开关微机光纤纵差保护、微机光纤闭锁保护按（*****）、（*****）定值单，失灵保护按（*****）定值单调整，仅投入微机光纤纵差保护、微机光纤闭锁保护中的后备保护及失灵保护，并将微机光纤纵差保护、微机光纤闭锁保护中的后备保护距离Ⅱ段时间定值调整为0.5s。

（8）南天变电站将220kV第一套线路故障录波器按（*****）定值单调整，并投入。

（9）高丰变电站将军南2D33开关微机光纤纵差保护、微机光纤闭锁保护按（*****）、（*****）定值单调整，仅投入微机光纤纵差保护、微机光纤闭锁保护中的后备保护，并将微机光纤纵差保护、微机光纤闭锁保护中的后备保护距离Ⅱ段时间定值调整为0.5s。

（10）高丰变电站将军南2D34开关微机光纤纵差保护、微机光纤闭锁保护按（*****）、（*****）定值单调整，仅投入微机光纤纵差保护、微机光纤闭锁保护中的后备保护，并将微机光纤纵差保护、微机光纤闭锁保护中的后备保护距离Ⅱ段时间定值调整为0.5s。

（11）高丰变电站将敬军4889开关微机光纤纵差保护、微机光纤闭锁保护按（*****）、（*****）定值单调整，仅投入微机光纤纵差保护、微机光纤闭锁保护中的后备保护，并将微机光纤纵差保护、微机光纤闭锁保护中的后备保护距离Ⅱ段时间定值调整为0.5s。

（12）高丰变电站将敬军4890开关微机光纤纵差保护、微机光纤闭锁保护按（*****）、（*****）定值单调整，仅投入微机光纤纵差保护、微机光纤闭锁保护中的后备保护，并将微机光纤纵差保护、微机光纤闭锁保护中的后备保护距离Ⅱ段时间定值调整为0.5s。

（13）高丰变电站将220kV第一套母差保护、第二套母差保护按（*****）、（*****）定值单调整，暂不投入。

（14）高丰变电站将母联2800开关第一套、第二套独立过电流保护中的相过电流Ⅰ段按I=5000A、0.2s调整。零序过电流Ⅰ段按$3I_0$=3900A、0.2s调整，仅投入第一套、第二套独立过电流保护的相过电流Ⅰ段和零序过电流Ⅰ段保护。

（15）高丰变电站将220kV第一套线路故障录波器按（*****）定值单调整，并投入。

（16）高丰变电站将220kV第二套线路故障录波器按（*****）定值单调整，并投入。

（17）高丰变电站将220kV第一套主变压器故障录波器按（*****）定值单调整，并投入。

（18）高丰变电站将220kV第二套主变压器故障录波器按（*****）定值单调整，并投入。

（19）高丰变电站将1号主变第一套主变压器保护、第二套主变压器保护按（*****）、（*****）定值单调整，并投入。

（20）高丰变电站将2号主变第一套主变压器保护、第二套主变压器保护

按（*****）、（*****）定值单调整，并投入。

（21）高丰变电站将110kV母差保护按（*****）定值单调整，暂不投入。

（22）高丰变电站将110kV线路故障录波器按（*****）定值单调整，并投入。

（23）高丰变电站将110kV养贤476线路保护按（*****）定值单调整，并投入。

（24）高丰变电站将110kV线路开关保护按（*****）定值单调整，并投入。

（25）高丰变电站将10kV线路开关保护按（*****）定值单调整，并投入。

（26）高丰变电站将1号、2号、3号、4号、5号、6号、7号、8号电容器保护分别按（*****）、（*****）、（*****）、（*****）、（*****）、（*****）、（*****）、（*****）定值单调整，并投入。

（27）高丰变电站将1号、2号接地变压器兼站用变压器保护分别按（*****）、（*****）定值单调整，并投入。

（28）高丰变电站合上21001、21002闸刀（ⅠA、ⅠB母线分段闸刀）。

（29）高丰变电站合上28005、28006闸刀（220kVⅠA母线压变、220kVⅡ母线压变由冷备用转运行）。

（30）高丰变电站将220kV母联2800开关由冷备用转热备用。

（31）高丰变电站将220kV军南2D34开关、军南2D33开关、敬军4890开关由冷备用转热备用于220kVⅡ母线。

（32）高丰变电站将220kV敬军4889开关由冷备用转热备用于220kVⅠB母线。

（33）宣北变电站将运行在220kVⅡA母线上的所有开关全部倒至220kVⅠA母线运行；分段4200开关由运行转冷备用，母联4800开关由运行转热备用。

（34）宣北变电站停用220kV A母第一套母差保护。

（35）宣北变电站将母联4800开关220kVA母第一套母差保护中的过电流保护按I=1200A、0.2s，$3I_0$=600A、0.2s调整，并投入。

（36）宣北变电站投入220kV A母第一套母差保护。

（37）宣北变电站停用220kV A母第二套母差保护。

（38）将宣北变电站母联4800开关220kVA母第二套母差保护中的过电流保护按I=1200A、0.2s，$3I_0$=600A、0.2s调整，并投入。

（39）宣北变电站投入220kV A母第二套母差保护。

（40）宣北变电站将敬军4889开关由冷备用转热备用于220kVⅡA母线，并合上母联4800开关。

（41）宣北变电站用敬军4889开关对220kV敬军4889线路冲击两次，正常后拉开敬军 4889 开关。

（42）高丰变电站合上敬军 4889 开关。

（43）宣北变电站合上敬军 4889 开关（冲击线路、高丰变电站 220kV Ⅰ A、Ⅰ B 母线）。

（44）高丰变电站拉开敬军 4889 开关。

（45）高丰变电站合上母联 2800 开关。

（46）高丰变电站合上敬军 4889 开关（对高丰变电站 220kV Ⅰ A、Ⅰ B、Ⅱ母线、母联 2800 开关送电），正常后不拉开。

（47）宣北变电站拉开 220kV 敬军 4889 开关。

（48）宣北变电站合上 220kV 敬军 4889 开关 A 相。

（49）高丰变电站核对 220kV Ⅰ A、Ⅰ B、Ⅱ母线 A 相相色，并正确。

（50）宣北变电站拉开 220kV 敬军 4889 开关 A 相，合上 220kV 敬军 4889 开关 B 相。

（51）高丰变电站核对 220kV Ⅰ A、Ⅰ B、Ⅱ母线 B 相相色，并正确。

（52）宣北变电站拉开 220kV 敬军 4889 开关 B 相。

（53）宣北变电站合上 220kV 敬军 4889 开关（三相）。

（54）高丰变电站在 220kV Ⅰ A、Ⅱ母线电压互感器二次核相（同电源），并正确。

（55）高丰变电站拉开母联 2800 开关。

（56）高丰变电站合上军南 2D34 开关。

（57）高丰变电站合上母联 2800 开关（第一次冲击军南 2D34 线路）。

（58）高丰变电站拉开军南 2D34 开关。

（59）高丰变电站用军南 2D34 开关对 220kV 军南 2D34 线路冲击两次，正常后拉开母联 2800 开关、军南 2D34 开关。

（60）高丰变电站合上军南 2D33 开关。

（61）高丰变电站合上母联 2800 开关（第一次冲击军南 2D33 线路）。

（62）高丰变电站拉开军南 2D33 开关。

（63）高丰变电站用军南 2D33 开关对 220kV 军南 2D33 线路冲击两次，正常后拉开母联 2800 开关，并改“非自动”。

（64）南天变电站将 220kVⅡ母线上的所有开关全部倒至 220kVⅠ母线运行，并拉开母联 4800 开关。

（65）南天变电站将母联 4800 开关保护定值按要求整定并投入。

（66）南天变电站将军南 2D33 开关由冷备用转热备用于 220kVⅡ母线。

（67）南天变电站合上母联 4800 开关，并用军南 2D33 开关对 220kV 军南 2D33 线路、高丰变电站 220kVⅡ母线送电。

（68）高丰变电站在 220kV Ⅰ A、Ⅱ母线电压互感器二次核相（异电源），并正确。

（69）高丰变电站将母联 2800 开关由“非自动”改“自动”，并合上母联 2800 开关。

（70）宣北变电站进行敬军 4889 开关线路保护向量测试，并正确。

（71）南天变电站进行军南 2D33 开关线路保护向量测试，并正确。

（72）高丰变电站进行敬军 4889 开关线路保护向量测试及接入 220kV 第一套母差保护、第二套母差保护向量测试，并正确。

（73）高丰变电站进行军南 2D33 开关线路保护向量测试及接入 220kV 第一套母差保护、第二套母差保护向量测试，并正确。

（74）高丰变电站进行母联 2800 开关接入 220kV 第一套母差保护、第二套母差保护向量测试，并正确。

（75）投入敬军 4889 线路两侧所有线路保护。

（76）投入敬军 4889 线路两侧重合闸。

（77）投入军南 2D33 线路两侧所有线路保护。

（78）投入军南 2D33 线路两侧重合闸。

（79）将军南 2D33 线路两侧开关线路保护中的后备保护距离Ⅱ段时间定值调回。

（80）将敬军 4889 线路两侧开关线路保护中的后备保护距离Ⅱ段时间定值调回。

（81）高丰变电站将军南 2D33 开关由 220kVⅡ母线倒至Ⅰ B 母线运行，拉开母联 2800 开关并改“非自动”。

（82）宣北变电站将敬军 4889 开关由 220kVⅡA 母线倒至ⅠA 母线运行。

（83）宣北变电站将敬军 4890 开关由冷备用转热备用于 220kVⅡA 母线。

（84）宣北变电站用敬军 4890 开关对 220kV 敬军 4890 线路冲击两次，正常后拉开敬军 4890 开关。

（85）高丰变电站合上敬军 4890 开关。

（86）宣北变电站合上敬军 4890 开关（对敬军 4890 线路、高丰变电站 220kV Ⅱ母线送电）。

（87）高丰变电站在 220kV Ⅰ A、Ⅱ母线压变二次核相（异电源），并正确。

（88）高丰变电站拉开 220kV 敬军 4890 开关，并改“非自动”。

（89）南天变电站将 220kV 军南 2D33 开关由 220kVⅡ母线倒至Ⅰ母线运行。

（90）南天变电站将军南 2D34 开关由冷备用转热备用于 220kVⅡ母线。

（91）南天变电站合上军南 2D34 开关对 220kV 军南 2D34 线路送电。

（92）高丰变电站合上军南 2D34 开关对 220kVⅡ母线送电。

（93）高丰变电站在 220kV Ⅰ A、Ⅱ母线电压互感器二次核相，并正确。

（94）高丰变电站将敬军 4890 开关由“非自动”改“自动”，并合上敬军 4890 开关。

（95）高丰变电站进行敬军 4890 开关线路保护向量测试及接入 220kV 第一套母差保护、第二套母差保护向量测试，并正确。

（96）高丰变电站进行军南 2D34 开关线路保护向量测试及接入 220kV 第一套母差保护、第二套母差保护向量测试，并正确。

（97）南天变电站进行军南 2D34 开关线路保护向量测试，并正确。

（98）宣北变电站进行敬军 4890 开关线路保护向量测试，并正确。

（99）投入军南 2D34 线路两侧所有线路保护。

（100）投入军南 2D34 线路两侧重合闸。

（101）投入敬军 4890 线路两侧所有线路保护。

（102）投入敬军 4890 线路两侧重合闸。

（103）将军南 2D34 线路两侧开关线路保护中的后备保护距离Ⅱ段时间定值调回。

（104）将敬军 4890 线路两侧开关线路保护中的后备保护距离Ⅱ段时间定值调回。

（105）南天变电站停用母联 4800 开关第一套、第二套独立过电流保护。

（106）宣北变电站停用母联 4800 开关 220kVA 母第一套母差保护中的过电流保护。

（107）宣北变电站停用母联 4800 开关 220kVA 母第二套母差保护中的过电流保护。

（108）高丰变电站停用母联 2800 开关第一套、第二套独立过电流保护。

（109）高丰变电站将母联 2800 开关由“非自动”改“自动”，并合上母联 2800 开关。

（110）南天变电站 220kV 母线恢复正常连接方式运行（母联 4800 开关保护按要求停用，军南 2D33 开关运行于 220kV Ⅰ母线，军南 2D34 开关运行于 220kV Ⅱ母线）。

（111）宣北变电站恢复 220kV 母线正常连接方式运行（220kV Ⅱ A 母线上相应开关倒回，停用母联 4800 开关独立过电流保护，分段 4200 开关由冷备用转运行）。

（112）高丰变电站将 220kV Ⅰ A、Ⅰ B 母线上所有开关全部倒至Ⅱ母线运行，拉开母联 2800 开关。

（113）高丰变电站将母联 2800 开关第一套、第二套独立过电流保护中充电过电流保护Ⅰ段按 1500A、0.2s 调整，充电过电流保护Ⅱ段按 600A、0.5s 调整，充电零序过电流保护按 800A、0.5s 调整，并投入。

（114）高丰变电站合上 28020 中性点接地闸刀。

（115）高丰变电站合上 4020 中性点接地闸刀。

（116）高丰变电站将2号主变压器2802开关由冷备用转运行于220kVⅠB母。

（117）高丰变电站合上母联 2800 开关，检查并正常（对 2 号主变压器第一次冲击）。

（118）高丰变电站拉开 2 号主变压器 2802 开关。

（119）高丰变电站合上 2 号主变压器 2802 开关，检查并正常（对 2 号主变压器第二次冲击）。

（120）高丰变电站拉开 2 号主变压器 2802 开关。

（121）高丰变电站合上 2 号主变压器 2802 开关，检查并正常（对 2 号主变压器第三次冲击）。

（122）高丰变电站拉开 2 号主变压器 2802 开关。

（123）高丰变电站合上 2 号主变压器 2802 开关，检查并正常（对 2 号主变压器第四次冲击）。

（124）高丰变电站拉开 2 号主变压器 2802 开关。

（125）高丰变电站将 110kVⅠ母电压互感器、110kVⅡ母电压互感器均由冷备用转运行。

（126）高丰变电站将备用Ⅰ467 开关、备用Ⅱ468 开关、备用Ⅲ471 开关、备用Ⅳ472 开关、备用Ⅴ473 开关、备用Ⅵ474 开关均由冷备用转运行于 110kVⅡ母线。

（127）核对高丰变电站养贤 4763 闸刀、军莲 5993 闸刀均处拉开位置后。

（128）高丰变电站合上养贤 4762 闸刀、养贤 476 开关。

（129）高丰变电站合上军莲 5992 闸刀、军莲 599 开关。

（130）高丰变电站将 2 号主变压器 402 开关由冷备用转热备用于 110kVⅡ母线。

（131）高丰变电站将母联 400 开关由冷备用转热备用。

（132）高丰变电站合上 1 号消弧变压器 1053 闸刀、2 号消弧变压器 1063 闸刀、分段 1001 闸刀。

（133）高丰变电站将 10kVⅠ段母线电压互感器、10kVⅡ段母线电压互感器、永德 111 开关、富民 112 开关、汪卫 113 开关、高冲 114 开关、富竹 115 开关、仁义 116 开关、百岁 117 开关、古其 118 开关、谷丰 119 开关、备用Ⅰ120 开关、备用Ⅱ121 开关、备用ⅡⅠ122 开关、方阳 123 开关、保南 124 开关、永丰 125 开关、石山 126 开关、备用Ⅳ127 开关、备用 V128 开关均由冷备用转运行。

（134）高丰变电站将1号接地变压器兼站用变压器105开关、2号接地变压器兼站用变压器106开关、1号电容器及011开关、2号电容器及012开关、3号电容器及013开关、4号电容器及014开关、5号电容器及015开关、6号电容器及016开关、7号电容器及017开关、8号电容器及018开关均由冷备用转热备用。

（135）高丰变电站将分段100开关、2号主变压器102开关均由冷备用转热备用。

（136）高丰变电站合上2号主变压器2802开关，检查并正常（对2号主变压器第五次冲击）。

（137）高丰变电站合上2号主变压器402开关，检查并正常（冲击110kV Ⅱ母线及新开关间隔）。

（138）高丰变电站合上母联400开关，检查并正常（冲击110kV Ⅰ母线）。

（139）许可高丰变电站220kV Ⅱ母线电压互感器与110kV Ⅱ母线电压互感器二次核相，110kV Ⅰ母线电压互感器与110kV Ⅱ母线电压互感器（同电源）二次核相，并正确。

（140）高丰变电站将备用Ⅰ467开关、备用Ⅱ468开关、备用Ⅲ471开关、备用Ⅳ472开关、备用V473开关、备用Ⅵ474开关均由运行转冷备用。

（141）高丰变电站拉开养贤476开关、军莲599开关。

（142）高丰变电站拉开养贤4762闸刀、军莲5992闸刀。

（143）高丰变电站拉开母联400开关，并改非自动。

（144）高丰变电站合上2号主变压器102开关，检查并正常（冲击10kV Ⅱ段母线及出线开关）。

（145）高丰变电站合上分段100开关，检查并正常（冲击10kV Ⅰ段母线及出线开关）。

（146）许可高丰变电站220kV Ⅱ母线电压互感器与10kV Ⅱ段母线电压互感器二次核相，10kV Ⅰ段母线电压互感器与10kV Ⅱ段母线电压互感器（同电源）二次核相，并正确；许可高丰变电站2号主变压器进行有载调压试验，正常后分接头现场掌握。

（147）高丰变电站将永德111开关、富民112开关、汪卫113开关、高冲114开关、富竹115开关、仁义116开关、百岁117开关、古其118开关、谷丰119开关、备用Ⅰ120开关、备用Ⅱ121开关、备用Ⅲ122开关、方阳123开关、保南124开关、永丰125开关、石山126开关、备用Ⅳ127开关、备用Ⅴ128开关均由运行转冷备用。

（148）高丰变电站将2号接地变压器兼站用变压器106开关由热备用转运行，检查并正常。

（149）高丰变电站将 2 号接地变压器兼站用变压器 106 开关由运行转热备用。

（150）高丰变电站拉开 2 号消弧变压器 1063 闸刀。

（151）高丰变电站将 2 号接地变压器兼站用变压器 106 开关由热备用转运行。

（152）许可高丰变电站 10kV 2 号站用变压器核相序，并正确。

（153）高丰变电站将 1 号接地变压器兼站用变压器 105 开关由热备用转运行，检查并正常。

（154）高丰变电站将 1 号接地变压器兼站用变压器 105 开关由运行转热备用。

（155）高丰变电站拉开 1 号消弧变压器 1053 闸刀。

（156）高丰变电站将 1 号接地变压器兼站用变压器 105 开关由热备用转运行。

（157）许可高丰变电站 10kV 1 号站用变压器核相序，并正确。

（158）高丰变电站拉开分段 100 开关，并改非自动。

（159）高丰变电站停用 2 号主变压器第一套主变压器保护、第二套主变压器保护中的差动保护。

（160）高丰变电站将 5 号电容器由热备用转运行，检查并正常（对 5 号电容器第一次冲击）。

（161）高丰变电站将 6 号电容器由热备用转运行，检查并正常（对 6 号电容器第一次冲击）。

（162）高丰变电站进行 220kV 第一套母差保护、第二套母差保护向量测试，并正确。

（163）高丰变电站进行 2 号主变压器第一套主变压器保护、第二套主变压器保护向量测试，并正确。

（164）高丰变电站投入 2 号主变压器第一套主变压器保护、第二套主变压器保护中的差动保护。

（165）高丰变电站将 5 号电容器由运行转热备用。

（166）高丰变电站将 6 号电容器由运行转热备用。

（167）高丰变电站将 2 号主变压器 2802 开关由 220kV Ⅰ B 母倒至 220kV Ⅱ母运行。

（168）高丰变电站拉开母联 2800 开关。

（169）高丰变电站合上 1 号主变压器 28010 中性点接地闸刀。

（170）高丰变电站合上 4010 中性点接地闸刀。

（171）高丰变电站将 1 号主变压器 2801 开关由冷备用转运行于 220kV Ⅰ A 母。

（172）高丰变电站合上母联 2800 开关，检查并正常（对 1 号主变压器第一次冲击）。

（173）高丰变电站拉开 1 号主变压器 2801 开关。

（174）高丰变电站合上 1 号主变压器 2801 开关，检查并正常（对 1 号主变压器第二次冲击）。

（175）高丰变电站拉开 1 号主变压器 2801 开关。

（176）高丰变电站合上 1 号主变压器 2801 开关，检查并正常（对 1 号主变压器第三次冲击）。

（177）高丰变电站拉开 1 号主变压器 2801 开关。

（178）高丰变电站合上 1 号主变压器 2801 开关，检查并正常（对 1 号主变压器第四次冲击）。

（179）高丰变电站拉开 1 号主变压器 2801 开关。

（180）高丰变电站将1号主变压器401开关由冷备用转热备用于110kV Ⅰ母线。

（181）高丰变电站将 1 号主变压器 101 开关由冷备用转热备用。

（182）高丰变电站合上 1 号主变压器 2801 开关，检查并正常（对 1 号主变压器第五次冲击）。

（183）高丰变电站拉开 2 号主变压器 28020 中性点接地闸刀。

（184）高丰变电站合上 1 号主变压器 401 开关。

（185）许可高丰变电站 220kV Ⅱ母线电压互感器与 110kV Ⅰ母线电压互感器二次核相，110kV Ⅰ母线电压互感器与 110kV Ⅱ母线电压互感器（异电源）二次核相，并正确。

（186）高丰变电站合上 1 号主变压器 101 开关。

（187）许可高丰变电站 220kV Ⅱ母线电压互感器与 10kV Ⅰ段母线电压互感器二次核相，10kV Ⅰ段母线电压互感器与 10kV Ⅱ段母线电压互感器（异电源）二次核相，并正确。

（188）高丰变电站停用 1 号主变压器第一套主变压器保护、第二套主变压器保护中的差动保护。

（189）高丰变电站将 1 号电容器由热备用转运行，检查并正常（对 1 号电容器第一次冲击）。

（190）高丰变电站将 2 号电容器由热备用转运行，检查并正常（对 2 号电容器第一次冲击）。

（191）高丰变电站进行 220kV 第一套母差保护、第二套母差保护向量测试，并正确。

（192）高丰变电站进行 1 号主变压器第一套主变压器保护、第二套主变压器保护向量测试，并正确。

（193）高丰变电站投入220kV第一套母差保护、第二套母差保护。

（194）高丰变电站投入1号主变压器第一套主变压器保护、第二套主变压器保护中的差动保护。

（195）高丰变电站投入军南2D33开关、军南2D34开关、敬军4889开关、敬军4890开关失灵保护。

（196）停用高丰变电站母联2800开关第一套、第二套独立过电流保护。

（197）高丰变电站将1号电容器由运行转热备用。

（198）高丰变电站将2号电容器由运行转热备用。

（199）高丰变电站将母联400开关、分段100开关均由非自动改自动。

（200）高丰变电站将1号主变压器401开关、2号主变压器402开关由运行转冷备用。

（201）高丰变电站220kV母线恢复正常连接方式运行（220kVⅠA母线：1号主变压器2801开关；220kVⅠB母线：敬军4889开关、军南2D33开关；220kVⅡ母线：敬军4890开关、军南2D34开关、2号主变压器2802开关）。

（202）高丰变电站将1号电容器由热备用转运行，检查并正常（对1号电容器冲击3次）。

（203）高丰变电站将1号电容器由运行转热备用。

（204）高丰变电站将2号电容器由热备用转运行，检查并正常（对2号电容器冲击3次）。

（205）高丰变电站将2号电容器由运行转热备用。

（206）高丰变电站将3号电容器由热备用转运行，检查并正常（对3号电容器冲击3次）。

（207）高丰变电站将3号电容器由运行转热备用。

（208）高丰变电站将4号电容器由热备用转运行，检查并正常（对4号电容器冲击3次）。

（209）高丰变电站将4号电容器由运行转热备用。

（210）高丰变电站将5号电容器由热备用转运行，检查并正常（对5号电容器冲击3次）。

（211）高丰变电站将5号电容器由运行转热备用。

（212）高丰变电站将6号电容器由热备用转运行，检查并正常（对4号电容器冲击3次）。

（213）高丰变电站将6号电容器由运行转热备用。

（214）高丰变电站将7号电容器由热备用转运行，检查并正常（对7号电容器冲击3次）。

（215）高丰变电站将7号电容器由运行转热备用。

（216）高丰变电站将 8 号电容器由热备用转运行，检查并正常（对 8 号电容器冲击 3 次）。

（217）高丰变电站将 8 号电容器由运行转热备用。

4. 高丰变电站启动后运行方式

220kV Ⅰ A 母线：1 号主变压器 2801 开关；220kV Ⅰ B 母线：敬军 4889 开关、军南 2D33 开关；220kV Ⅱ 母线：敬军 4890 开关、军南 2D34 开关、2 号主变压器 2802 开关；110kV 1 号主变压器 401 开关、2 号主变压器 402 开关冷备用；1 号主变压器带 10kV Ⅰ 段母线，2 号主变压器带 10kV Ⅱ 段母线。

高丰变电站启动后保护运行状态：1 号、2 号主变压器两套保护中压侧差动保护向量测试未做。110kV 母差保护定值已整定，保护未投入。

图 8－1 所示为 220kV 高丰变电站电气主接线图。

二、220kV 江塘变电站（终端变电站）启动方案

1. 启动送电范围

（1）220kV 广茶 4D67 线路、广茶 4D68 线路及其附属设备。

（2）江塘变电站 220kV Ⅰ 母线、Ⅱ 母线、母联 4800 开关、广茶 4D67 开关、广茶 4D68 开关及其附属设备。220kV 1 号主变压器及三侧开关、2 号主变压器及三侧开关及其附属设备。110kV Ⅰ 母线、Ⅱ 母线、母联 500 开关、备用 Ⅰ 711 开关、备用 Ⅱ 712 开关、金山 Ⅰ 713 开关、茶彭 714 开关、凤茶 715 开关、金山 Ⅱ 716 开关、前程 Ⅰ 722 开关、前程 Ⅱ 723 开关及其附属设备。35kV Ⅰ 母线、Ⅱ 母线、分段 300 开关、备用 Ⅰ 361 开关、备用 Ⅲ 363 开关、涌成 365 开关、纺织 367 开关、茶蔡 369 开关、东亭 Ⅰ 371 开关、备用 Ⅱ 362 开关、备用 Ⅳ 364 开关、望凤 366 开关、慈欣 368 开关、东亭 Ⅱ 370 开关、茶卢 376 开关及其附属设备。35kV 1 号电容器及 031 开关、2 号电容器及 032 开关、3 号电容器及 033 开关、4 号电容器及 034 开关、5 号电容器及 035 开关、6 号电容器及 036 开关及其附属设备。35kV 1 号接地变压器兼站用变压器及 305 开关、2 号接地变压器兼站用变压器及 306 开关及其附属设备。35kV 1 号消弧变压器、2 号消弧变压器及其附属设备。

（3）庆庄变电站 220kV 广茶 4D67 开关、广茶 4D68 开关及其附属设备。

2. 启动送电应具备的条件

（1）220kV 广茶 4D67 线路、广茶 4D68 线路及其附属设备施工结束，验收合格，具备启动送电条件，且处冷备用状态。

（2）220kV 广茶 4D67 线路、广茶 4D68 线路工频参数测试完毕，测试报告已报调度。

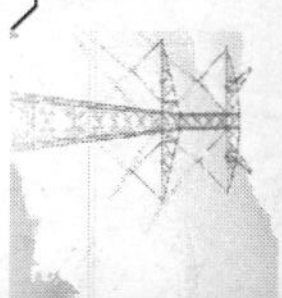

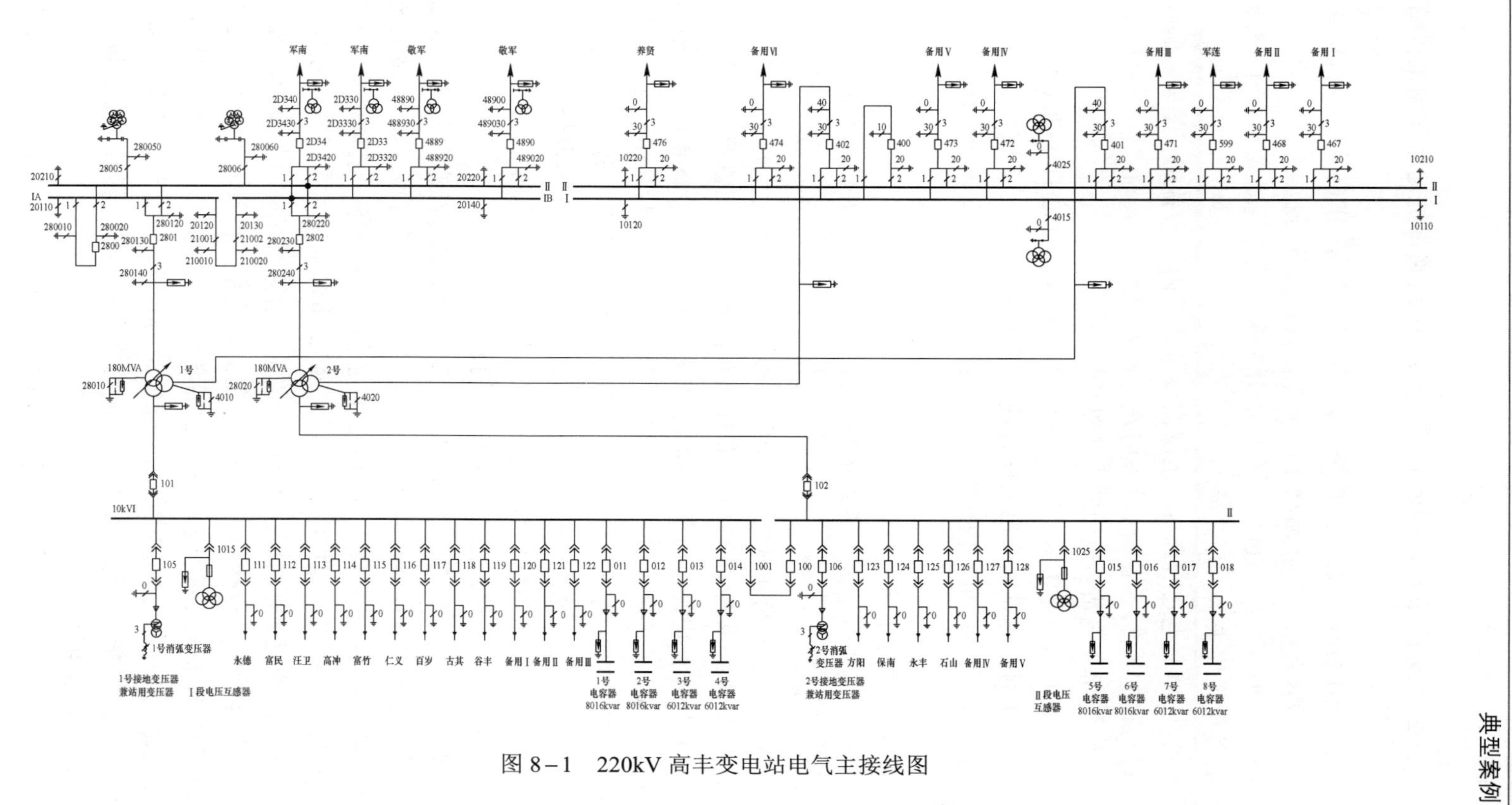

图 8-1　220kV 高丰变电站电气主接线图

（3）220kV 广茶 4D67 线路、广茶 4D68 线路保护通道联调工作结束，并正确。

（4）庆庄变电站 220kV 广茶 4D67 开关、广茶 4D68 开关及其附属设备施工结束，验收合格，具备启动送电条件，且处冷备用状态。

（5）江塘变电站 110kV 所有出线开关架空线路均未接入站内，35kV 所有出线开关电缆均未接入开关柜。

（6）江塘变电站所有启动范围内设备及其附属设备施工结束，验收合格，具备启动送电条件，且一次设备均处冷备用状态。

（7）江塘变电站蓄电池的电压处额定值。

（8）江塘变电站 1 号、2 号主变压器分接头为 230/115/37kV。

（9）江塘变电站输变电工程各项生产准备工作均已完成。

（10）本次启动范围内所有保护、通信、自动化设备均已调试，具备投运条件。

3. 启动送电步骤

（1）庆庄变电站将广茶 4D67 开关第一套微机光纤纵差保护、第二套微机光纤纵差保护按（*****）、（*****）定值单调整，仅投入第一套微机光纤纵差保护、第二套微机光纤纵差保护中的后备保护，并将第一套微机光纤纵差保护、第二套微机光纤纵差保护中的后备保护距离Ⅱ段时间定值调整至 0.5s。

（2）庆庄变电站将广茶 4D68 开关第一套微机光纤纵差保护、第二套微机光纤纵差保护按（*****）、（*****）定值单调整，仅投入第一套微机光纤纵差保护、第二套微机光纤纵差保护中的后备保护，并将第一套微机光纤纵差保护、第二套微机光纤纵差保护中的后备保护距离Ⅱ段时间定值调整至 0.5s。

（3）庆庄变电站将 220kV 第一套线路故障录波器、第二套线路故障录波器按（*****）、（*****）定值单调整，并投入。

（4）江塘变电站将广茶 4D67 开关第一套微机光纤纵差保护、第二套微机光纤纵差保护按（*****）、（*****）定值单调整，仅投入第一套微机光纤纵差保护、第二套微机光纤纵差保护中的后备保护，并将第一套微机光纤纵差保护、第二套微机光纤纵差保护中的后备保护距离Ⅱ段时间定值调整至 0.5s。

（5）江塘变电站将广茶 4D68 开关第一套微机光纤纵差保护、第二套微机光纤纵差保护按（*****）、（*****）定值单调整，仅投入第一套微机光纤纵差保护、第二套微机光纤纵差保护中的后备保护，并将第一套微机光纤纵差保护、第二套微机光纤纵差保护中的后备保护距离Ⅱ段时间定值调整至 0.5s。

（6）江塘变电站将 220kV 第一套母差保护、第二套母差保护按（*****）、（*****）定值单调整，暂不投入。

（7）江塘变电站将 220kV 第一套线路故障录波器、第二套线路故障录波器

按（*****）、（*****）定值单调整，并投入。

（8）江塘变电站将220kV第一套主变压器故障录波器、第二套主变压器故障录波器按（*****）、（*****）定值单调整，并投入。

（9）江塘变电站将220kV 1号主变压器第一套主变压器保护、第二套主变压器保护按（*****）、（*****）定值单调整，并投入。

（10）江塘变电站将220kV 2号主变压器第一套主变压器保护、第二套主变压器保护按（*****）、（*****）定值单调整，并投入。

（11）江塘变电站将110kV线路开关保护按（*****）定值单调整，并投入。

（12）江塘变电站将110kV母差保护按（*****）定值单调整，暂不投入。

（13）江塘变电站将35kV线路开关保护按（*****）定值单调整，并投入。

（14）江塘变电站将1号、2号、3号、4号、5号、6号电容器保护分别按（*****）、（*****）、（*****）、（*****）、（*****）、（*****）定值单调整，并投入。

（15）江塘变电站将1号、2号接地变压器兼站用变压器保护分别按（*****）、（*****）定值单调整，并投入。

（16）庆庄变电站将220kVⅠA母线上所有开关全部倒至220kVⅡA母线运行，220kV分段4100开关由运行转热备用。220kV母联4800开关由运行转冷备用。

（17）庆庄变电站将分段4100开关第一套、第二套独立过电流保护中的相过电流Ⅰ段按I=5000A、0.2s调整，零序过电流Ⅰ段按$3I_0$=3900A、0.2s调整，仅投入第一套、第二套独立过电流保护的相过电流Ⅰ段和零序过电流Ⅰ段保护。

（18）庆庄变电站将分段4200开关第一套、第二套独立过电流保护中的相过电流Ⅰ段按I=2800A、0.2s调整。零序过电流Ⅰ段按$3I_0$=2000A、0.2s调整，仅投入第一套、第二套独立过电流保护的相过电流Ⅰ段和零序过电流Ⅰ段保护。

（19）庆庄变电站将220kV A母出线对侧开关线路保护中的后备保护距离Ⅱ段时间定值调至0.5s。

（20）停用庆庄变电站220kV A母第一套母差保护、第二套母差保护。

（21）将庆庄变电站220kV A母第一套母差保护、第二套母差保护按（*****）、（*****）定值单调整，暂不投入。

（22）停用广茶4D67线路重合闸。

（23）停用广茶4D68线路重合闸。

（24）江塘变电站合上48005、48006闸刀（220kVⅠ母线电压互感器、220kVⅡ母线电压互感器由冷备用转运行）。

（25）江塘变电站将母联4800开关由冷备用转热备用。

（26）江塘变电站将广茶4D67开关由冷备用转热备用于220kVⅠ母线。

（27）庆庄变电站将广茶4D67开关由冷备用转运行于220kVⅠA母线。

（28）庆庄变电站合上4100开关，检查并正常（冲击220kV广茶4D67线路第一次）。

（29）庆庄变电站拉开广茶4D67开关。

（30）庆庄变电站合上广茶4D67开关，检查并正常（冲击220kV广茶4D67线路第二次）。

（31）庆庄变电站拉开广茶4D67开关。

（32）江塘变电站合上广茶4D67开关。

（33）庆庄变电站合上广茶4D67开关，检查并正常（冲击220kV广茶4D67线路第三次，并冲击江塘变电站220kVⅠ母线）。

（34）江塘变电站拉开广茶4D67开关。

（35）江塘变电站合上母联4800开关。

（36）江塘变电站合上广茶4D67开关，检查并正常（对江塘变电站220kVⅠ、Ⅱ母线、母联4800开关送电）。

（37）庆庄变电站拉开广茶4D67开关。

（38）庆庄变电站合上广茶4D67开关A相。

（39）江塘变电站核对220kVⅠ、Ⅱ母线A相相色，并正确。

（40）庆庄变电站拉开广茶4D67开关A相，合上广茶4D67开关B相。

（41）江塘变电站核对220kVⅠ、Ⅱ母线B相相色，并正确。

（42）庆庄变电站拉开广茶4D67开关B相。

（43）庆庄变电站合上广茶4D67开关三相。

（44）许可江塘变电站在220kVⅠ、Ⅱ母线电压互感器二次核相（同电源），并正确。

（45）江塘变电站拉开母联4800开关，并由自动改非自动。

（46）江塘变电站将广茶4D68开关由冷备用转热备用于220kVⅡ母线。

（47）庆庄变电站拉开广茶4D67开关。

（48）庆庄变电站拉开分段4100开关。

（49）庆庄变电站将广茶4D68开关由冷备用转运行于220kVⅠA母线。

（50）庆庄变电站合上分段4100开关，检查并正常（冲击220kV广茶4D68线路第一次）。

（51）庆庄变电站拉开广茶4D68开关。

（52）庆庄变电站合上广茶4D68开关，检查并正常（冲击220kV广茶4D68

线路第二次）。

（53）庆庄变电站拉开广茶 4D68 开关。

（54）江塘变电站合上广茶 4D68 开关。

（55）庆庄变电站合上广茶 4D68 开关，检查并正常（冲击 220kV 广茶 4D67 线路第三次，并送电至江塘变电站 220kVⅡ母线）。

（56）庆庄变电站合上广茶 4D67 开关。

（57）许可江塘变电站在 220kVⅠ、Ⅱ母线电压互感器二次核相（异电源），并正确。

（58）江塘变电站将母联 4800 开关由非自动改自动，并合上母联 4800 开关。

（59）江塘变电站将广茶 4D68 开关由 220kVⅡ母线倒至 220kVⅠ母线运行。

（60）江塘变电站拉开母联 4800 开关。

（61）将江塘变电站母联 4800 开关第一套、第二套独立过电流保护中的充电过电流Ⅱ段按 I=1200A、充电零序过电流按 $3I_0$=600A、充电过电流Ⅱ段时间按 0.2s 调整，仅投入母联 4800 开关第一套、第二套独立过电流保护中的充电过电流Ⅱ段和充电零序过电流保护。

（62）江塘变电站合上 48010 中性点接地闸刀。

（63）江塘变电站合上 5010 中性点接地闸刀。

（64）江塘变电站将 1 号主变压器 4801 开关由冷备用转运行于 220kVⅡ母线。

（65）江塘变电站合上母联 4800 开关，检查并正常（冲击 1 号主变压器第一次）。

（66）江塘变电站拉开 1 号主变压器 4801 开关。

（67）江塘变电站合上 1 号主变压器 4801 开关，检查并正常（冲击 1 号主变压器第二次）。

（68）江塘变电站拉开 1 号主变压器 4801 开关。

（69）江塘变电站合上 1 号主变压器 4801 开关，检查并正常（冲击 1 号主变压器第三次）。

（70）江塘变电站拉开 1 号主变压器 4801 开关。

（71）江塘变电站合上 1 号主变压器 4801 开关，检查并正常（冲击 1 号主变压器第四次）。

（72）江塘变电站拉开 1 号主变压器 4801 开关。

（73）江塘变电站将 110kVⅠ母电压互感器、110kVⅡ母电压互感器均由冷备用转运行。

（74）江塘变电站将备用Ⅰ711 开关、备用Ⅱ712 开关、金山Ⅰ713 开关、茶彭 714 开关、凤茶 715 开关、金山Ⅱ716 开关、前程Ⅰ722 开关、前程Ⅱ723 开关均由冷备用转运行于 110kVⅠ母线。

（75）江塘变电站将母联 500 开关由冷备用转热备用。

（76）江塘变电站将 1 号主变压器 501 开关由冷备用转热备用于 110kV Ⅰ母。

（77）江塘变电站合上 1 号主变压器 3013 闸刀、1 号消弧变压器 3053 闸刀、2 号消弧变压器 3063 闸刀、分段 3001 闸刀。

（78）江塘变电站将 35kVⅠ母电压互感器、Ⅱ母电压互感器、备用Ⅰ361 开关、备用Ⅲ363 开关、涌成 365 开关、纺织 367 开关、茶蔡 369 开关、东亭Ⅰ371 开关、备用Ⅱ362 开关、备用Ⅳ364 开关、望凤 366 开关、慈欣 368 开关、东亭Ⅱ370 开关、茶卢 376 开关均由冷备用转运行。

（79）江塘变电站将 1 号接地变压器兼站用变压器 305 开关、2 号接地变压器兼站用变压器 306 开关、1 号电容器及 031 开关、2 号电容器及 032 开关、3 号电容器及 033 开关、4 号电容器及 034 开关、5 号电容器及 035 开关、6 号电容器及 036 开关均由冷备用转热备用。

（80）江塘变电站将 1 号主变压器 301 开关、分段 300 开关均由冷备用转热备用。

（81）江塘变电站合上 1 号主变压器 4801 开关，检查并正常（冲击 1 号主变压器第五次）。

（82）江塘变电站合上 1 号主变压器 501 开关，检查并正常（冲击 110kV Ⅰ母线及出线开关）。

（83）江塘变电站合上母联 500 开关，检查并正常（冲击 110kVⅡ母线）。

（84）许可江塘变电站 220kVⅠ母线电压互感器与 110kVⅠ母线电压互感器二次核相，110kVⅠ母线电压互感器与 110kVⅡ母线电压互感器二次核相（同电源），并正确。

（85）江塘变电站将备用Ⅰ711 开关、备用Ⅱ712 开关、金山Ⅰ713 开关、茶彭 714 开关、凤茶 715 开关、金山Ⅱ716 开关、前程Ⅰ722 开关、前程Ⅱ723 开关均由运行转冷备用。

（86）江塘变电站拉开母联 500 开关，并由自动改非自动。

（87）江塘变电站合上 1 号主变压器 301 开关，检查并正常（冲击 35kVⅠ段母线及出线开关）。

（88）江塘变电站合上分段 300 开关，检查并正常（冲击 35kVⅡ段母线及出线开关）。

（89）许可江塘变电站220kV Ⅰ母线电压互感器与35kV Ⅰ段母线电压互感器二次核相，35kV Ⅰ段母线电压互感器与35kV Ⅱ段母线电压互感器二次核相（同电源），并正确。许可江塘变电站1号主变压器进行有载调压测试，正常后分接头由现场掌握。

（90）江塘变电站将备用Ⅰ361开关、备用Ⅲ363开关、涌成365开关、纺织367开关、茶蔡369开关、东亭Ⅰ371开关、备用Ⅱ362开关、备用Ⅳ364开关、望凤366开关、慈欣368开关、东亭Ⅱ370开关、茶卢376开关均由运行转冷备用。

（91）江塘变电站合上1号接地变压器兼站用变压器305开关，检查并正常（冲击1号接地变压器兼站用变压器）。

（92）许可江塘变电站1号站用变压器核对正相序，并正确。

（93）江塘变电站合上2号接地变压器兼站用变压器306开关，检查并正常（冲击2号接地变压器兼站用变压器）。

（94）许可江塘变电站2号站用变压器核对正相序，并正确。

（95）江塘变电站停用1号主变压器第一套主变压器保护、第二套主变压器中的差动保护。

（96）江塘变电站将1号电容器由热备用转运行，检查并正常（冲击1号电容器三次）。

（97）江塘变电站将2号电容器由热备用转运行，检查并正常（冲击2号电容器三次）。

（98）江塘变电站将3号电容器由热备用转运行，检查并正常（冲击3号电容器三次）。

（99）江塘变电站将4号电容器由热备用转运行，检查并正常（冲击4号电容器三次）。

（100）江塘变电站将5号电容器由热备用转运行，检查并正常（冲击5号电容器三次）。

（101）江塘变电站将6号电容器由热备用转运行，检查并正常（冲击6号电容器三次）。

（102）江塘变电站拉开广茶4D68开关。

（103）许可庆庄变电站220kV广茶4D67开关线路保护向量测试及接入220kV A母线第一套母差保护、第二套母差保护向量测试，并正确。

（104）许可江塘变电站220kV广茶4D67开关线路保护向量测试及接入220kV第一套母差保护、第二套母差保护向量测试，并正确。

（105）许可江塘变电站母联4800开关接入220kV第一套母差保护、第二套母差保护向量测试，并正确。

（106）许可江塘变电站 1 号主变压器保护向量测试，并正确。

（107）许可 1 号主变压器 4801 开关接入 220kV 第一套母差保护、第二套母差保护向量测试，并正确。

（108）江塘变电站投入 1 号主变压器第一套主变压器保护、第二套主变压器中的差动保护。

（109）投入广茶 4D67 线路两侧所有线路保护。

（110）投入广茶 4D67 线路两侧重合闸。

（111）江塘变电站合上广茶 4D68 开关。

（112）江塘变电站拉开广茶 4D67 开关。

（113）许可庆庄变电站 220kV 广茶 4D68 开关线路保护向量测试及接入 220kV A 母线第一套母差保护、第二套母差保护向量测试，并正确。

（114）许可江塘变电站 220kV 广茶 4D68 开关线路保护向量测试及接入 220kV 第一套母差保护、第二套母差保护向量测试，并正确。

（115）投入广茶 4D68 线路两侧所有线路保护。

（116）投入广茶 4D68 线路重合闸。

（117）江塘变电站合上广茶 4D67 开关。

（118）江塘变电站将 1 号电容器由运行转热备用。

（119）江塘变电站将 2 号电容器由运行转热备用。

（120）江塘变电站将 3 号电容器由运行转热备用。

（121）江塘变电站将 4 号电容器由运行转热备用。

（122）江塘变电站将 5 号电容器由运行转热备用。

（123）江塘变电站将 6 号电容器由运行转热备用。

（124）庆庄变电站投入 220kV A 母线第一套母差保护、第二套母差保护。

（125）庆庄变电站将 220kV A 母出线对侧开关线路保护中的后备保护距离Ⅱ段时间定值调回。

（126）庆庄变电站停用分段 4200 开关第一套、第二套独立过电流保护。

（127）庆庄变电站停用分段 4100 开关第一套、第二套独立过电流保护。

（128）庆庄变电站将 220kV 母线恢复正常方式运行（220kV ⅠA 母线上相应开关倒回），220kV 母联 4800 开关由冷备用转运行。

（129）江塘变电站拉开分段 300 开关，并由自动改非自动。

（130）江塘变电站将 1 号主变压器 4801 开关由 220kV Ⅱ母线倒至 220kV Ⅰ母线运行。

（131）江塘变电站拉开母联 4800 开关。

（132）江塘变电站合上2号主变压器48020中性点接地闸刀。

（133）江塘变电站合上2号主变压器5020中性点接地闸刀。

（134）江塘变电站将2号主变压器4802开关由冷备用转运行于220kVⅡ母线。

（135）江塘变电站合上母联4800开关，检查并正常（冲击2号主变压器第一次）。

（136）江塘变电站拉开2号主变压器4802开关。

（137）江塘变电站合上2号主变压器4802开关，检查并正常（冲击2号主变压器第二次）。

（138）江塘变电站拉开2号主变压器4802开关。

（139）江塘变电站合上2号主变压器4802开关，检查并正常（冲击2号主变压器第三次）。

（140）江塘变电站拉开2号主变压器4802开关。

（141）江塘变电站合上2号主变压器4802开关，检查并正常（冲击2号主变压器第四次）。

（142）江塘变电站拉开2号主变压器4802开关。

（143）江塘变电站将2号主变压器502开关由冷备用转热备用于110kVⅡ母线。

（144）江塘变电站合上2号主变压器3023闸刀。

（145）江塘变电站将2号主变压器302开关由冷备用转热备用。

（146）江塘变电站合上2号主变压器4802开关，检查并正常（冲击2号主变压器第五次）。

（147）江塘变电站拉开2号主变压器48020中性点接地闸刀。

（148）江塘变电站合上2号主变压器502开关。

（149）许可江塘变电站220kVⅡ母线电压互感器与110kVⅡ母线电压互感器二次核相，110kVⅠ母线电压互感器与110kVⅡ母线电压互感器二次核相（异电源），并正确。

（150）江塘变电站合上2号主变压器302开关。

（151）许可江塘变电站220kVⅡ母线电压互感器与35kVⅡ段母线电压互感器二次核相，35kVⅠ段母线电压互感器与35kVⅡ段母线电压互感器二次核相（异电源），并正确。许可江塘变电站2号主变压器进行有载调压试验，正常后分接头由现场掌握。

（152）江塘变电站将母联500开关由非自动改自动，并将母联500开关由热备用转冷备用。

（153）江塘变电站将1号主变压器501开关、2号主变压器502开关均由运行转冷备用。

（154）江塘变电站将分段300开关由非自动改自动。

（155）江塘变电站将停用2号主变压器第一套主变压器保护、第二套主变压器中的差动保护。

（156）江塘变电站将4号电容器由热备用转运行，检查并正常。

（157）江塘变电站将5号电容器由热备用转运行，检查并正常。

（158）江塘变电站将6号电容器由热备用转运行，检查并正常。

（159）许可江塘变电站2号主变压器保护向量测试，并正确。

（160）许可江塘变电站2号主变压器4802开关接入220kV第一套母差保护、第二套母差保护向量测试，并正确。

（161）江塘变电站将2号主变压器第一套主变压器保护、第二套主变压器中的差动保护投入。

（162）江塘变电站将220kV母线第一套母差保护、第二套母差保护投入。

（163）庆庄变电站将广茶4D67、广茶4D68开关线路保护中的后备保护距离Ⅱ段时间定值调回。

（164）江塘变电站将广茶4D67、广茶4D68开关线路保护中的后备保护距离Ⅱ段时间定值调回。

（165）江塘变电站停用母联4800开关第一套、第二套独立过电流保护。

（166）江塘变电站将4号电容器由运行转热备用。

（167）江塘变电站将5号电容器由运行转热备用。

（168）江塘变电站将6号电容器由运行转热备用。

（169）江塘变电站将广茶4D68开关由220kVⅠ母线倒至220kVⅡ母线运行。

（170）江塘变电站将1号电容器由热备用转运行，检查并正常（冲击1号电容器第二次）。

（171）江塘变电站将1号电容器由运行转热备用。

（172）江塘变电站将1号电容器由热备用转运行，检查并正常（冲击1号电容器第三次）。

（173）江塘变电站将1号电容器由运行转热备用。

（174）江塘变电站将2号电容器由热备用转运行，检查并正常（冲击2号电容器第二次）。

（175）江塘变电站将2号电容器由运行转热备用。

（176）江塘变电站将2号电容器由热备用转运行，检查并正常（冲击2号

电容器第三次）。

（177）江塘变电站将 2 号电容器由运行转热备用。

（178）江塘变电站将 3 号电容器由热备用转运行，检查并正常（冲击 3 号电容器第二次）。

（179）江塘变电站将 3 号电容器由运行转热备用。

（180）江塘变电站将 3 号电容器由热备用转运行，检查并正常（冲击 3 号电容器第三次）。

（181）江塘变电站将 3 号电容器由运行转热备用。

（182）江塘变电站将 4 号电容器由热备用转运行，检查并正常（冲击 4 号电容器第三次）。

（183）江塘变电站将 4 号电容器由运行转热备用。

（184）江塘变电站将 5 号电容器由热备用转运行，检查并正常（冲击 5 号电容器第三次）。

（185）江塘变电站将 5 号电容器由运行转热备用。

（186）江塘变电站将 6 号电容器由热备用转运行，检查并正常（冲击 6 号电容器第三次）。

（187）江塘变电站将 6 号电容器由运行转热备用。

江塘变电站启动后运行方式：220kV 广茶 4D67 开关、1 号主变压器 4801 开关运行于 220kVⅠ母线，220kV 广茶 4D68 开关、2 号主变压器 4802 开关运行于 220kVⅡ母线，母联 4800 开关运行。110kV 1 号主变压器 501 开关、2 号主变压器 502 开关、母联 500 开关冷备用。35kV 1 号主变压器 301 开关运行带 35kVⅠ段母线，35kV 2 号主变压器 302 开关运行带 35kVⅡ段母线，分段 300 开关热备用。

江塘变电站启动后保护运行状态：1 号、2 号主变压器两套保护中压侧差动、中压侧后备保护未测向量。110kV 母线保护定值已整定，保护未投入。110kV 线路故障录波器未整定投入。其余保护均正常投入运行。

图 8-2 所示为系统接线图。

图 8-3 所示为 220kV 江塘变电站电气主接线图。

三、220kV 宗向 2VQ7 线路启动方案

1. 启动送电范围

（1）平金变电站 220kV 宗向 2VQ7 开关及其附属设备。

（2）路村牵引站 220kV 1 号、3 号主变压器 2801 开关，220kV 1 号、3 号主变压器及附属设备。

（3）220kV 宗向 2VQ7 线路及其附属设备。

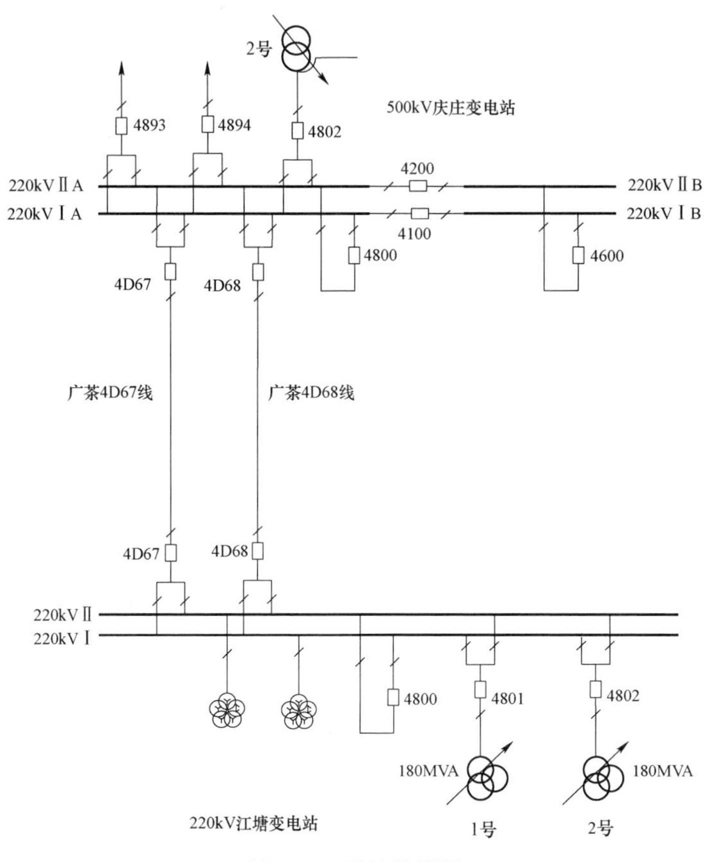

图 8－2　系统接线图

2. 启动送电应具备的条件

（1）220kV 宗向 2VQ7 线路施工结束，一次定相正确、参数测试完毕，经验收合格，具备启动条件，且处冷备用状态。

（2）平金变电站 220kV 宗向 2VQ7 开关经验收合格，具备启动条件，且处冷备用状态。

（3）路村牵引站站内所有启动范围内设备经验收合格，具备启动条件，且处冷备用状态。

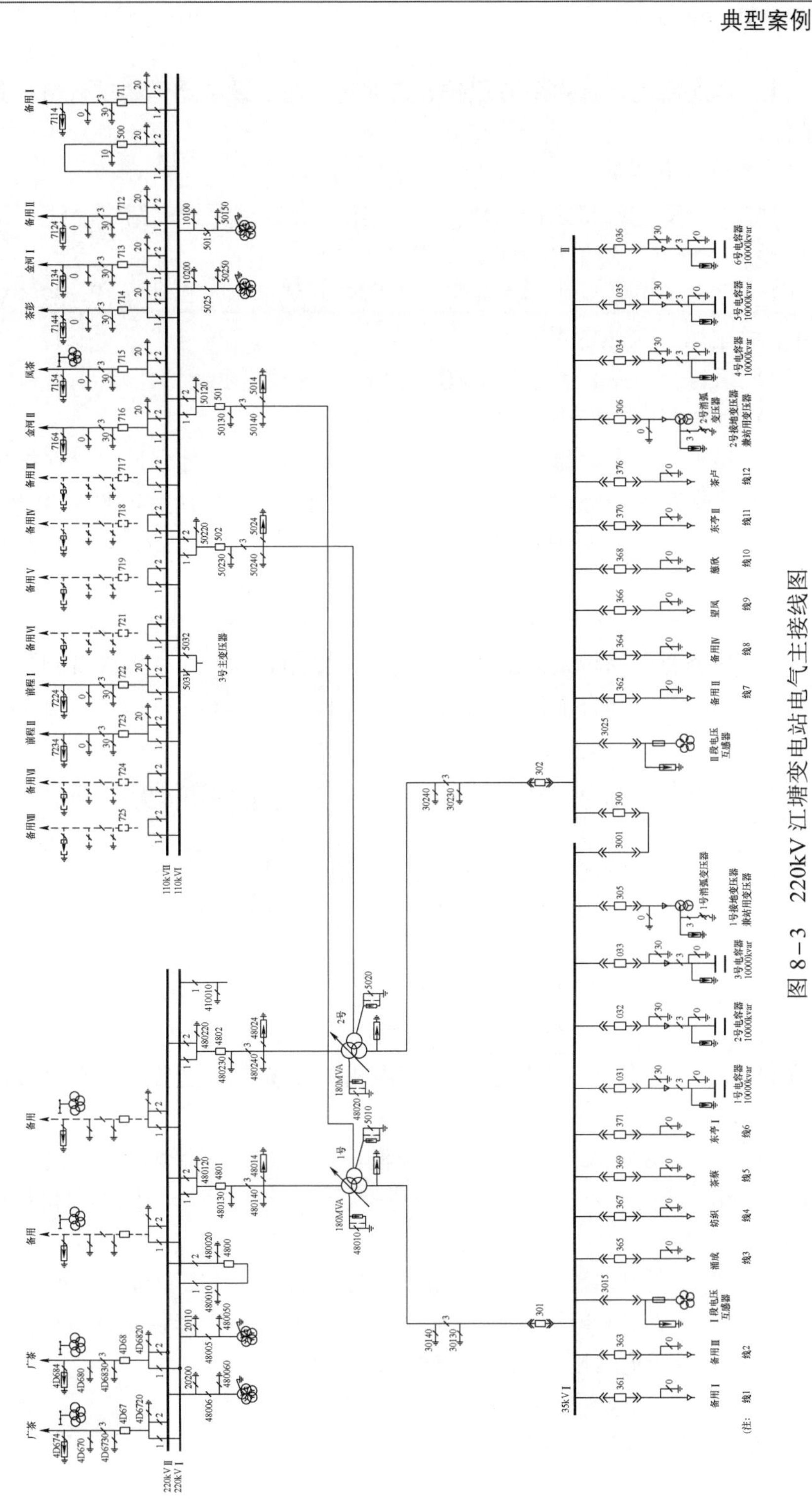

图 8-3 220kV 江塘变电站电气主接线图

（4）本次启动范围内所有保护、自动化、通信设备均已调试合格，具备启动条件。

3. *启动送电步骤*

（1）平金变电站将宗向 2VQ7 开关第一套线路保护、第二套线路保护按（*****）、（*****）定值单调整，并投入。

（2）平金变电站将 220kVⅡ母线上所有开关倒至Ⅰ母线运行，220kV 母联 4800 开关由运行转热备用。

（3）路村牵引站合上宗向 2VQ72 线路电压互感器闸刀。

（4）平金变电站停用宗向 2VQ7 线路重合闸。

（5）将平金变电站母联 4800 开关第一套、第二套独立过电流保护中的相过电流Ⅰ段按 I=5000A、0.2s 调整，零序过电流Ⅰ段按 $3I_0$=4000A、0.2s 调整，仅投入第一套、第二套独立过电流保护中的相过电流Ⅰ段和零序过电流Ⅰ段保护。

（6）平金变电站停用 220kV 第一套母差保护、第二套母差保护。

（7）平金变电站将宗向 2VQ7 开关由冷备用转运行于 220kVⅡ母线。

（8）平金变电站合上母联 4800 开关，对宗向 2VQ7 开关及宗向 2VQ7 线路冲击一次，正常后拉开宗向 2VQ7 开关。

（9）平金变电站用宗向 2VQ7 开关对宗向 2VQ7 线路冲击一次，正常后拉开宗向 2VQ7 开关。

（10）路村牵引站合上宗向 2VQ71 线路闸刀。

（11）平金变电站用宗向 2VQ7 开关对宗向 2VQ7 线路冲击一次，正常后不拉开。

（12）许可路村牵引站宗向 2VQ7 线路电压互感器二次核相，并正确。

（13）许可路村牵引站本次启动范围内相关设备启动。

（14）待路村牵引站本次启动范围内相关设备启动正常后，许可其带上电容器负荷。

（15）待 220kV 宗向 2VQ7 线路有潮流后，许可平金变电站宗向 2VQ7 线路保护向量测试及接入 220kV 第一套母差保护、第二套母差保护向量测试，并正确。

（16）平金变电站投入 220kV 第一套母差保护、第二套母差保护。

（17）平金变电站停用母联 4800 开关第一套、第二套独立过电流保护。

（18）平金变电站投入宗向 2VQ7 线路重合闸。

（19）平金变电站将 220kV 母线恢复正常方式运行。

图 8-4 所示为系统接线图。

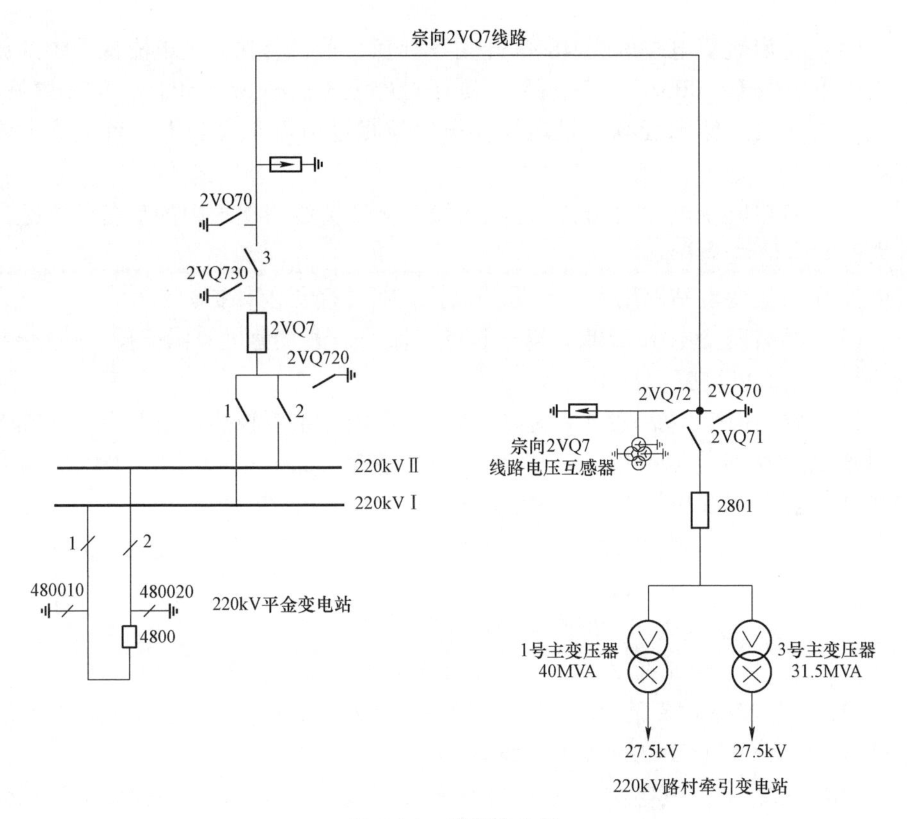

图 8–4　系统接线图

四、220kV 启航变电站扩建 220kV 母线工程启动方案

1. 启动送电范围

220kV 启航变电站Ⅰ母线、母联 4800 开关及其附属设备。

2. 启动送电应具备的条件

（1）启航变电站 220kVⅠ母线、母联 4800 开关及其附属设备施工结束，验收合格，接地线全部拆除，施工人员全部撤离现场。

（2）启航变电站 220kVⅠ母线、母联 4800 开关均处于冷备用状态，本次送电的 220kV 一次设备认相正确，具备启动送电条件，相关设备可以恢复运行。

3. 启动送电步骤

（1）将 220kV 晴武 2842 线路及启航变电站侧 220kV 晴武 2842 开关由检修转冷备用。

（2）启航变电站 220kV 晴武 2841 开关、余武 4871 开关由检修转冷备用。

（3）启航变电站 220kVⅡ母线及电压互感器由检修转冷备用。

（4）将启航变电站母联 4800 开关第一套、第二套独立过电流保护中的相过电流Ⅰ段按 I=1000A、0.2s 调整，零序过电流Ⅰ段按 $3I_0$=500A、0.2s 调整，仅投入第一套、第二套独立过电流保护中的相过电流Ⅰ段和零序过电流Ⅰ段保护。

（5）将启航变电站 220kV 母线出线对侧开关线路保护中的后备保护距离Ⅱ段时间定值调至 0.5s。

（6）启航变电站停用第一套母差保护、第二套母差保护。

（7）将启航变电站 220kV 第一套母差保护、第二套母差保护按（*****）、（*****）定值单调整，暂不投入。

（8）将启航变电站 220kV 母联 4800 开关由冷备用转热备用并合上 220kVⅠ母线电压互感器 48005 闸刀、合上 220kVⅡ母线电压互感器 48006 闸刀（220kVⅠ、Ⅱ母线电压互感器转运行）。

（9）将 220kV 晴武 2842 线路由冷备用转运行，其中启航变电站侧 220kV 晴武 2842 开关运行于 220kVⅡ母线。

（10）启航变电站合上母联 4800 开关。

（11）启航变电站在 220kVⅠ、Ⅱ母线电压互感器二次侧核相，并正确。

（12）将 220kV 余武 4871 线路由冷备用转运行，其中启航变电站侧 220kV 余武 4871 开关运行于 220kVⅠ母线。

（13）进行启航变电站母联 4800 开关接入 220kV 第一套母差保护、第二套母差保护向量测试，并正确。

（14）投入启航变电站 220kV 第一套母差保护、第二套母差保护。

（15）将启航变电站 220kV 母线出线对侧开关线路保护中的后备保护距离Ⅱ段时间定值调回。

（16）停用启航变电站母联 4800 开关第一套、第二套独立过电流保护。

（17）将 220kV 晴武 2841 线路由冷备用转运行，其中启航变电站侧运行于 220kVⅠ母线。

图 8-5 所示为 220kV 启航变电站主接线图。

五、220kV 南天变电站 1 号主变压器扩建启动方案

1. 启动送电范围

南天变电站：1 号主变压器及三侧开关及其附属设备；35kVⅠ段母线、备用Ⅰ341 开关、备用Ⅱ343 开关、备用Ⅲ345 开关、备用Ⅳ347 开关、备用Ⅴ349 开关、分段 300 开关及其附属设备；1 号电容器及 031 开关、3 号电容器及 033 开关、5 号电容器及 035 开关及其附属设备；1 号接地变压器兼站用变压器及 305 开关及其附属设备；1 号消弧变压器及其附属设备。

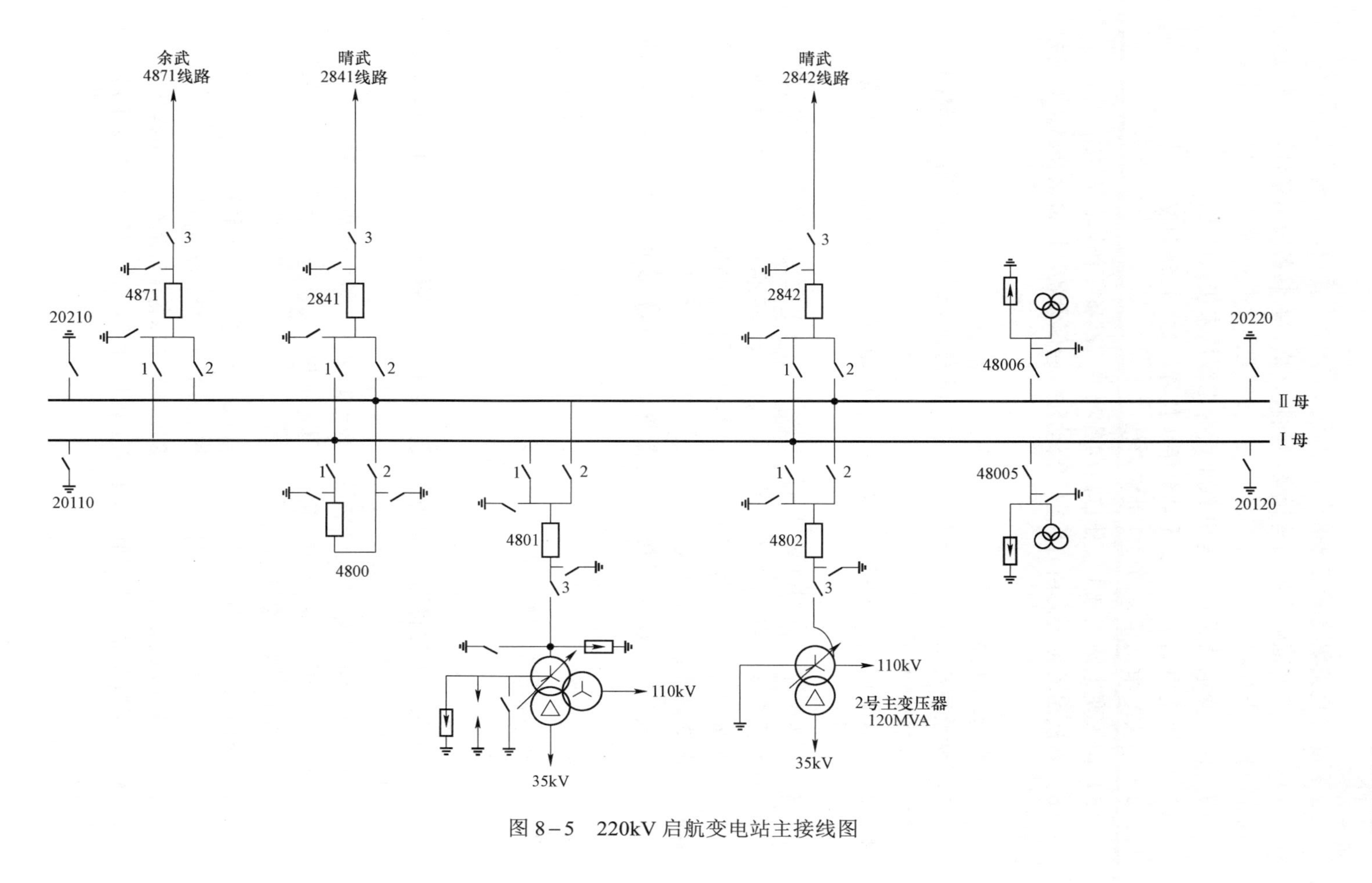

图 8－5　220kV 启航变电站主接线图

2. 启动送电应具备的条件

（1）本次启动范围内的所有设备经验收合格，并具备投运条件，且一次设备均处冷备用状态。

（2）南天变电站 35kV Ⅰ段母线上所有出线均未接入站内。

（3）南天变电站 1 号主变压器分接头位置：230/115/37kV。

（4）南天变电站蓄电池电压处额定值。

（5）南天变电站 1 号主变压器启动各项生产准备工作均已完成。

（6）本次启动范围内所有保护、自动化、通信设备均已调试合格，具备投运条件。

3. 启动送电步骤

（1）南天变电站将 220kV 1 号主变压器第一套保护、第二套保护按（*****）、（*****）定值单整定，并投入。

（2）南天变电站将 220kV 主变压器故障录波器按（*****）定值单整定，并投入。

（3）南天变电站将 110kV 母差保护按（*****）定值单整定，暂不投入。

（4）南天变电站将 35kV 母差保护按（*****）定值单整定，暂不投入。

（5）南天变电站将 1 号、3 号、5 号电容器保护分别按（*****）、（*****）、（*****）定值单整定，并投入。

（6）南天变电站将 1 号接地变压器兼站用变压器保护按（*****）定值单整定，并投入。

（7）南天变电站将 220kV Ⅰ母线上所有开关全部倒至 220kV Ⅱ母线上运行。

（8）南天变电站拉开母联 4800 开关。

（9）南天变电站 1 号变压器、2 号变压器 220kV 侧中性点接地方式及中性点零序保护按（*****）定值单执行。

（10）南天变电站将母联 4800 开关独立过电流保护定值按 I=1200A、0.2s、$3I_0$=650A、0.2s 调整，并投入。

（11）南天变电站停用 220kV 第一套母差保护、第二套母差保护。

（12）南天变电站将 220kV 第一套母差保护、第二套母差保护按（*****）、（*****）定值单调整，暂不投入。

（13）南天变电站合上 1 号主变压器 48010 中性点接地闸刀。

（14）南天变电站合上 1 号主变压器 5010 中性点接地闸刀。

（15）南天变电站将 1 号主变压器 4801 开关由冷备用转运行于 220kV Ⅰ母线。

（16）南天变电站合上母联 4800 开关，检查并正常（对 1 号主变压器第一次冲击）。

（17）南天变电站拉开 1 号主变压器 4801 开关。

（18）南天变电站合上1号主变压器4801开关，检查并正常（对1号主变压器第二次冲击）。

（19）南天变电站拉开1号主变压器4801开关。

（20）南天变电站合上1号主变压器4801开关，检查并正常（对1号主变压器第三次冲击）。

（21）南天变电站拉开1号主变压器4801开关。

（22）南天变电站合上1号主变压器4801开关，检查并正常（对1号主变压器第四次冲击）。

（23）南天变电站拉开1号主变压器4801开关。

（24）南天变电站将110kVⅠ母线上所有开关倒至110kVⅡ母运行。

（25）南天变电站拉开母联500开关，并改非自动。

（26）南天变电站将1号主变压器501开关由冷备用转运行于110kVⅠ母。

（27）南天变电站合上1号主变压器3013闸刀、1号消弧变压器3053闸刀。

（28）核对南天变电站分段3002闸刀手车处冷备用。

（29）南天变电站将35kVⅠ母电压互感器、分段300开关、备用Ⅰ341开关、备用Ⅱ343开关、备用Ⅲ345开关、备用Ⅳ347开关、备用V349开关均由冷备用转运行。

（30）南天变电站将1号主变压器301开关、1号电容器及031开关、3号电容器及033开关、5号电容器及035开关、1号接地变压器兼站用变压器及305开关均由冷备用转热备用。

（31）南天变电站合上1号主变压器4801开关，检查并正常（对1号主变压器第五次冲击）。

（32）南天变电站拉开1号主变压器48010中性点接地闸刀。

（33）许可南天变电站220kVⅠ母线电压互感器与110kVⅠ母线电压互感器二次核相，110kVⅠ母线电压互感器与110kVⅡ母线电压互感器（异电源）二次核相，并正确。

（34）南天变电站合上1号主变压器301开关，检查并正常（冲击35kVⅠ段母线）。

（35）许可南天变电站220kVⅠ母线电压互感器与35kVⅠ母线电压互感器二次核相，35kVⅠ母线电压互感器与35kVⅡ母线电压互感器（异电源）二次核相，并正确。

（36）南天变电站将分段300开关、备用Ⅰ341开关、备用Ⅱ343开关、备用Ⅲ345开关、备用Ⅳ347开关、备用Ⅴ349开关均由运行转冷备用。

（37）南天变电站拉开1号主变压器301开关，并改非自动。

（38）南天变电站将分段3002闸刀手车由冷备用转运行。

（39）南天变电站将分段 300 开关由冷备用转运行。

（40）许可南天变电站 35kVⅠ母电压互感器与 35kVⅡ母电压互感器（同电源）二次核相，并正确。

（41）南天变电站将 1 号接地变压器兼站用变压器 305 开关由热备用转运行，检查并正常。

（42）许可南天变电站 35kV 1 号站用变压器核相序，并正确。

（43）南天变电站将 1 号主变压器第一套主变压器保护、第二套主变压器保护中的高压侧复压过电流Ⅱ段时间为 0.2s，并停用两套保护中的差动保护。

（44）南天变电站拉开分段 300 开关，合上 1 号主变压器 301 开关（改自动）。

（45）南天变电站将 1 号电容器由热备用转运行，检查并正常（对 1 号电容器第一次冲击）。

（46）南天变电站将 3 号电容器由热备用转运行，检查并正常（对 3 号电容器第一次冲击）。

（47）南天变电站合上母联 500 开关（改自动），拉开 2 号主变压器 502 开关。

（48）许可南天变电站 220kV 第一、二套母差保护向量测试，正确后，南天变电站投入 220kV 第一套母差保护、第二套母差保护。

（49）许可南天变电站 1 号主变压器第一套主变压器保护、第二套主变压器保护向量测试，正确后，南天变电站将 1 号主变压器第一套主变压器保护、第二套主变压器保护中的差动保护投入，并将两套保护中的高压侧复压过电流Ⅱ段时间调回。

（50）许可南天变电站 110kV 母差保护向量测试，正确后，南天变电站将 110kV 母差保护投入。

（51）许可南天变电站 35kV 母差保护向量测试，并正确。

（52）南天变电站将 1 号电容器由运行转热备用。

（53）南天变电站将 3 号电容器由运行转热备用。

（54）南天变电站将 5 号电容器由热备用转运行，检查并正常（对 5 号电容器第一次冲击）。

（55）许可南天变电站 35kV 母差保护向量测试，正确后，南天变电站将 35kV 母差保护投入。

（56）停用南天变电站母联 4800 开关独立过电流保护。

（57）南天变电站将 5 号电容器由运行转热备用。

（58）南天变电站将 110kV 南贤 573 开关、龙湖 575 开关均由 110kVⅡ母倒至 110kVⅠ母运行。

（59）南天变电站合上2号主变压器502开关，拉开母联500开关。

（60）汇报南天变电站1号主变压器已启动送电（1号主变压器4801开关运行于220kVⅠ母），将南天变电站220kVⅠ母线及母联4800开关在运行状态下调度关系移交。

（61）许可220kV倒母线操作后，南天变电站将军南2D33开关、南梅4887开关均由220kVⅡ母线倒至220kVⅠ母线运行。

（62）南天变电站将1号电容器由热备用转运行，检查并正常（对1号电容器冲击2次）。

（63）南天变电站将1号电容器由运行转热备用。

（64）南天变电站将3号电容器由热备用转运行，检查并正常（对3号电容器冲击2次）。

（65）南天变电站将3号电容器由运行转热备用。

（66）南天变电站将5号电容器由热备用转运行，检查并正常（对5号电容器冲击2次）。

（67）南天变电站将5号电容器由运行转热备用。

图8-6所示为220kV南天变电站电气主接线图。

六、220kV瑞金变电站220kV竹振4842开关电流互感器更换工程启动方案

1. 启动送电范围

220kV瑞金变电站竹振4842开关及电流互感器。

2. 启动送电应具备的条件

（1）220kV瑞金变电站竹振4842开关电流互感器及其附属设备施工结束，验收合格，接地线全部拆除，施工人员全部撤离现场。

（2）本次送电的220kV一次设备认相正确，具备启动送电条件，相关设备可以恢复运行。

3. 启动送电步骤

（1）将220kV竹振4842线路及瑞金变电站侧开关均由检修转冷备用。

（2）将瑞金变电站220kVⅡ母线由检修转冷备用。

（3）合上瑞金变电站28006闸刀（220kVⅡ母线电压互感器转运行）。

（4）将瑞金变电站竹振4842开关微机光纤纵差保护、微机光纤闭锁保护按（*****）、（*****）定值单，失灵保护按（*****）定值单调整，仅投入微机光纤纵差保护、微机光纤闭锁保护中的后备保护，并将微机光纤纵差保护、微机光纤闭锁保护中的后备保护距离Ⅱ段时间定值调至0.5s。

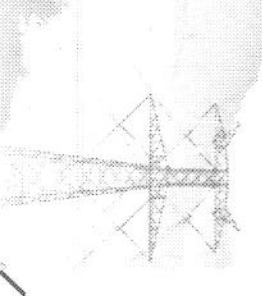

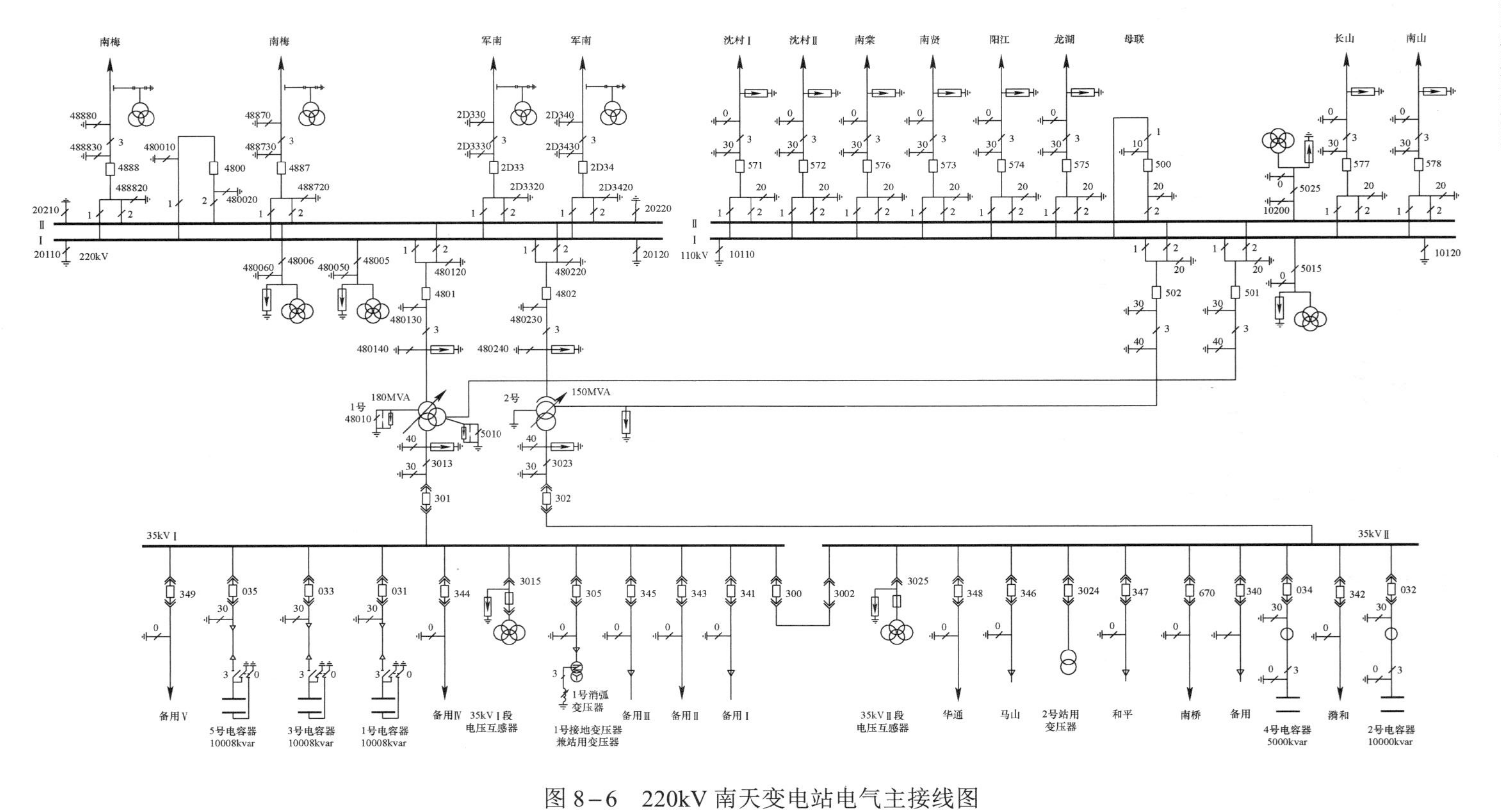

图 8-6　220kV 南天变电站电气主接线图

（5）将王石变电站竹振 4842 开关微机光纤纵差保护按（*****）定值单调整，仅投入微机光纤纵差保护中的后备保护，并将微机光纤纵差保护中的后备保护距离Ⅱ段时间定值调至 0.5s。

（6）将王石变电站竹振 4842 开关光纤闭锁保护改投信号，并将微机光纤闭锁保护中的后备保护距离Ⅱ段时间定值调至 0.5s。

（7）停用竹振 4842 线路两侧重合闸。

（8）将瑞金变电站母联 2800 开关第一套、第二套独立过电流保护中的相过电流Ⅰ段按 I=1250A、0.2s 调整；零序过电流Ⅰ段按 $3I_0$=750A、0.2s 调整，仅投入母联 2800 开关独立过电流保护中的相过电流Ⅰ段和零序过电流Ⅰ段保护。

（9）停用瑞金变电站 220kV 第一套母差保护、第二套母差保护。

（10）将瑞金变电站 220kV 第一套母差保护、第二套母差保护按（*****）、（*****）定值单调整，暂不投入。

（11）将瑞金变电站 220kV 母联 2800 开关由冷备用转运行（对 220kVⅡ母线送电）。

（12）将 220kV 竹振 4842 线路由冷备用转运行，瑞金变电站侧运行于 220kVⅡ母线。

（13）合上王石变电站竹振 4841 开关（合环）。

（14）进行瑞金变电站竹振 4842 开关接入 220kV 第一套母差保护、第二套母差保护向量测试，并正确。

（15）进行瑞金变电站竹振 4842 开关线路保护向量测试，并正确。

（16）投入瑞金变电站 220kV 第一套母差保护、第二套母差保护。

（17）投入瑞金变电站竹振 4842 开关失灵保护。

（18）投入竹振 4842 线路两侧所有线路保护。

（19）投入竹振 4842 线路两侧重合闸。

（20）将竹振 4842 线路两侧开关线路保护中的后备保护距离Ⅱ段时间定值调回。

（21）停用瑞金变电站母联 2800 开关第一套、第二套独立过电流保护。

（22）拉开王石变电站肥竹 2825 开关（解环）。

（23）拉开王石变电站肥竹 2826 开关（解环）。

（24）将瑞金变电站 220kV 母线恢复正常运行方式。

图 8－7 所示为 220kV 瑞金变电站主接线图。

七、220kV 胜利变电站 220kV 母联 2800 开关电流互感器更换工程启动方案

1．启动送电范围

220kV 胜利变电站母联 2800 开关及电流互感器。

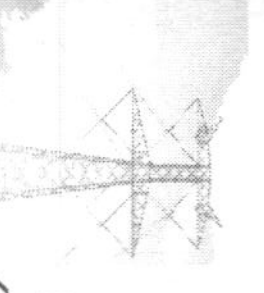

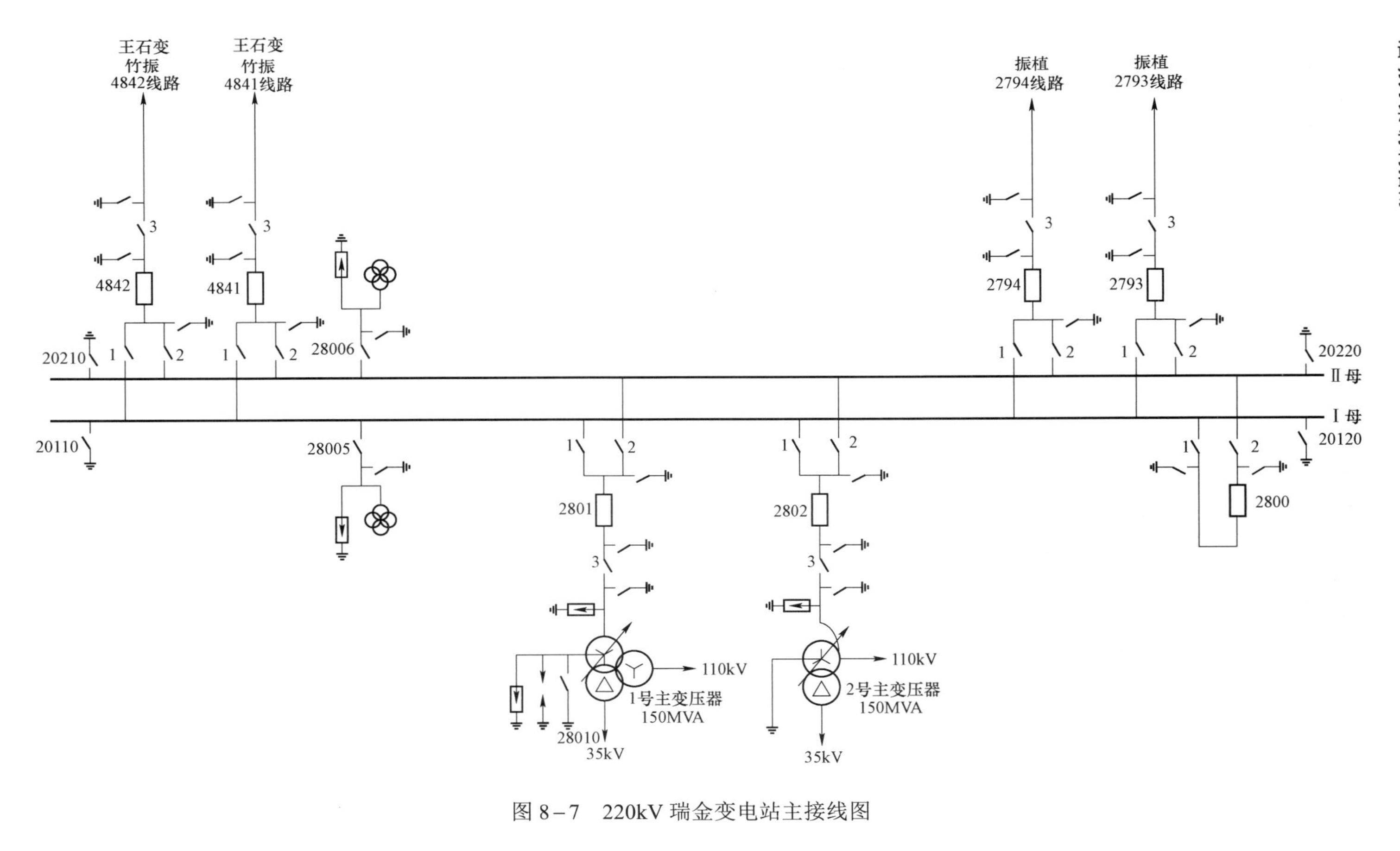

图 8-7 220kV 瑞金变电站主接线图

2. 启动送电应具备的条件

（1）220kV胜利变电站母联2800开关电流互感器及其附属设备施工结束，验收合格，接地线全部拆除，施工人员全部撤离现场。

（2）本次送电的220kV一次设备认相正确，具备启动送电条件，相关设备可以恢复运行。

3. 启动送电步骤

（1）胜利变电站将220kV母联2800开关由检修转冷备用。

（2）胜利变电站合上28006闸刀。

（3）胜利变电站合上28002闸刀，并合上220kV母联2800开关。

（4）胜利变电站拉开220kV九池4882开关（解环），并将九池4882开关由220kVⅠ母线冷倒至220kVⅡ母线热备用。

（5）胜利变电站将母联2800开关第一套、第二套独立过电流保护中的相过电流Ⅰ段按I=1200A、0.2s调整，零序过电流Ⅰ段按$3I_0$=600A、0.2s调整，仅投入独立过电流保护中的相过电流Ⅰ段和零序过电流Ⅰ段保护。

（6）将胜利变电站220kV母线出线对侧开关线路保护中的后备保护距离Ⅱ段时间定值调至0.5s。

（7）胜利变电站停用220kV第一套母差保护、第二套母差保护。

（8）将胜利变电站220kV第一套母差保护、第二套母差保护按（*****）、（*****）定值单调整，暂不投入。

（9）胜利变电站合上220kV九池4882开关（对220kV母联2800开关及其电流互感器冲击送电，并正常）。

（10）胜利变电站拉开220kV母联2800开关。

（11）胜利变电站合上28001闸刀。

（12）胜利变电站合上220kV母联2800开关（合环）。

（13）胜利变电站进行母联2800开关接入220kV第一套母差保护、第二套母差保护向量测试，并正确。

（14）投入胜利变电站220kV第一套母差保护、第二套母差保护。

（15）停用胜利变电站母联2800开关第一套、第二套独立过电流保护。

（16）将胜利变电站220kV母线出线对侧开关线路保护中的后备保护距离Ⅱ段时间定值调回。

（17）胜利变电站将220kV母线恢复双母线正常运行方式。

图8－8所示为220kV胜利变电站主接线图。

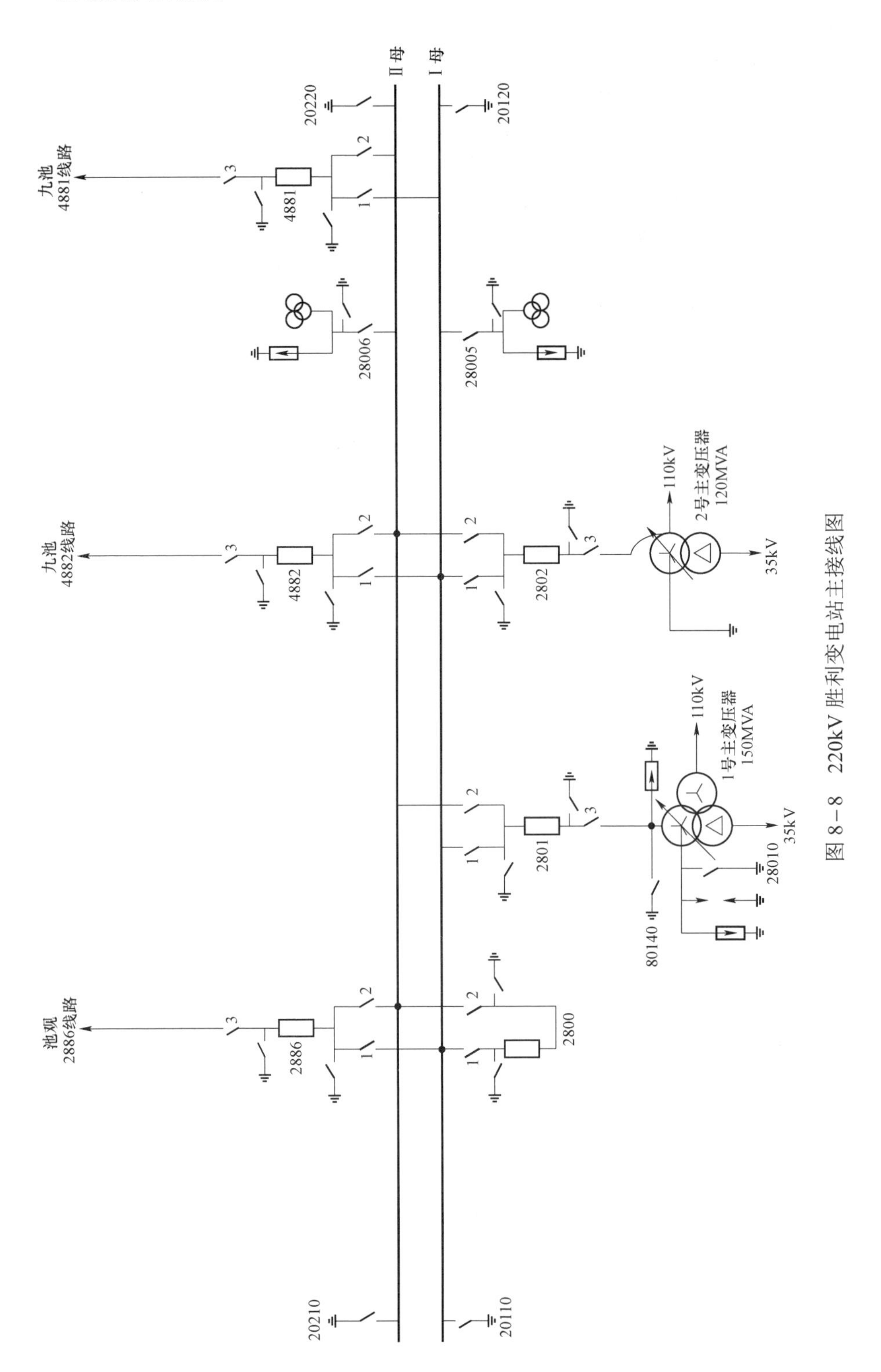

图 8-8 220kV 胜利变电站主接线图

八、220kV 迎春变电站 1 号主变压器 2801 开关电流互感器更换工程启动方案

1. 启动送电范围

220kV 迎春变电站 1 号主变压器 2801 开关及电流互感器。

2. 启动送电应具备的条件

（1）220kV 迎春变电站 1 号主变压器 2801 开关电流互感器及其附属设备施工结束，验收合格，接地线全部拆除，施工人员全部撤离现场。

（2）本次送电的 220kV 一次设备认相正确，具备启动送电条件，相关设备可以恢复运行。

3. 启动送电步骤

（1）迎春变电站将 1 号主变压器第一套、第二套保护按第（*****）、（*****）号定值单整定投入。

（2）迎春变电站将 1 号主变压器及 2801 开关由检修转冷备用。

（3）迎春变电站将 220kVⅡ母线及其电压互感器由检修转运行。

（4）迎春变电站将母联 2800 开关第一套、第二套独立过电流保护中的相过电流Ⅰ段按 I=1000A、0.2s 调整，零序过电流Ⅰ段按 $3I_0$=1700A、0.2s 调整，仅投入独立过电流保护中的相过电流Ⅰ段和零序过电流Ⅰ段保护。

（5）迎春变电站停用 220kV 第一套母差保护、第二套母差保护。

（6）将迎春变电站 220kV 第一套母差保护、第二套母差保护按（*****）、（*****）定值单调整，暂不投入。

（7）迎春变电站停用 1 号主变压器第一套、第二套保护中的差动保护。

（8）迎春变电站将 1 号主变压器及 2801 开关由冷备用转运行于 220kVⅡ母线，并带上负荷。

（9）迎春变电站进行 1 号主变压器第一套主变压器保护、第二套主变压器保护、220kV 第一套母差保护、第二套母差保护向量测试，并正确。

（10）迎春变电站投入 220kV 第一套母差保护、第二套母差保护。

（11）迎春变电站投入 1 号主变压器第一套主变压器保护、第二套主变压器保护中的差动保护。

（12）迎春变电站停用母联 2800 开关第一套、第二套独立过电流保护。

（13）迎春变电站恢复 220kV 母线正常运行方式。

图 8-9 所示为 220kV 迎春变电站电气主接线图。

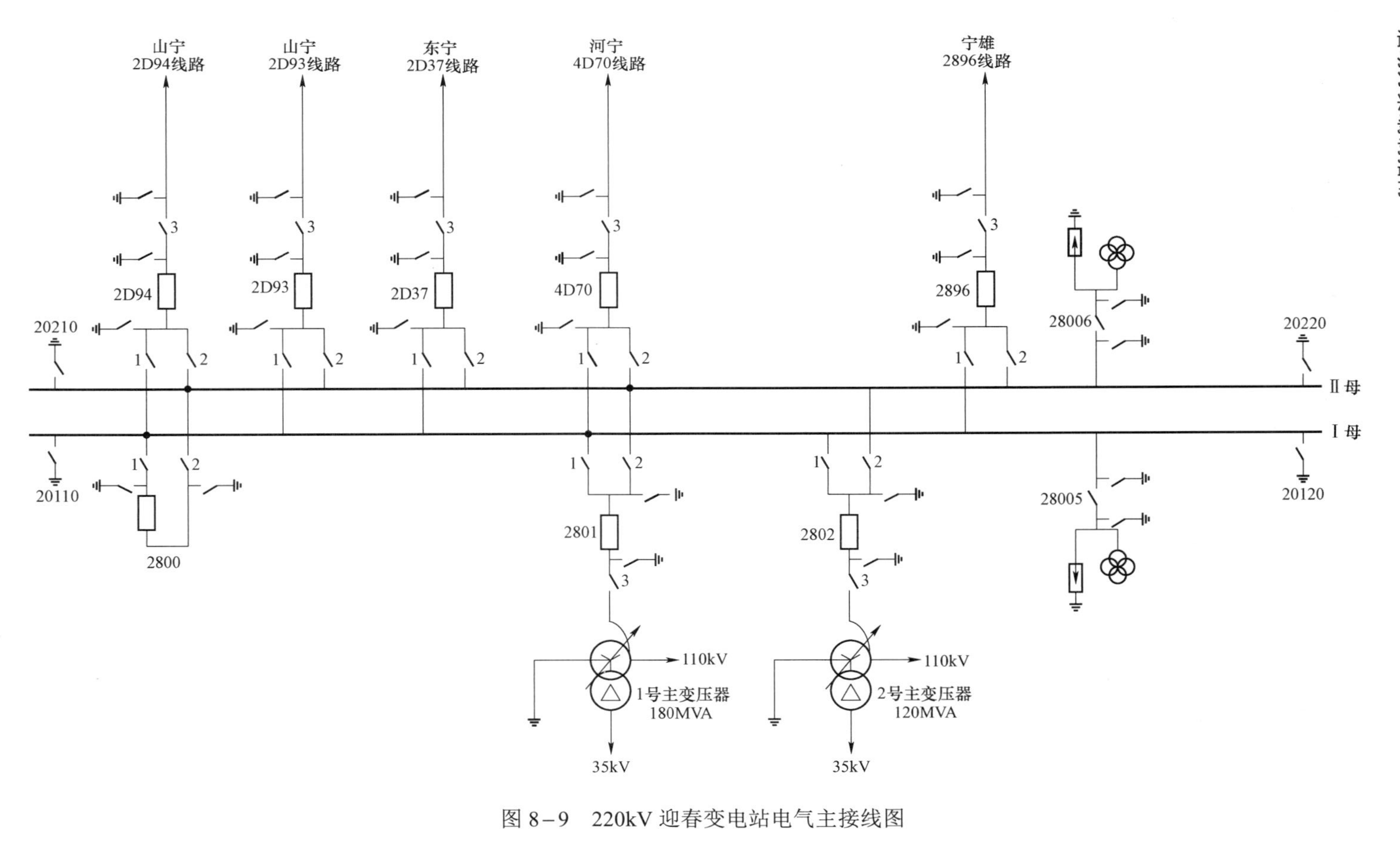

图 8-9　220kV 迎春变电站电气主接线图

九、220kV 迎春变电站Ⅰ母线电压互感器更换工程启动方案

1. 启动送电范围

220kV 迎春变电站Ⅰ母线及电压互感器。

2. 启动送电应具备的条件

现场汇报迎春变电站 220kVⅠ母线电压互感器经验收合格，具备投运条件。

3. 启动送电步骤

（1）迎春变电站将 220kVⅠ母线及电压互感器均由检修转冷备用。

（2）迎春变电站将母联 2800 开关第一套、第二套独立过电流保护中的相过电流Ⅰ段按 I=1250A、0.2s 调整，零序过电流Ⅰ段按 $3I_0$=750A、0.2s 调整，仅投入母联 2800 开关独立过电流保护中的相过电流Ⅰ段和零序过电流Ⅰ段保护。

（3）迎春变电站合上 28005 闸刀。

（4）迎春变电站将 220kV 母联 2800 开关由冷备用转运行。

（5）迎春变电站 220kVⅠ母线电压互感器与 220kVⅡ母线电压互感器二次核相，并正确。

（6）迎春变电站停用母联 2800 开关第一套、第二套独立过电流保护。

（7）迎春变电站将 220kV 母线恢复双母线正常运行方式。

图 8-10 所示为 220kV 迎春变电站电气主接线图。

十、220kV 琴梓 4880 线路改造工程启动方案

1. 启动送电范围

220kV 琴梓 4880 线路及其附属设备。

2. 启动送电应具备的条件

（1）220kV 琴梓 4880 线路及其附属设备，施工结束，验收合格，具备启动送电条件。

（2）220kV 琴梓 4880 线路参数测试完毕，测试报告应报省调。

（3）220kV 琴梓 4880 线路保护通道联调工作结束，并正确。

3. 启动送电步骤

（1）将琴溪变电站琴梓 4880 开关第一套微机光纤纵差保护、第二套微机光纤纵差保护按（*****）、（*****）定值单调整，并投入。

（2）将梓山变电站琴梓 4880 开关第一套微机光纤纵差保护、第二套微机光纤纵差保护按（*****）、（*****）定值单调整，并投入。

（3）停用琴梓 4880 线路两侧重合闸。

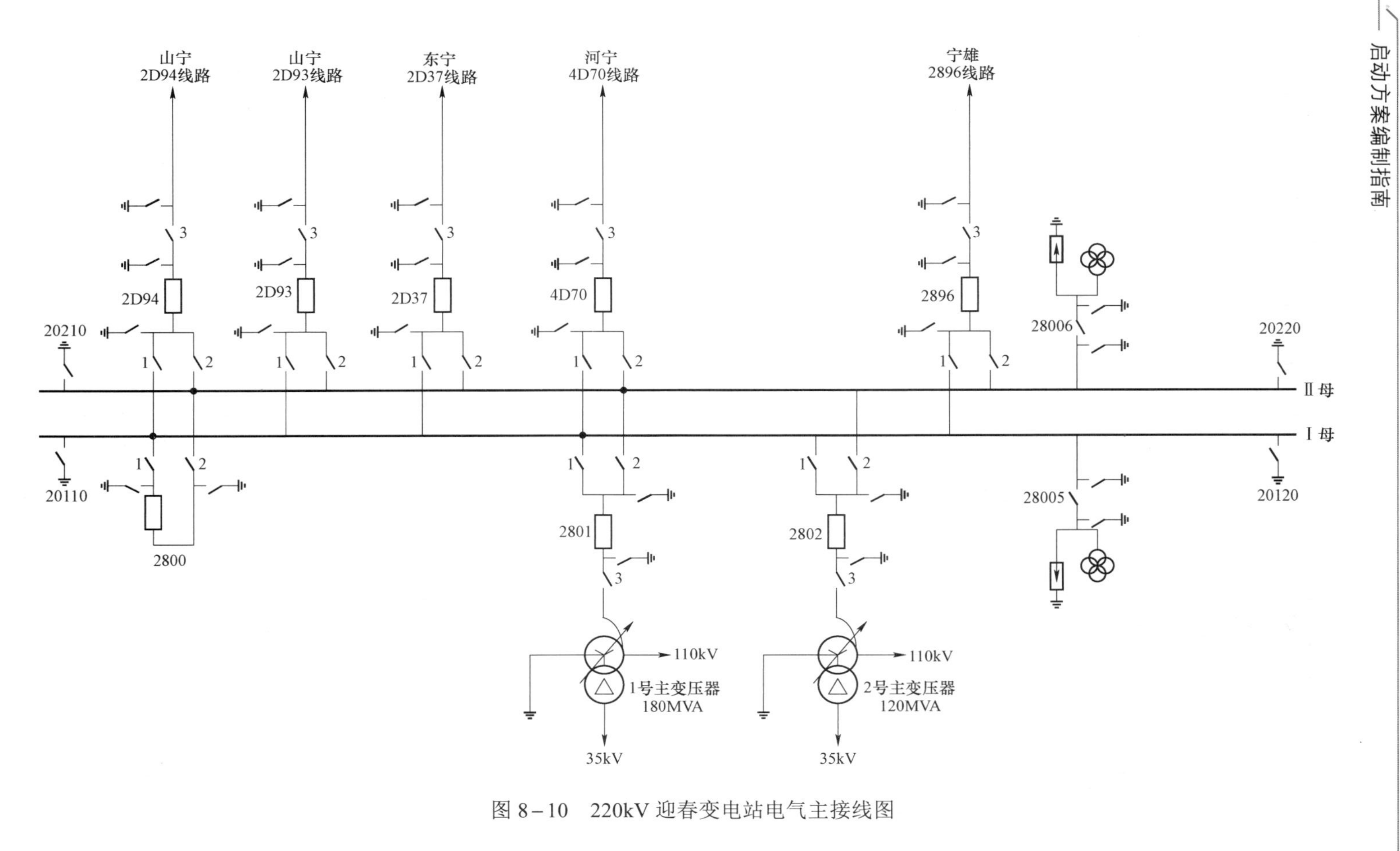

图 8-10　220kV 迎春变电站电气主接线图

（4）梓山变电站将 220kV 琴梓 4880 开关由冷备用转热备用于 220kV Ⅱ母线。

（5）梓山变电站用琴梓 4880 开关对琴梓 4880 线路冲击三次，正常后拉开琴梓 4880 开关。

（6）琴溪变电站将 220kV 琴梓 4880 开关由冷备用转热备用于 220kV Ⅱ母线。

（7）琴溪变电站合上 220kV 琴梓 4880 开关（送空线）。

（8）梓山变电站用 220kV 琴梓 4880 开关对 220kV Ⅱ母线送电，正常后不拉开。

（9）梓山变电站在 220kV ⅠA 母线电压互感器二次侧与 220kV Ⅱ母线电压互感器二次侧核相，并正确。

（10）投入琴梓 4880 线路两侧重合闸。

（11）琴溪变电站投入琴梓 4880 开关失灵保护。

（12）梓山变电站投入琴梓 4880 开关失灵保护。

图 8–11 所示为 220kV 琴梓 4880 线路主接线图。

十一、220kV 淮南变电站 2 号主变压器更换启动方案

1. *启动送电范围*

淮南变电站 220kV 2 号主变压器及其附属设备。

2. *启动送电应具备的条件*

（1）淮南变电站 220kV 2 号主变压器及其附属设备施工结束，验收合格，具备启动送电条件。

（2）本次启动设备的所有保护、自动化装置应具备调试后即可投运的条件。

注：淮南变电站将 2 号主变压器 2702 开关运行于 220kV Ⅱ母线，将 220kV Ⅱ恢复 220kV 母线正常运行方式。

3. *启动送电步骤*

（1）淮南变电站将 2 号主变压器第一套主变压器保护、第二套主变压器保护按（*****）、（*****）定值单调整，并投入。

（2）淮南变电站将 2 号主变压器第一套主变压器保护、第二套主变压器保护中的高后备复压过电流Ⅱ段按 2000A、0.2s 调整；零序过电流Ⅱ段按 1000A、0.2s 调整。

（3）淮南变电站将 220kV Ⅱ母上开关分别倒至 220kV Ⅰ母运行。

（4）淮南变电站将母联 2700 开关第一套、第二套独立过电流保护中的相过电流Ⅰ段按相电流 2000A、0.2s 调整，零序过电流Ⅰ段按零序电流 1000A、

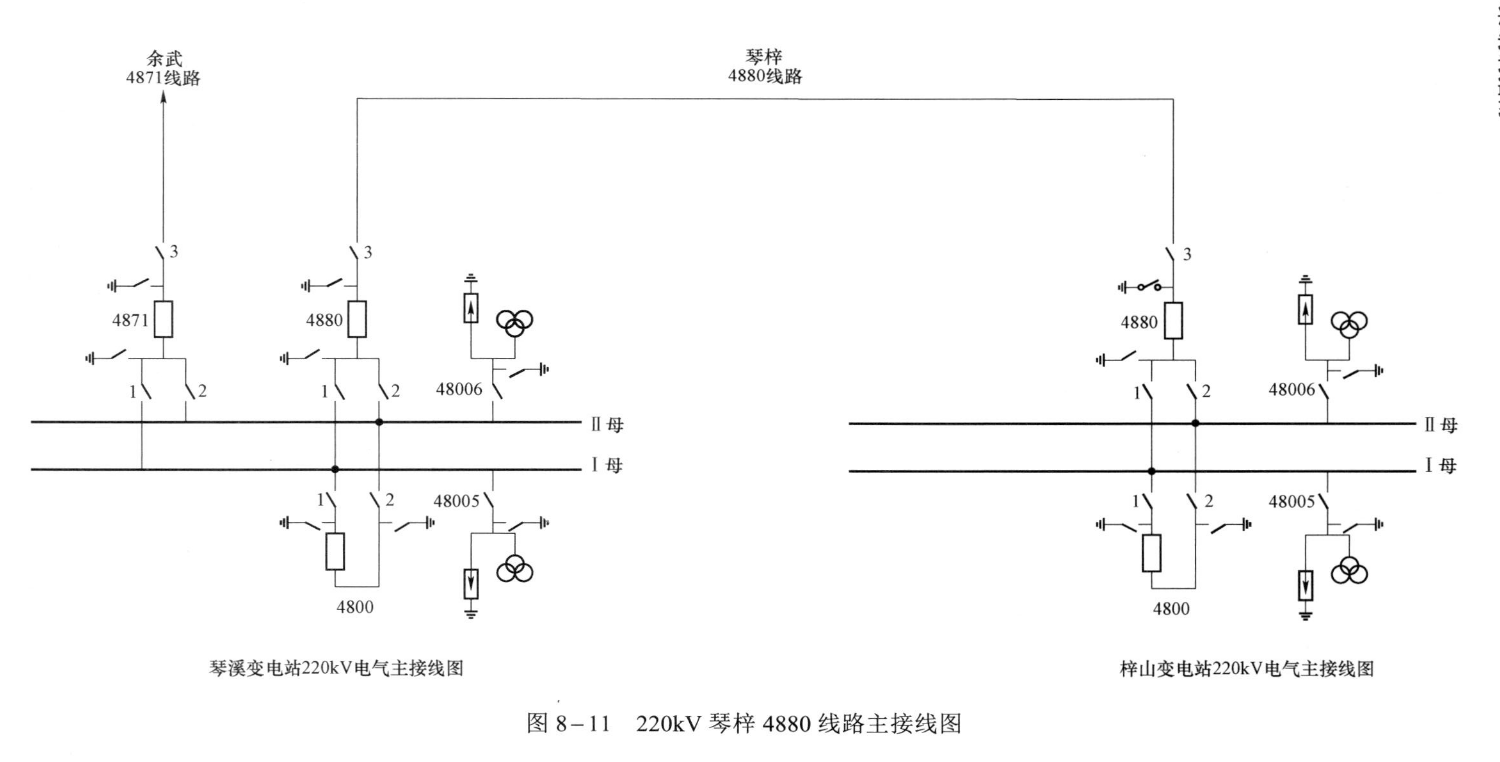

图 8－11　220kV 琴梓 4880 线路主接线图

0.2s 调整；仅投入母联 2700 开关独立过电流保护中的相过电流Ⅰ段和零序过电流Ⅰ段保护。

（5）淮南变电站将 2 号主变压器 2702 开关由冷备用转热备用于 220kVⅡ母线。

（6）淮南变电站将 2 号主变压器 2702 开关转运行对 2 号主变压器冲击 5 次。

（7）淮南变电站将 2 号主变压器 102、3602 开关（1023、36022 闸刀不合）均由冷备用转运行于Ⅱ母线。

（8）淮南变电站许可 2 号主变压器 110kV 侧 1023 闸刀两侧、35kV 侧 36022 闸刀两侧核相，并正确。

（9）淮南变电站拉开 2 号主变压器 102、3602 开关，合上 1023、36022 闸刀。

（10）淮南变电站停用母联 2700 开关第一套、第二套独立过电流保护。

（11）淮南变电站将 2 号主变压器第一套主变压器保护、第二套主变压器保护中的高后备复压过电流Ⅱ段、零序过电流Ⅱ段定值调回。

（12）淮南变电站将 2 号主变压器 2702 开关运行于 220kVⅡ母线，将 220kVⅡ恢复 220kV 母线正常运行方式。

注：将 110kVⅡ母、35kVⅡ母负荷倒由 2 号主变压器带，母联 100 开关、分段 3600 开关转热备用。

图 8-12 所示为 220kV 淮南变电站电气主接线图。

十二、220kV 山宁 2D93 线路保护更换启动方案

1. 启动送电范围

（1）庆祝变电站山宁 2D93 开关第一套微机光纤纵差保护、第二套微机光纤纵差保护。

（2）迎春变电站山宁 2D93 开关第一套微机光纤纵差保护、第二套微机光纤纵差保护。

2. 启动送电应具备的条件

（1）山宁 2D93 线路两侧开关保护更换工作结束，新换保护经验收合格，满足启动条件。

（2）山宁 2D93 线路上所有工作均已结束，满足恢复送电条件。

3. 启动送电步骤

（1）将 220kV 山宁 2D93 线路及两侧开关均由检修转冷备用。

（2）将迎春变电站山宁 2D93 开关第一套微机光纤纵差保护、第二套微机光纤纵差保护按（*****）、（*****）定值单调整，仅投入第一套微机光纤纵差

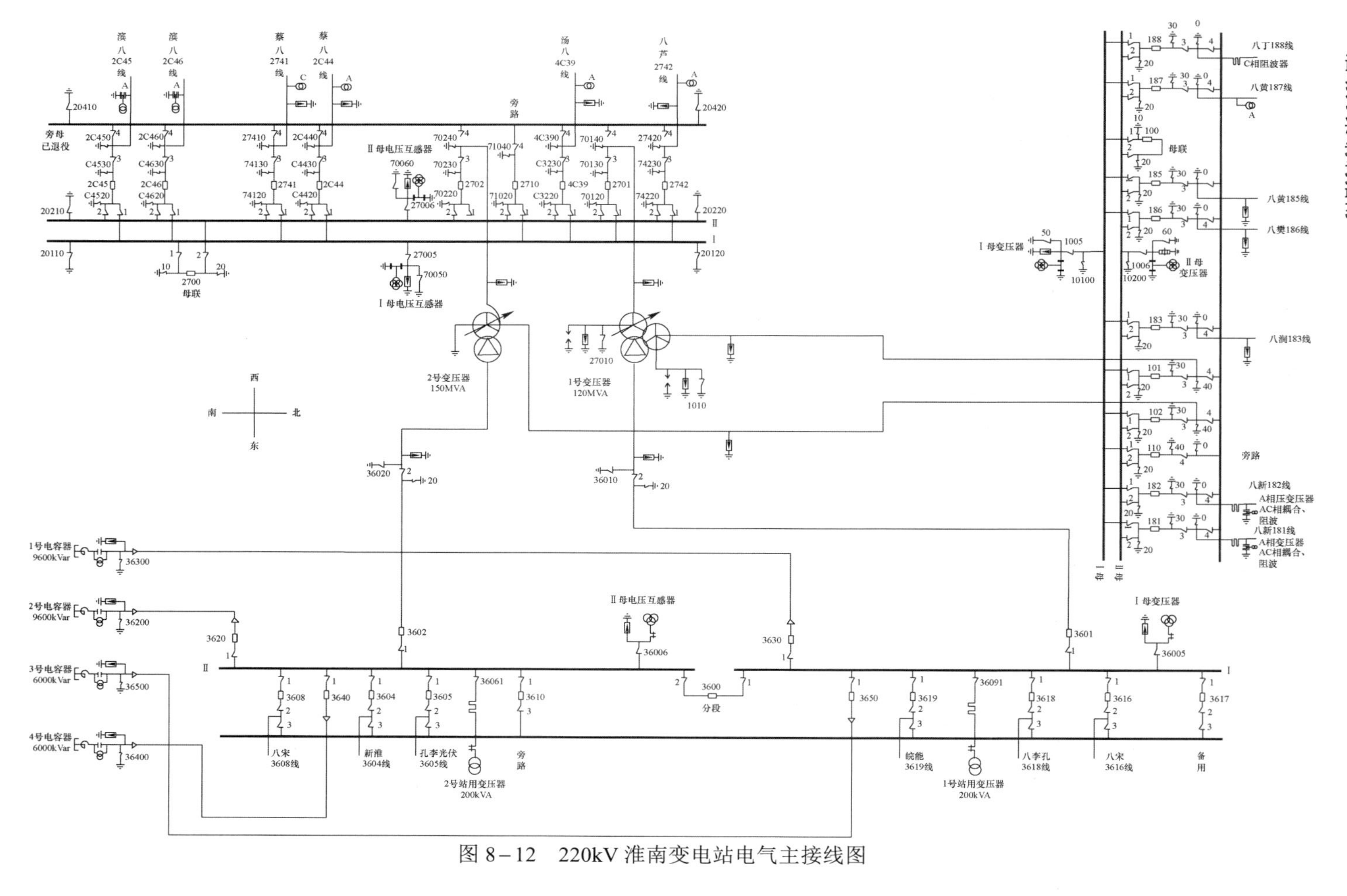

图 8-12　220kV 淮南变电站电气主接线图

保护、第二套微机光纤纵差保护中的后备保护，并将第一套微机光纤纵差保护、第二套微机光纤纵差保护中的后备保护距离Ⅱ段时间定值调至0.5s。

（3）将庆祝变电站山宁2D93开关第一套微机光纤纵差保护、第二套微机光纤纵差保护按（*****）、（*****）定值单调整，仅投入第一套微机光纤纵差保护、第二套微机光纤纵差保护中的后备保护，并将第一套微机光纤纵差保护、第二套微机光纤纵差保护中的后备保护距离Ⅱ段时间定值调至0.5s。

（4）停用山宁2D93线路两侧重合闸。

（5）庆祝变电站将220kVⅠA、ⅠB母线上所有开关分别倒至220kVⅡ母线运行。

（6）将庆祝变电站母联2800开关第一套、第二套独立过电流保护中的相过电流Ⅰ段按I=1000A、0.2s调整，零序过电流Ⅰ段按$3I_0$=750A、0.2s调整，仅投入第一套、第二套独立过电流保护中的相过电流Ⅰ段和零序过电流Ⅰ段保护。

（7）迎春变电站将220kVⅠ母线上所有开关全部倒至220kVⅡ母线运行。

（8）将迎春变电站母联2800开关第一套、第二套独立过电流保护中的相过电流Ⅰ段按I=1000A、0.2s调整，零序过电流Ⅰ段按$3I_0$=750A、0.2s调整，仅投入第一套、第二套独立过电流保护中的相过电流Ⅰ段和零序过电流Ⅰ段保护。

（9）将220kV山宁2D93线路由冷备用转运行（庆祝变电站侧开关运行于220kVⅠA母线、迎春变电站侧开关运行于220kVⅠ母线）。

（10）迎春变电站进行山宁2D93开关线路保护向量试验，并正确。

（11）庆祝变电站进行山宁2D93开关线路保护向量试验，并正确。

（12）投入山宁2D93线路两侧所有线路保护。

（13）投入山宁2D93线路两侧重合闸。

（14）将迎春变电站山宁2D93开关线路保护中的后备保护距离Ⅱ段时间定值调回。

（15）将庆祝变电站山宁2D93开关线路保护中的后备保护距离Ⅱ段时间定值调回。

（16）停用迎春变电站母联2800开关第一套、第二套独立过电流保护。

（17）停用庆祝变电站母联2800开关第一套、第二套独立过电流保护。

（18）迎春变电站将220kV母线恢复双母线正常运行方式。

（19）庆祝变电站将220kV母线恢复双母线正常运行方式。

图8–13所示为220kV庆祝变电站电气主接线图。

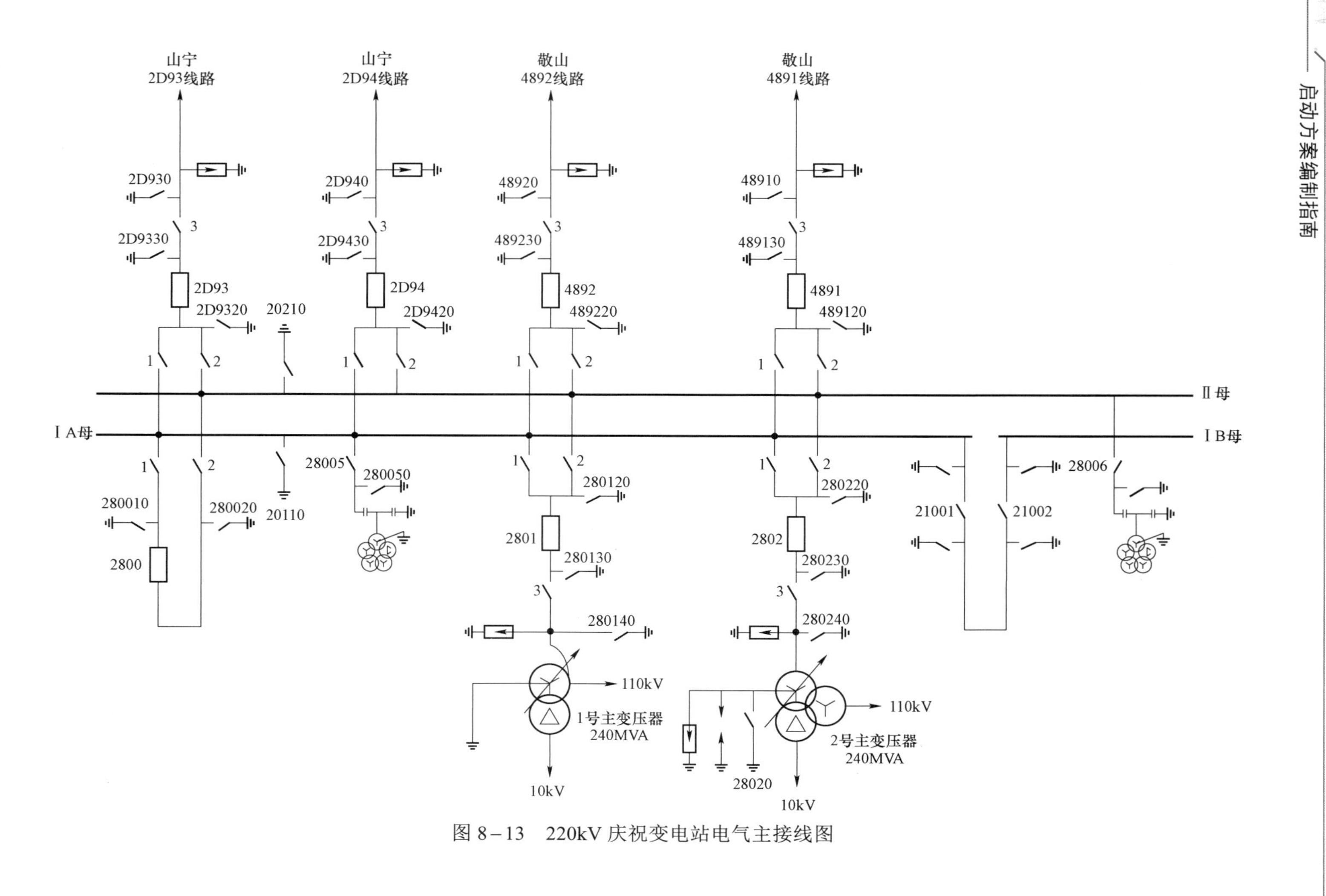

图 8-13　220kV 庆祝变电站电气主接线图

十三、220kV 同文变电站 220kV 第二套母差保护更换启动方案

1. 启动送电范围

同文变电站 220kV 第二套母差保护。

2. 启动送电应具备的条件

（1）同文变电站 220kV 第二套母差保护更换工作已结束，新换保护经验收合格，满足启动条件。

（2）同文变电站 220kV Ⅰ母、Ⅱ母、220kV 线路开关及相关设备检修工作已结束，满足恢复送电条件。

3. 启动送电步骤

（1）将怀洪变电站 220kV 怀高 4765、怀高 4766 线路由检修转冷备用。

（2）将星河变电站 220kV 高星 2V83、高星 2V84 线路由检修转冷备用。

（3）将钟阳变电站 220kV 钟高 2C37、钟高 2C38 线路由检修转冷备用。

（4）将同文变电站钟高 2C37、钟高 2C38、高星 2V83、高星 2V84、怀高 4765、怀高 4766 开关及线路、母联 2800 开关、220 千伏Ⅰ母、Ⅱ母及电压互感器、1 号主变压器及 2801 开关、2 号主变压器 2802 开关由检修转冷备用。

（5）将同文变电站 220 千伏Ⅰ母、Ⅱ母电压互感器由冷备用转运行。

（6）将同文变电站怀高 4765、高星 2V83、钟高 2C37、1 号主变压器及 2801 开关由冷备用转热备用于 220 千伏Ⅰ母线。

（7）将同文变电站怀高 4766、高星 2V84、钟高 2C38、2 号主变压器 2802 开关由冷备用转热备用于 220 千伏Ⅱ母线。

（8）将怀洪变电站 220kV 怀高 4765、怀高 4766 开关由冷备用转热备用。

（9）将星河变电站 220kV 高星 2V83、高星 2V84 开关由冷备用转热备用。

（10）将钟阳变电站 220kV 钟高 2C37、钟高 2C38 开关由冷备用转热备用。

（11）将同文变电站 220kV 第一套母差保护按（*****）定值单调整，并投入。

（12）将同文变电站 220kV 第二套母差保护按（*****）定值单调整，暂不投入。

（13）将怀洪变电站怀高 4765 开关由热备用转运行。

（14）将同文变电站怀高 4765 开关由热备用转运行。

（15）将同文变电站母联 2800 开关冷备用转运行。

（16）将同文变电站怀高 4766 开关由热备用转运行。

（17）将怀洪变电站怀高 4766 开关由热备用转运行。

（18）将钟高 2C37、钟高 2C38、高星 2V83、高星 2V84 线路由热备用转运行。

（19）将同文变电站 2 号主变压器 2802 开关由热备用转运行（此时 2 号主变压器两圈变电站运行）。

（20）将同文变电站 1 号主变压器及 2801 开关由热备用转运行。

（21）同文变电站进行钟高 2C37 开关、钟高 2C38 开关、高星 2V83 开关、高

星2V84开关、怀高4765开关、怀高4766开关、母联2800开关、1号主变压器2801开关、2号主变压器2802开关接入220kV第二套母差保护向量测试，并正确。

（22）投入同文变电站220kV第二套母差保护。

图8－14所示为220kV同文变电站电气主接线图。

十四、220kV凤凰变电站1号主变压器保护更换启动方案

1. *启动送电范围*

凤凰变电站1号主变压器第一套主变压器保护、第二套主变压器保护。

2. *启动送电应具备的条件*

（1）凤凰变电站1号主变压器第一套主变压器保护、第二套主变压器保护更换工作已结束，经验收合格，满足投运条件。

（2）凤凰变电站1号主变压器相关检修工作均已结束，满足恢复送电条件。

3. *启动送电步骤*

（1）凤凰变电站1号主变压器具备投运条件后，凤凰变电站将1号主变压器及三侧开关均由检修转冷备用。

（2）凤凰变电站将220kVⅠ母线所有开关倒至220kVⅡ母线运行（腾空220kVⅠ母）。

（3）凤凰变电站将母联2800开关第一套、第二套独立过电流保护中的相过电流Ⅰ段按I=800A、0.2s调整，零序过电流Ⅰ段按$3I_0$=700A、0.2s调整，仅投入第一套、第二套独立过电流保护中的相过电流Ⅰ段和零序过电流Ⅰ段保护。

（4）凤凰变电站将1号主变压器第一套主变压器保护、第二套主变压器保护按（*****）、（*****）定值单整定，并投入。

（5）凤凰变电站将1号主变压器2801开关由冷备用转运行于220kVⅠ母。

（6）凤凰变电站停用1号主变压器第一套、第二套保护中的差动保护，并将高后备复压过电流Ⅱ段时限、零序过电流Ⅱ段时限均调整为0.2s。

（7）凤凰变电站将1号主变压器501开关由冷备用转运行于110kVⅠ母。

（8）昌明变电站拉开凤明567开关。

（9）凤凰变电站将1号主变压器301开关由冷备用转运行。

（10）凤凰变电站拉开分段300开关。

（11）许可凤凰变电站进行1号主变压器第一套主变压器保护、第二套主变压器保护向量测试，并正确。

（12）凤凰变电站投入1号主变压器第一套主变压器保护、第二套主变压器保护中的差动保护，并将高后备复压过电流Ⅱ段时限、零序过电流Ⅱ段时限定值调回。

（13）恢复凤凰变电站220kV母线正常连接方式。

图8－15所示为220kV凤凰变电站电气主接线图。

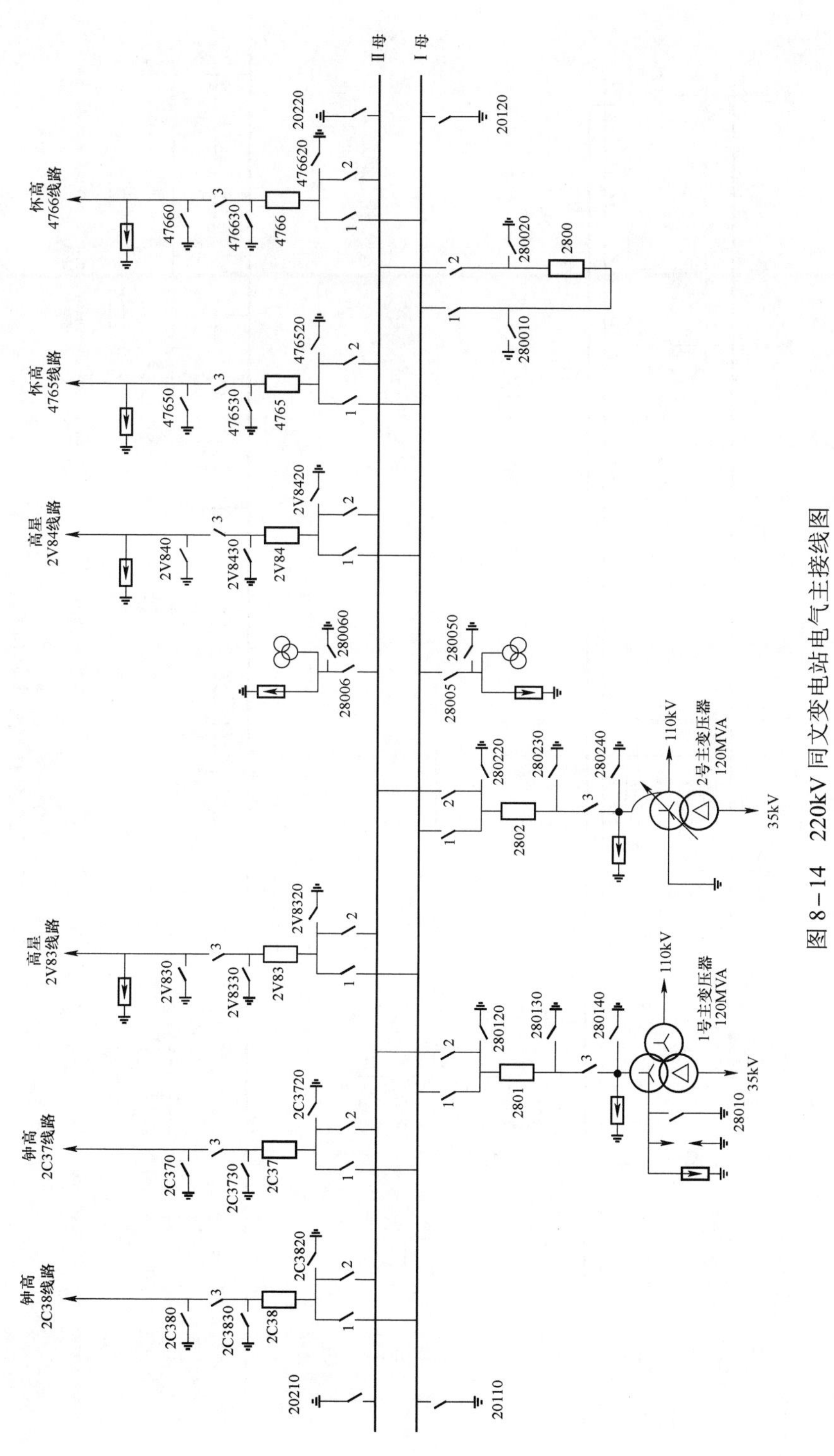

图 8－14　220kV 同文变电站电气主接线图

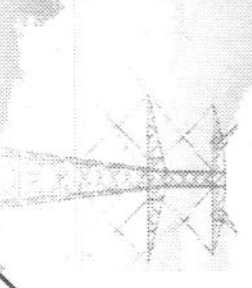

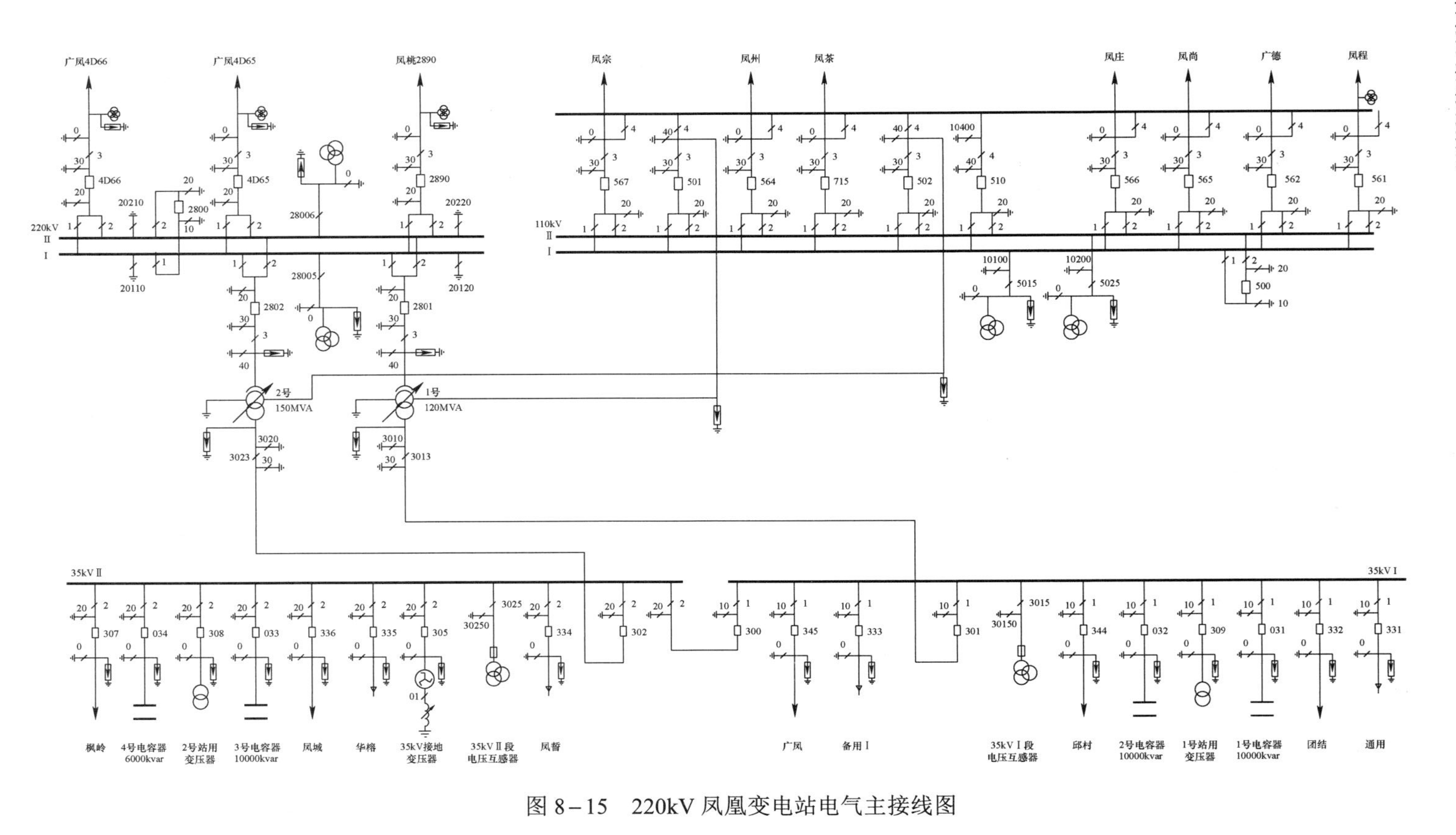

图 8-15　220kV 凤凰变电站电气主接线图

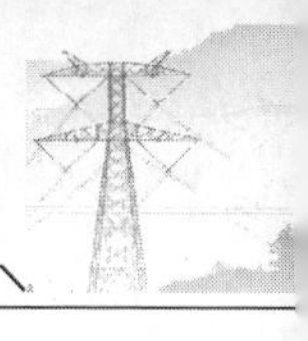

十五、220kV 庆祝变电站 220kV 宣山 2D95 开关合并单元反措启动方案

1. 启动送电范围

庆祝变电站宣山 2D95 开关第一套合并单元、第二套合并单元。

2. 启动送电应具备的条件

庆祝变电站宣山 2D95 开关第一套合并单元、第二套合并单元反措工作已结束，经验收合格，满足送电条件。

3. 启动送电步骤

（1）反措工作结束后，将宣山 2D95 线路两侧第一套光纤纵差保护、第二套光纤纵差保护均改投信号。

（2）将宣山 2D95 线路两侧开关所有线路保护中的后备保护距离Ⅱ段时间定值调整至 0.5s。

（3）停用宣山 2D95 线路两侧重合闸。

（4）将 220kV 宣山 2D95 线路及宣城厂 220kV 宣山 2D95 开关均由检修转冷备用。

（5）将庆祝变电站 220kV ⅠA、ⅠB 母线上所有开关全部倒至 220kVⅡ母线运行。

（6）将庆祝变电站母联 2800 开关第一套、第二套独立过电流保护中的相过电流Ⅰ段按 I=1000A、0.2s 调整，零序过电流Ⅰ段按 $3I_0$=750A、0.2s 调整，仅投入第一套、第二套独立过电流保护中的相过电流Ⅰ段和零序过电流Ⅰ段保护。

（7）将庆祝变电站 220kV 母线出线对侧开关所有线路保护中的后备保护距离Ⅱ段时间定值调整至 0.5s。

（8）停用庆祝变电站 220kV 第一套母差保护、第二套母差保护。

（9）将 220kV 宣山 2D95 线路由冷备用转运行于 220kV ⅠB 母线。

（10）庆祝变电站进行 220kV 宣山 2D95 开关合并单元反措后相关保护向量测试，并正确。

（11）投入庆祝变电站 220kV 第一套母差保护、第二套母差保护。

（12）投入宣山 2D95 线路两侧所有线路保护。

（13）投入宣山 2D95 线路两侧重合闸。

（14）将庆祝变电站宣山 2D95 开关所有线路保护中的后备保护距离Ⅱ段时间定值调回。

（15）将庆祝变电站 220kV 母线出线对侧开关（含宣城厂宣山 2D95 开关）所有线路保护中的后备保护距离Ⅱ段时间定值调回。

（16）停用庆祝变电站母联 2800 开关第一套、第二套独立过电流保护。

图 8-16 所示为 220kV 庆祝变电站电气主接线图。

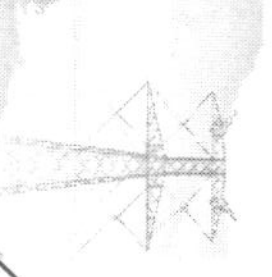

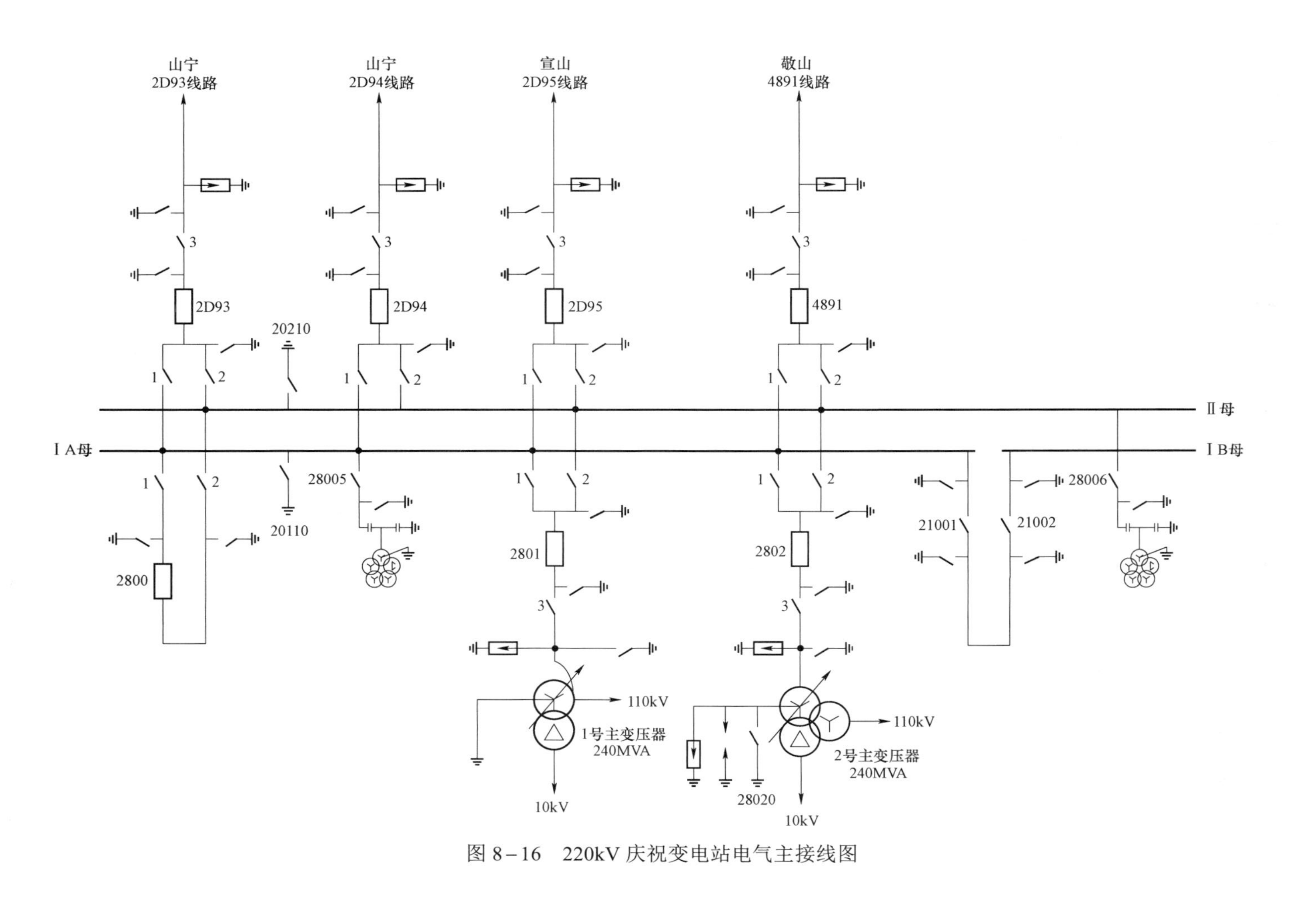

图 8-16　220kV 庆祝变电站电气主接线图

第二节　110kV 系统继电保护启动方案典型案例

一、110kV 树人变电站启动方案

1. 启动送电范围

（1）桃源变电站 110kV 州树 524 开关、州枫 525 开关及其附属设备。

（2）树人变电站 110kV 州树 524 开关、州枫 525 开关、亚太 529 开关、分段 500 开关、110kVⅠ段母线、110kVⅡ段母线及其附属设备；1 号主变压器及三侧开关及其附属设备；2 号主变压器及三侧开关及其附属设备；35kVⅠ段母线、35kVⅡ段母线及其附属设备；10kVⅠ段母线、10kVⅡ段母线及其附属设备；35kV 分段 300 开关、长乐 691 开关、双庙 692 开关、百家 693 开关、东久 694 开关、备用Ⅰ695 开关、山南 696 开关、富瑞 697 开关、玉堂 698 开关、千口 699 开关、备用Ⅱ690 开关及其附属设备；10kV 分段 100 开关、广安 111 开关、东向 112 开关、永兴 113 开关、邱流 114 开关、众合 115 开关、广宜 116 开关、白湾 117 开关、湾塘 118 开关、明胜 119 开关、马谷 120 开关及其附属设备；1 号电容器及 011 开关、2 号电容器及 012 开关、3 号电容器及 013 开关、4 号电容器及 014 开关及其附属设备；1 号接地变压器兼站用变压器及 105 开关、2 号接地变压器兼站用变压器及 106 开关及其附属设备；35kV 0 号消弧线圈及其附属设备。

（3）110kV 州树 524 线路、州枫 525 线路、亚太 529 线路及其附属设备。

（4）35kV 富瑞 697 线路及其附属设备。

2. 启动送电应具备的条件

（1）110kV 州树 524 线路、州枫 525 线路、亚太 529 线路施工全部结束，经验收合格，一次定相正确，具备启动条件，且处冷备用状态。

（2）35kV 富瑞 697 线路施工全部结束，经验收合格，具备启动条件，且处冷备用状态。

（3）桃源变电站 110kV 州树 524 开关、州枫 525 开关经验收合格，具备启动条件，且处冷备用状态。

（4）树人变电站 10kV 马谷 120 线、明胜 119 线电缆已接入站内开关柜，在站外 1 号杆真空开关开断，验收合格，具备启动条件，且处冷备用状态。

（5）树人变电站除 35kV 富瑞 697 线、10kV 马谷 120 线、明胜 119 线外，其余 35kV、10kV 出线电缆均未接入站内开关柜。

（6）树人变电站所有启动设备均已竣工，经验收合格，具备启动条件，且一次设备均处冷备用状态。

（7）树人变电站蓄电池的电压处额定值。

（8）树人变电站1号、2号主变压器分接头为115.5/36.575/10.5kV。

（9）树人变电站输变电工程各项生产准备工作均已完成。

（10）本次启动范围内所有保护、自动化、通信设备均已调试合格，具备启动条件。

3. *启动送电步骤*

（1）桃源变电站将州树524线路微机光纤纵差保护按（*****）定值单调整，并投入。

（2）桃源变电站将州枫525线路微机光纤纵差保护按（*****）定值单调整，并投入。

（3）桃源变电站停用110kV母差保护。

（4）桃源变电站将110kV母差保护按（*****）定值单调整，并投入。

（5）桃源变电站将110kV故障录波器按（*****）定值单调整，并投入。

（6）树人变电站将州树524线路保护按（*****）定值单调整，并投入。

（7）树人变电站将州枫525线路保护按（*****）定值单调整，并投入。

（8）树人变电站将亚太529线路保护按（*****）定值单调整，并投入。

（9）树人变电站将110kV母差保护按（*****）定值单调整，暂不投入。

（10）树人变电站将110kV故障录波器按（*****）定值单调整，并投入。

（11）树人变电站将1号主变压器保护按（*****）定值单调整，并投入。

（12）树人变电站将2号主变压器保护按（*****）定值单调整，并投入。

（13）树人变电站将1号、2号、3号、4号电容器保护分别按（*****）、（*****）、（*****）、（*****）定值单调整，并投入。

（14）树人变电站将1号、2号接地变压器兼站用变压器保护分别按（*****）、（*****）定值单调整，并投入。

（15）树人变电站将富瑞697线路保护按（*****）定值单调整，并投入。

（16）树人变电站将35kV其他线路开关保护按（*****）定值单调整，并投入。

（17）树人变电站将10kV线路开关保护按（*****）定值单调整，并投入。

（18）停用州树524线路重合闸。

（19）停用州枫525线路重合闸。

（20）树人变电站停用亚太529线路重合闸。

（21）树人变电站停用富瑞697线路重合闸。

（22）核对桃源变电站110kVⅠ母线、母联500开关处冷备用状态。

（23）桃源变电站将110kV母联保护中“过电流Ⅰ段定值”调整为1200A（一次值）、“零序过电流Ⅰ段定值”调整为1400A（一次值），将“过电流Ⅰ段

时间”“零序过电流Ⅰ段时间”均调整为0.2s，仅投入母联保护中过电流Ⅰ段、零序过电流Ⅰ段保护。

（24）树人变电站将110kVⅠ母电压互感器、110kVⅡ母电压互感器均由冷备用转运行。

（25）树人变电站将州树524开关、州枫525开关、亚太529开关、分段500开关均由冷备用转热备用。

（26）树人变电站合上1号主变压器5011闸刀、2号主变压器5022闸刀。

（27）桃源变电站将110kVⅠ母电压互感器由冷备用转运行。

（28）桃源变电站将州树524开关由冷备用转运行于110kVⅠ母。

（29）桃源变电站将母联500开关由冷备用转热备用。

（30）桃源变电站合上母联500开关，对州树524线冲击一次，正常后拉开州树524开关。

（31）桃源变电站用州树524开关对州树524线冲击一次，正常后拉开州树524开关。

（32）树人变电站合上州树524开关、分段500开关。

（33）桃源变电站用州树524开关对州树524线及树人变电站110kVⅠ、Ⅱ段母线冲击送电，正常后不拉开。

（34）许可树人变电站110kVⅠ母电压互感器与110kVⅡ母电压互感器二次核相（同电源），并正确。

（35）树人变电站拉开分段500开关，并改非自动。

（36）桃源变电站拉开州树524开关。

（37）桃源变电站拉开母联500开关。

（38）桃源变电站将州枫525开关由冷备用转运行于110kVⅠ母。

（39）桃源变电站合上母联500开关对州枫525线冲击一次，正常后拉开州枫525开关。

（40）桃源变电站用州枫525开关对州枫525线冲击两次，正常后不拉开。

（41）树人变电站合上州枫525开关。

（42）桃源变电站合上州树524开关。

（43）许可树人变电站110kVⅠ母电压互感器与110kVⅡ母电压互感器二次核相（异电源），并正确。

（44）树人变电站合上2号主变压器5023闸刀。

（45）树人变电站合上2号主变压器5020中性点接地闸刀。

（46）树人变电站合上35kV 0号消弧线圈02闸刀。

（47）树人变电站用2号主变压器502开关对2号主变压器冲击一次，正常后拉开2号主变压器502开关。

（48）树人变电站拉开 35kV 0 号消弧线圈 02 闸刀。

（49）树人变电站用 2 号主变压器 502 开关对 2 号主变压器冲击一次，正常后拉开 2 号主变压器 502 开关。

（50）树人变电站将 2 号主变压器 302、102 开关均由冷备用转热备用。

（51）树人变电站合上分段 3001 闸刀。

（52）树人变电站将分段 300 开关、富瑞 697 开关均由冷备用转热备用。

（53）树人变电站将 35kVⅠ母电压互感器、35kVⅡ母电压互感器均由冷备用转运行。

（54）树人变电站将长乐 691 开关、双庙 692 开关、百家 693 开关、东久 694 开关、备用Ⅰ695 开关、山南 696 开关、玉堂 698 开关、千口 699 开关、备用Ⅱ690 开关均由冷备用转运行。

（55）树人变电站合上分段 1001 闸刀、分段 2002 闸刀。

（56）树人变电站将 10kVⅠ母电压互感器、10kVⅡ母电压互感器均由冷备用转运行。

（57）树人变电站合上 10kV 1 号消弧线圈 1053 闸刀、2 号消弧线圈 1063 闸刀。

（58）树人变电站将分段 100 开关、明胜 119 开关、马谷 120 开关、1 号电容器及 011 开关、2 号电容器及 012 开关、3 号电容器及 013 开关、4 号电容器及 014 开关、1 号接地变压器兼站用变压器 105 开关、2 号接地变压器兼站用变压器 106 开关均由冷备用转热备用。

（59）树人变电站将广安 111 开关、东向 112 开关、永兴 113 开关、邱流 114 开关、众合 115 开关、广宜 116 开关、白湾 117 开关、湾塘 118 开关均由冷备用转运行。

（60）树人变电站用 2 号主变压器 502 开关对 2 号主变压器冲击一次，正常后不拉开。

（61）树人变电站拉开 2 号主变压器 5020 中性点接地闸刀。

（62）树人变电站用 2 号主变压器 302 开关对 35kVⅡ段母线及出线开关冲击送电，正常后不拉开。

（63）树人变电站合上分段 300 开关，对 35kVⅠ段母线及出线开关冲击送电，正常后不拉开。

（64）许可树人变电站 35kVⅡ母电压互感器与 110kVⅡ母电压互感器二次核相，35kVⅠ母电压互感器与 35kVⅡ母电压互感器二次核相（同电源），并正确。

（65）树人变电站将长乐 691 开关、双庙 692 开关、百家 693 开关、东久 694 开关、备用Ⅰ695 开关、山南 696 开关、玉堂 698 开关、千口 699 开关、备用Ⅱ690 开关均由运行转冷备用。

（66）树人变电站拉开分段 300 开关，并改非自动。

（67）树人变电站用 2 号主变压器 102 开关对 10kVⅡ段母线及出线开关冲击送电，正常后不拉开。

（68）树人变电站合上分段 100 开关，对 10kVⅠ段母线及出线开关冲击送电，正常后不拉开。

（69）树人变电站合上明胜 119 开关，检查并正常。

（70）树人变电站合上马谷 120 开关，检查并正常。

（71）许可树人变电站 10kVⅡ母电压互感器与 110kVⅡ母电压互感器二次核相，10kVⅠ母电压互感器与 10kVⅡ母电压互感器二次核相（同电源），并正确。

（72）许可树人变电站 2 号主变压器有载调压测试，正常后分接头位置由现场掌握。

（73）树人变电站将广安 111 开关、东向 112 开关、永兴 113 开关、邱流 114 开关、众合 115 开关、广宜 116 开关、白湾 117 开关、湾塘 118 开关、明胜 119 开关、马谷 120 开关均由运行转冷备用。

（74）树人变电站拉开分段 2002 闸刀。

（75）树人变电站合上 1 号接地变压器兼站用变压器 105 开关，检查并正常。

（76）树人变电站合上 2 号接地变压器兼站用变压器 106 开关，检查并正常。

（77）许可树人变电站 1 号接地变压器兼站用变压器、2 号接地变压器兼站用变压器核相，并正确。

（78）树人变电站拉开分段 100 开关，并改非自动。

（79）树人变电站用富瑞 697 开关冲击富瑞 697 线路三次，正常后不拉开。

（80）桃源变电站将州树 524 线路光纤纵差保护改投信号。

（81）树人变电站将州树 524 线路光纤纵差保护改投信号。

（82）树人变电站将 2 号主变压器高后备保护复压过电流Ⅱ段调整为 0.2s，并停用 2 号主变压器差动保护。

（83）通知庆庄调度：树人变电站 35kV 富瑞 697 线路已转运行，通知其带上富瑞 697 线路负荷。

（84）树人变电站用 3 号电容器 013 开关对 3 号电容器冲击三次，正常后不拉开。

（85）树人变电站用 4 号电容器 014 开关对 4 号电容器冲击三次，正常后不拉开。

（86）树人变电站进行 110kV 母差保护、2 号主变压器保护、州树 524 线路向量测试，并正确。

（87）桃源变电站进行州树 524 线路保护向量测试，并正确。

（88）桃源变电站将州树 524 线路光纤纵差保护改投跳闸。

（89）树人变电站将州树 524 线路光纤纵差保护改投跳闸。

（90）树人变电站投入富瑞 697 线路重合闸。

（91）树人变电站投入 2 号主变压器差动保护，并将 2 号主变压器高后备保护复压过电流Ⅱ段调回。

（92）树人变电站拉开 3 号电容器 013 开关、4 号电容器 014 开关。

（93）树人变电站合上 1 号主变压器 5013 闸刀。

（94）树人变电站合上 1 号主变压器 5010 中性点接地闸刀。

（95）树人变电站用 1 号主变压器 501 开关对 1 号主变压器冲击两次，正常后拉开 1 号主变压器 501 开关。

（96）树人变电站将 1 号主变压器 301、101 开关均由冷备用转热备用。

（97）树人变电站用 1 号主变压器 501 开关对 1 号主变压器冲击一次，正常后不拉开。

（98）树人变电站拉开 1 号主变压器 5010 中性点接地闸刀。

（99）树人变电站合上 1 号主变压器 301 开关。

（100）许可树人变电站 35kVⅠ母电压互感器与 110kVⅠ母电压互感器二次核相，35kVⅠ母电压互感器与 35kVⅡ母电压互感器二次核相（异电源），并正确。

（101）树人变电站合上 1 号主变压器 101 开关。

（102）许可树人变电站 10kVⅠ母电压互感器与 110kVⅠ母电压互感器二次核相，10kVⅠ母电压互感器与 10kVⅡ母电压互感器二次核相（异电源），并正确。

（103）许可树人变电站 1 号主变压器有载调压测试，正常后分接头位置由现场掌握。

（104）桃源变电站将州枫 525 线路光纤纵差保护改投信号。

（105）树人变电站将州枫 525 线路光纤纵差保护改投信号。

（106）树人变电站将高后备保护复压过电流Ⅱ段调整为 0.2s，并停用 1 号主变压器差动保护。

（107）树人变电站将分段 500 开关由非自动改自动。

（108）树人变电站合上分段 500 开关。

（109）树人变电站将分段 300 开关由非自动改自动。

（110）树人变电站合上分段 300 开关，拉开 2 号主变压器 302 开关。

（111）树人变电站拉开分段500开关。

（112）树人变电站用1号电容器011开关对1号电容器冲击三次，正常后不拉开。

（113）树人变电站用2号电容器012开关对2号电容器冲击三次，正常后不拉开。

（114）许可树人变电站110kV母差保护、1号主变压器保护、州枫525线路保护向量测试，并正确。

（115）许可桃源变电站州枫525线路保护向量测试，并正确。

（116）桃源变电站将州枫525线路光纤纵差保护改投跳闸。

（117）树人变电站将州枫525线路光纤纵差保护改投跳闸。

（118）树人变电站投入1号主变压器差动保护，并将1号主变压器高后备保护复压过电流Ⅱ段调回。

（119）树人变电站合上分段500开关，拉开州枫525开关。

（120）许可树人变电站110kV母差保护向量测试，并正确。

（121）树人变电站拉开1号电容器011开关、2号电容器012开关。

（122）树人变电站合上2号主变压器302开关，拉开分段300开关。

（123）树人变电站合上州枫525开关，拉开分段500开关。

（124）桃源变电站退出110kV母联保护。

（125）桃源变电站将州树524开关由110kVⅠ母倒至110kVⅡ母运行。

（126）桃源变电站将桃彭521开关、太极Ⅱ523开关、卢岭Ⅰ526开关、1号主变压器501开关均由110kVⅡ母倒至110kVⅠ母运行。

（127）桃源变电站合上2号主变压器502开关，拉开母联500开关。

（128）桃源变电站合上1号主变压器301开关，拉开分段300开关。

（129）桃源变电站将州枫 525 线路保护的相间和接地距离Ⅱ段时间调整为0.2s。

（130）树人变电站用亚太529开关对亚太529线路冲击三次，正常后不拉开。

（131）树人变电站停用亚太529线路保护。

（132）通知亚太变电站树人变电站亚太529线路已转运行，通知其带上负荷（亚太变电站110kV电压互感器核相序、站内恢复由其自行安排）。

（133）许可树人变电站110kV母差保护、亚太529线路保护向量测试，并正确。

（134）树人变电站投入110kV母差保护。

（135）树人变电站投入亚太529线路保护及重合闸。

（136）桃源变电站将州枫525线路保护的相间和接地距离Ⅱ段时间调回。

（137）投入州树 524 线路重合闸。

（138）投入州枫 525 线路重合闸。

（139）树人变电站将 110kV 备自投按（*****）定值单调整，并投入。

图 8－17 所示为 110kV 树人变电站电气主接线图。

二、110kV 茶彭 714、凤茶 715 线路启动方案

1. 启动送电范围

110kV 茶彭 714 线路、凤茶 715 线路及其附属设备。

2. 启动送电应具备的条件

（1）110kV 茶彭 714 线路、凤茶 715 线路工作全部结束，人员全部撤离，接地线全部拆除，经验收合格，具备投运条件，且均处冷备用状态。

（2）110kV 茶彭 714 线路、凤茶 715 线路参数测试完毕，一次定相正确。

（3）本次启动范围内所有保护、自动化、通信设备均已调试合格，具备启动条件。

3. 启动送电步骤

（1）江塘变电站将茶彭 714 线路保护按（*****）定值单调整，并投入。

（2）江塘变电站将凤茶 715 线路保护按（*****）定值单调整，并投入。

（3）凤凰变电站将凤茶 715 线路保护按（*****）定值单调整，并投入。

（4）凤凰变电站将凤州 564 线路保护按（*****）定值单调整，并投入。

（5）凤凰变电站将 110kV 母差保护按（*****）定值单调整，并投入。

（6）凤凰变电站将 110kV 故障录波器按（*****）定值单调整，并投入。

（7）桃源变电站将凤州 564 线路保护按（*****）定值单调整，并投入。

（8）江塘变电站合上母联 500 开关，拉开 1 号主变压器 501 开关。

（9）江塘变电站将 110kV Ⅰ母线所有开关倒至 110kV Ⅱ母线运行（热备用）。

（10）江塘变电站拉开母联 500 开关。

（11）江塘变电站将茶彭 714 开关由冷备用转运行于 110kV Ⅰ母线。

（12）江塘变电站将 110kV 母联 500 开关独立过电流保护中的“过电流Ⅰ段定值”调整为 2000A（一次值）、“零序过电流Ⅰ段定值”调整为 2000A（一次值），将“过电流Ⅰ段时间”“零序过电流Ⅰ段时间”均调整为 0.2s，仅投入母联保护中过电流Ⅰ段、零序过电流Ⅰ段保护。

（13）江塘变电站停用茶彭 714 线路重合闸。

（14）江塘变电站将 110kV 母差保护按（*****）定值单调整，暂不投入。

（15）江塘变电站合上母联 500 开关，检查并正常（冲击 110kV 茶彭 714 线路第一次）。

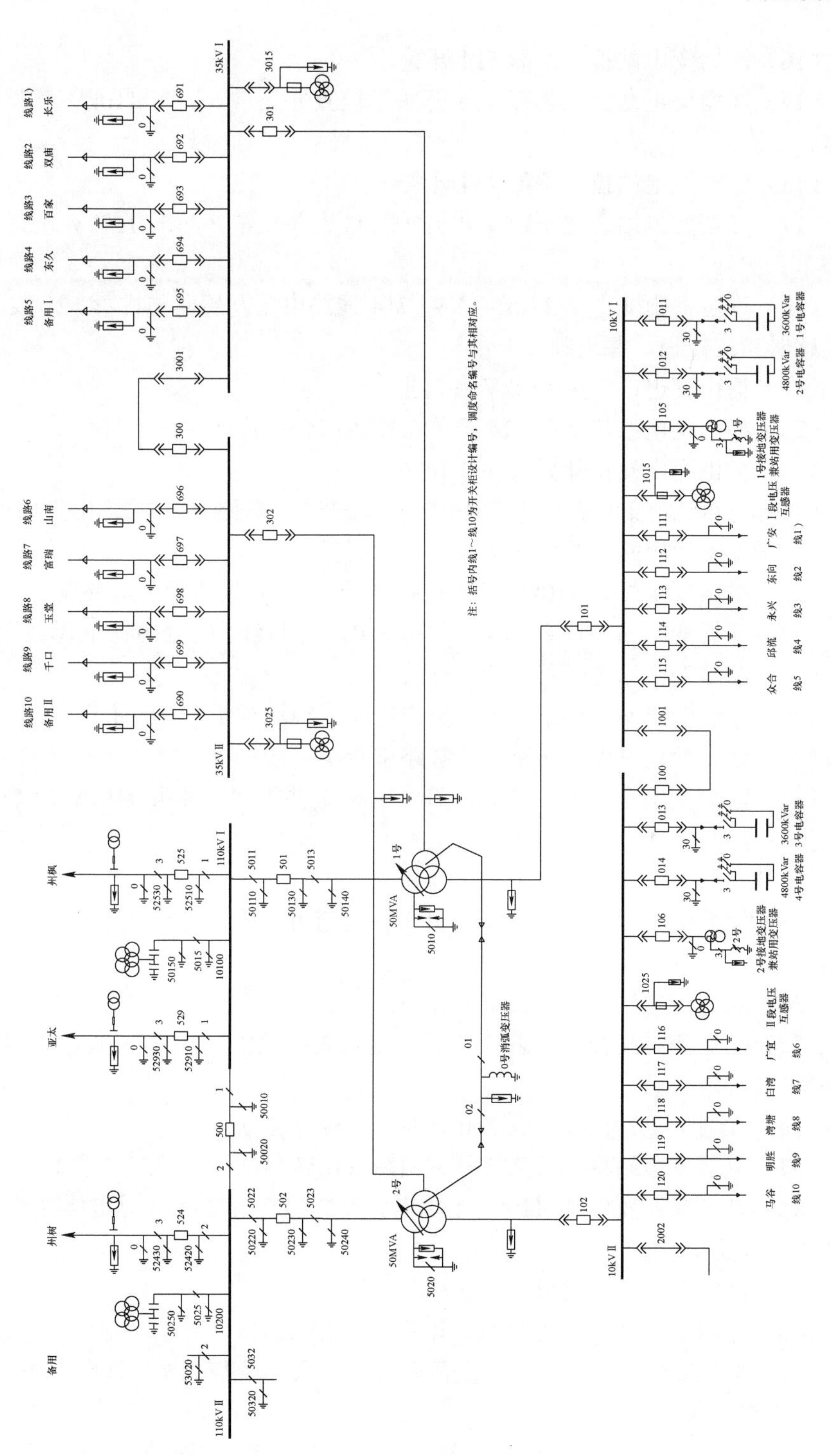

图 8-17　110kV 树人变电站主接线图

（16）江塘变电站拉开茶彭 714 开关。

（17）江塘变电站合上茶彭 714 开关，检查并正常（冲击 110kV 茶彭 714 线路第二次）。

（18）江塘变电站拉开茶彭 714 开关。

（19）江塘变电站合上茶彭 714 开关，检查并正常（冲击 110kV 茶彭 714 线路第三次）。

（20）许可梅山变电站 110kV 茶彭 714 线路电压互感器与桃彭 521 线路电压互感器二次核相，并正确。

（21）梅山变电站停用 110kV 备自投。

（22）梅山变电站将茶彭 714 开关由冷备用转运行。

（23）梅山变电站拉开分段 500 开关。

（24）许可江塘变电站 110kV 母差保护、茶彭 714 线路保护向量测试，并正确。

（25）江塘变电站将茶彭 714 线路重合闸投入。

（26）梅山变电站将 110kV 备自投按（*****）定值单调整，并投入。

（27）江塘变电站将茶彭 714 开关由 110kVⅠ母线倒至 110kVⅡ母线运行。

（28）江塘变电站拉开母联 500 开关。

（29）江塘变电站将凤茶 715 开关由冷备用转运行于 110kVⅠ母线。

（30）江塘变电站停用凤茶 715 线路重合闸。

（31）江塘变电站合上母联 500 开关，检查并正常（冲击 110kV 凤茶 715 线路第一次）。

（32）江塘变电站拉开凤茶 715 开关。

（33）江塘变电站合上凤茶 715 开关，检查并正常（冲击 110kV 凤茶 715 线路第二次）。

（34）江塘变电站拉开凤茶 715 开关。

（35）江塘变电站合上凤茶 715 开关，检查并正常（冲击 110kV 凤茶 715 线路第三次）。

（36）江塘变电站拉开母联 500 开关，并改非自动。

（37）凤凰变电站将凤茶 715 开关由冷备用转运行于 110kVⅠ母线。

（38）许可江塘变电站 110kVⅠ母电压互感器与 110kVⅡ母电压互感器二次核相，并正确。

（39）江塘变电站停用凤茶 715 线路保护。

（40）江塘变电站合上母联 500 开关（改自动）。

（41）凤凰变电站拉开 1 号主变压器 501 开关（凤茶 715 线带庆庄 562 线、凤尚 565 线负荷）。

（42）许可江塘变电站 110kV 母差保护、凤茶 715 线路保护向量测试，并正确。

（43）江塘变电站将凤茶 715 线路保护投入，并投入线路重合闸。

（44）江塘变电站将 110kV 母差保护投入。

（45）江塘变电站停用母联 500 开关独立过电流保护。

（46）凤凰变电站合上 1 号主变压器 501 开关，拉开凤茶 715 开关。

（47）江塘变电站将金山Ⅰ713 开关、1 号主变压器 501 开关由 110kVⅡ母线倒至 110kVⅠ母线运行（热备用）。

（48）江塘变电站合上 1 号主变压器 501 开关，拉开母联 500 开关。

（49）将 110kV 凤州 564 线路由检修转冷备用。

（50）桃源变电站将凤州 564 开关由冷备用转热备用于 110kVⅡ母。

（51）凤凰变电站将凤州 564 开关由冷备用转运行于 110kVⅡ母。

图 8-18 所示为 110kV 茶彭 714 线、凤茶 715 线拓扑示意图。

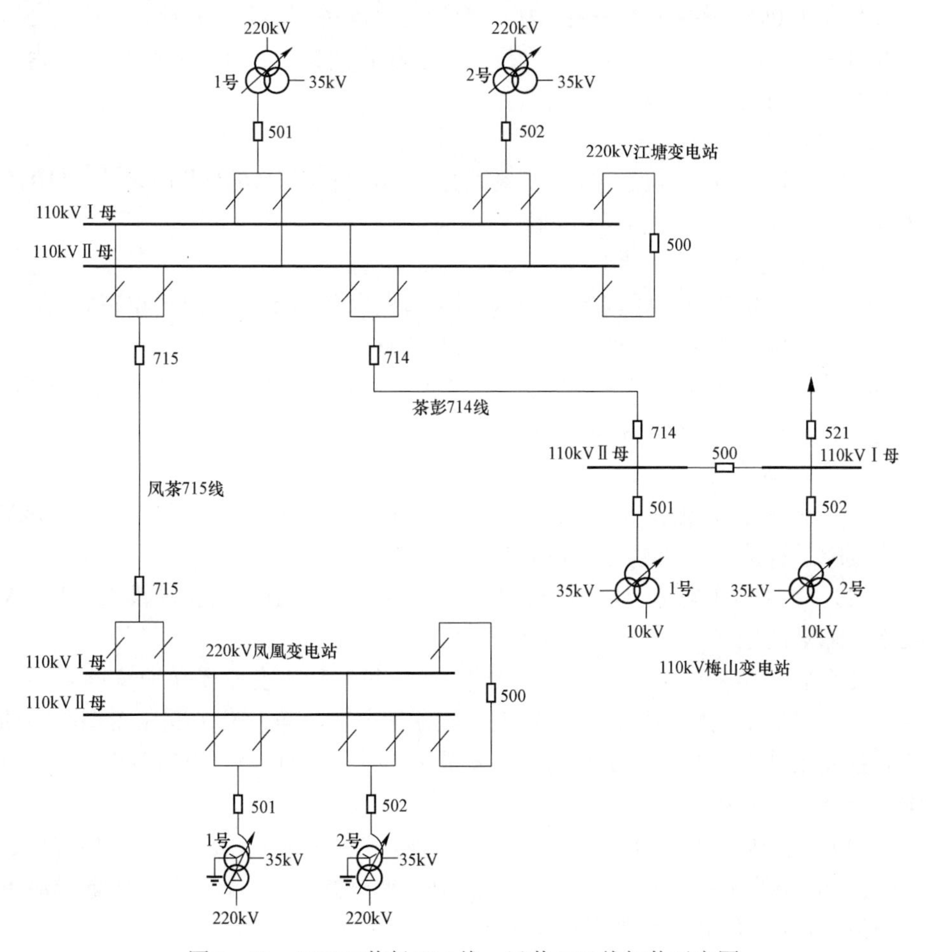

图 8-18　110kV 茶彭 714 线、凤茶 715 线拓扑示意图

三、110kV 台电变电站 110kV 母线改扩建启动方案

1. 台电变电站 110kV 母线改建说明

110kV 台电变电站主接线现状：110kV 线路两回，1 回 T 接于城堡—赤铸山光伏的线路，1 回无为—台电线路，采用不完整内桥接线（无分段开关）。1 台 50MVA 三相双圈自冷有载调压变压器，10kV 采用单母分段接线。

110kV 台电变电站 2 号主变压器扩建工程：① 扩建 2 号主变压器。② 增加分段 500 开关，完善 110kV 内桥接线方式。③ 110kV 线路改造、间隔调整，将城堡—台电 T 接赤铸山光伏线路从台电变电站脱出，废除现有的 1 回国泰—台电线路；从国泰变电站新建 1 回线路接至台电变电站（进原城堡间隔），另 1 回 T 接于月异—国泰的联络线路（进原国泰间隔）。

本次 110kV 母线由不完整内桥完善为完整内桥接线后，1 号、2 号主变压器差动保护需测向量，110kV 备自投做一次拉合测试，110kV 线路保护均为老保护，不需测向量，按新定值调整。

2. 启动送电范围

110kV 新为 74A 线路、台电变电站分段 500 开关、110kV Ⅱ段母线、110kV Ⅱ母线电压互感器、2 号主变压器。

3. 启动送电应具备的条件

（1）110kV 无城 541 线路、新为 74A 线路工作结束、一次核相正确。

（2）110kV 无城 541 线路、新为 74A 线路转为冷备用。

（3）台电变电站分段 500 开关、110kV Ⅱ段母线、110kV Ⅱ母电压互感器、2 号主变压器施工结束，验收合格，具备启动条件。

4. 启动送电步骤

（1）将国泰变电站 541 线路保护按（*****）定值单调整并投入，110kV 线路故障录波按（*****）定值单调整并投入。

（2）将月异变电站 74A 线路保护按（*****）定值单调整并投入，110kV 线路故障录波按（*****）定值单调整并投入。

（3）将台电变电站 2 号主变压器第一套、第二套主变压器保护按（*****）、（*****）定值单调整并投入，2 号主变压器第一套、第二套主变压器保护中的高后备复压过电流Ⅱ段按 1200A、0.2s 调整并投入。110kV 备自投按（*****）定值单调整暂不投。

（4）将台电变电站 1 号主变压器差动保护按（*****）定值单调整并投入，1 号主变压器高后备保护按（*****）定值单调整并投入，1 号主变压器低后备保护按（*****）定值单调整并投入。

（5）将月异变电站新为 74A 开关由冷备用转为热备用于 110kV Ⅰ母。

（6）将国泰变电站无城 541 开关由冷备用转为运行于 110kVⅠ母（对线路冲击 1 次，正常后开关不拉开）。

（7）将国泰变电站新为 74A 开关冷备用转为运行于 110kVⅡ母（对线路冲击 1 次，正常后开关不拉开）。

（8）台电变电站合上 5015、5025 闸刀。

（9）将台电变电站无城 541 开关由冷备用转为运行，将分段 500 开关由冷备用转为运行（对 110kVⅡ段母线冲击 1 次）。

（10）台电变电站许可 110kVⅠ母电压互感器二次侧与 110kVⅡ母电压互感器二次侧核相（同电源）并正确。

（11）台电变电站拉开分段 500 开关。

（12）将台电变电站新为 74A 开关由冷备用转为运行。

（13）台电变电站许可 110kVⅠ母电压互感器二次侧与 110kVⅡ母电压互感器二次侧核相（异电源）并正确。

（14）台电变电站核对分段 500 开关（合环），拉开分段 500 开关（解环）。

（15）将国泰变电站 74A 线路保护相间距离Ⅲ段延时、接地距离Ⅲ段延时均由 2.7s 调整为 0.2s，重合闸停用。合上新为 74A 开关。

（16）台电变电站合上 5011 闸刀，合上 1 号主变压器 5010 中性点接地闸刀，合上无城 541 开关，拉开 1 号主变压器 5010 中性点接地闸刀。

（17）通知国泰县调将台电变电站外来电源开关转为冷备用。

（18）将台电变电站 1 号主变压器 101 开关由冷备用转为运行，通知国泰县调。

（19）台电变电站 1 号主变压器保护中的高后备复压过电流Ⅱ段按 1200A、0.2s 调整，停用 1 号主变压器差动保护，合上新为 74A 开关，合上分段 500 开关，拉开无城 541 开关。

（20）台电变电站许可 1 号主变压器差动保护带负荷测向量（分段 500 开关对 101 开关）并正确。

（21）台电变电站投入 1 号主变压器差动保护，1 号主变压器高后备保护按（*****）定值单调整并投入。

（22）台电变电站合上无城 541 开关，拉开分段 500 开关，拉开新为 74A 开关。

（23）台电变电站合上 2 号主变压器 5020 中性点接地闸刀，合上 5022 闸刀，合上新为 74A 开关（对 2 号主变压器冲击 5 次），拉开新为 74A 开关，拉开 5022 闸刀，拉开 2 号主变压器 5020 中性点接地闸刀。

（24）将国泰变电站 74A 线路保护相间距离Ⅲ段延时、接地距离Ⅲ段延时均由 0.2s 恢复为 2.7s，重合闸投入。

（25）台电变电站合上分段 500 开关，投入 110kV 备自投。

图 8-19～图 8-22 所示为国泰变电站、月异变电站、台电变电站电气主接线图及台电变电站间隔调整图。

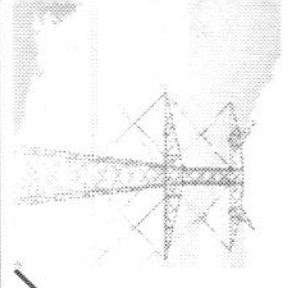

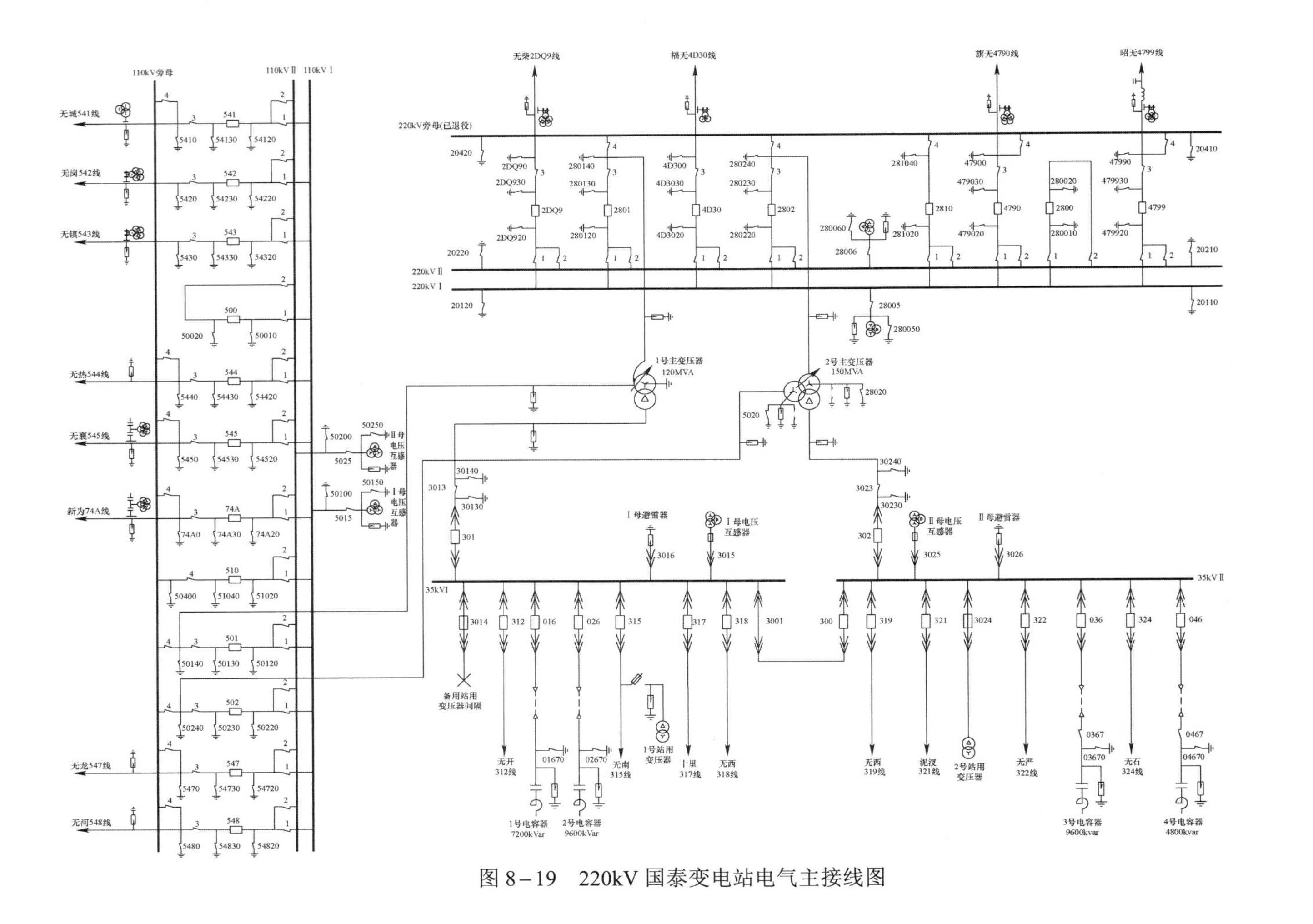

图 8-19 220kV 国泰变电站电气主接线图

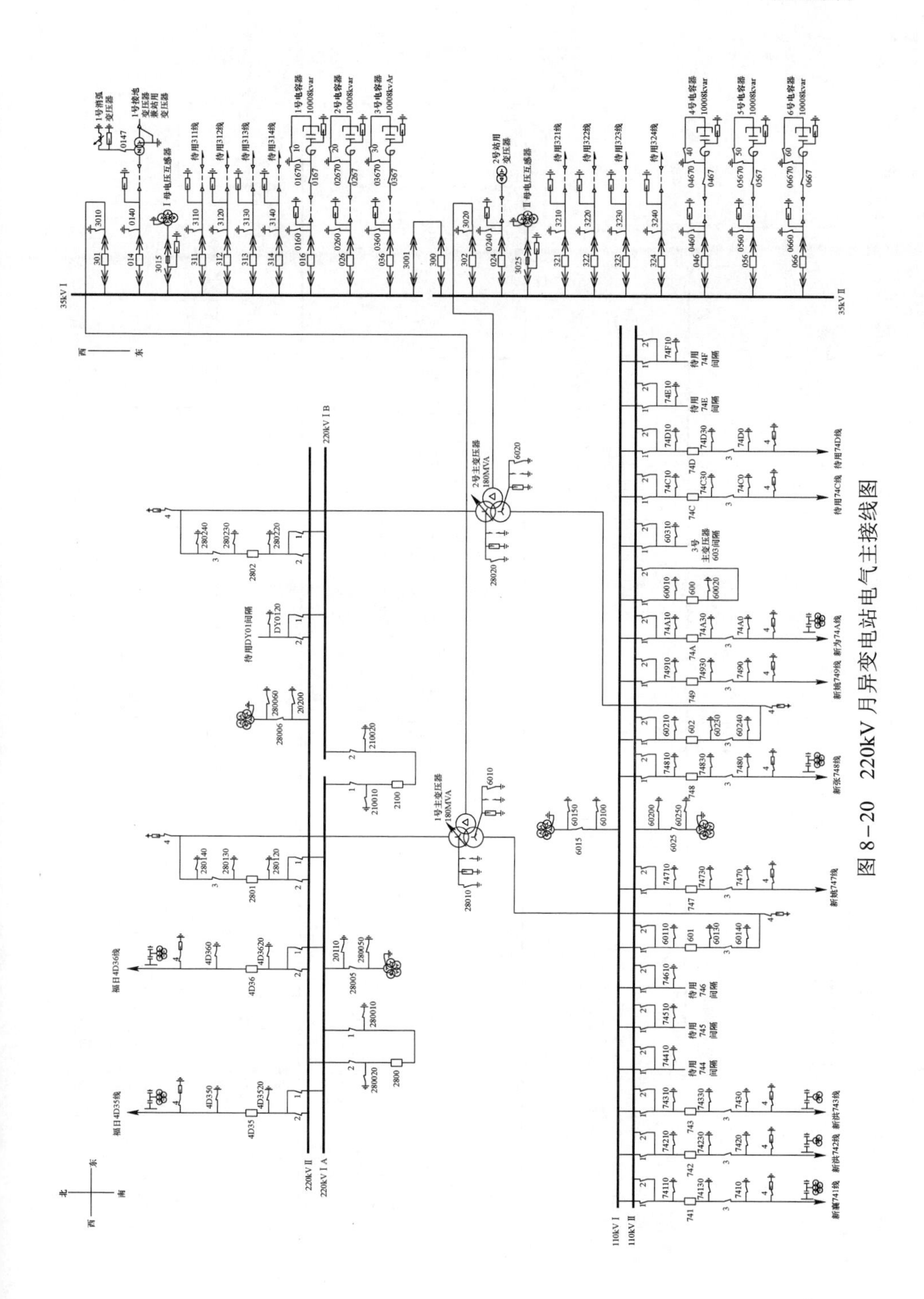

图 8-20　220kV 月异变电站电气主接线图

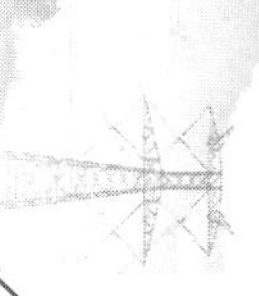

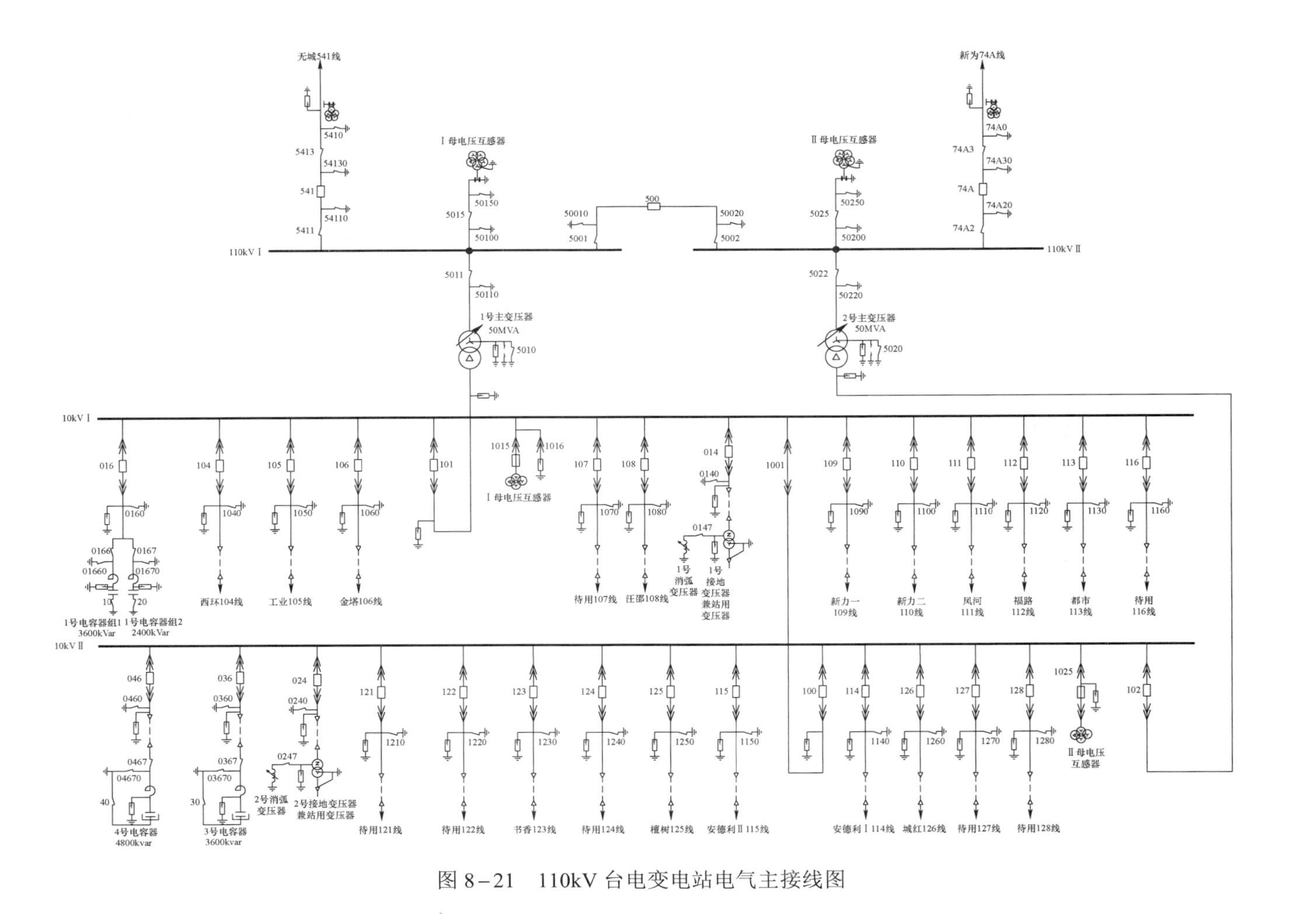

图 8-21　110kV 台电变电站电气主接线图

旗城566线路
501
赤铸山光伏
110kV Ⅰ
城堡变电站
566
旗城566线路
566
台电变电站
国泰变电站
541
无城541线路
541
110kV Ⅱ

110kV Ⅰ
国泰变电站
541
无城541线路/566线路
541
74A
台电变电站
月异变电站
74A
74A
110kV Ⅱ
城堡变电站
566
旗城566线路
501
赤铸山光伏

图 8－22　台电变电站间隔调整示意图

四、110kV 金山变电站 3 号主变压器扩建启动方案

1. *启动送电范围*

金山变电站 110kV 金山Ⅱ716 开关及其附属设备；3 号主变压器及 103 开关及其附属设备；10kV 新村 135 开关、苏湾 136 开关、叶湾 137 开关、南冲 138 开关、上庙 139 开关、下坝 140 开关、五塘 141 开关、牛山 142 开关、苗村 143 开关、北冲 144 开关、乌桥 145 开关、巫村 146 开关、分段 200 开关及其附属设备；5 号电容器及 015 开关、6 号电容器及 016 开关及其附属设备；3 号接地变压器兼站用变压器及 107 开关及其附属设备；10kV 3 号消弧线圈及其附属设备。

2. 启动送电应具备的条件

（1）金山变电站所有启动范围内设备均已竣工，经验收合格，具备启动条件，且一次设备均处冷备用状态。

（2）金山变电站 10kVⅢ段母线出线电缆均未接入站内。

（3）金山变电站 3 号主变压器分接头为 115.5/10.5kV。

（4）金山变电站蓄电池的电压处额定值。

（5）金山变电站 3 号主变压器扩建工程各项生产准备工作均已完成。

（6）本次启动范围内所有保护、远动、通信设备均已调试，具备投运条件。

3. 启动送电步骤

（1）将金山变电站 110kV 3 号主变压器保护按（*****）定值单调整，并投入。

（2）将金山变电站 110kV 故障录波器护按（*****）定值单调整，并投入。

（3）将金山变电站 5 号电容器保护按（*****）定值单调整，并投入。

（4）将金山变电站 6 号电容器保护按（*****）定值单调整，并投入。

（5）将金山变电站 3 号接地变压器兼站用变压器保护按（*****）定值单调整，并投入。

（6）将金山变电站 10kV Ⅲ母上线路开关保护按（*****）定值单调整，并投入。

（7）将 110kV 金山Ⅱ716 线路由检修转冷备用。

（8）将金山变电站 110kVⅢ母、分段 500 开关由检修转冷备用。

（9）将金山变电站 110kVⅢ母电压互感器由冷备用转运行。

（10）合上金山变电站 3 号主变压器 5031 闸刀。

（11）合上金山变电站 3 号主变压器 5030 中性点接地闸刀。

（12）将金山变电站金山Ⅱ716 开关由冷备用转热备用。

（13）将江塘变电站金山Ⅱ716 线路保护的距离保护（相间和接地）Ⅲ段时间调整为 0.2s，并停用线路重合闸。

（14）将江塘变电站金山Ⅱ716 开关由冷备用转运行于 110kVⅡ母。

（15）合上金山变电站金山Ⅱ716 开关，检查并正常（对 3 号主变压器第一次冲击）。

（16）拉开金山变电站金山Ⅱ716 开关。

（17）合上金山变电站金山Ⅱ716 开关，检查并正常（对 3 号主变压器第二次冲击）。

（18）拉开金山变电站金山Ⅱ716 开关。

（19）核对金山变电站分段 2002 闸刀在拉开状态。

（20）合上金山变电站 3 号消弧线圈 1073 闸刀。

（21）将金山变电站10kVⅢ母电压互感器、分段200开关、新村135开关、苏湾136开关、叶湾137开关、南冲138开关、上庙139开关、下坝140开关、五塘141开关、牛山142开关、苗村143开关、北冲144开关、乌桥145开关、巫村146开关由冷备用转运行。

（22）将金山变电站3号主变压器103开关、5号电容器及015开关、6号电容器及016开关、3号接地变压器兼站用变压器107开关由冷备用转热备用。

（23）合上金山变电站金山Ⅱ716开关，检查并正常（对3号主变压器第三次冲击）。

（24）拉开金山变电站3号主变压器5030中性点接地闸刀。

（25）合上金山变电站3号主变压器103开关，检查并正常（冲击10kVⅢ段母线及出线开关）。

（26）许可金山变电站110kVⅢ母电压互感器与10kVⅢ母电压互感器二次核相，并正确。

（27）许可金山变电站10kVⅡA母电压互感器与10kVⅢ母电压互感器二次核相（异电源），并正确。

（28）许可金山变电站3号主变压器有载调压试验，正常后分接头位置由现场掌握。

（29）金山变电站将分段200开关、新村135开关、苏湾136开关、叶湾137开关、南冲138开关、上庙139开关、下坝140开关、五塘141开关、牛山142开关、苗村143开关、北冲144开关、乌桥145开关、巫村146开关由运行转冷备用。

（30）拉开金山变电站3号主变压器103开关，并改非自动。

（31）合上金山变电站分段2002闸刀。

（32）将金山变电站分段200开关由冷备用转运行。

（33）许可金山变电站10kVⅡA母电压互感器与10kVⅢ母电压互感器二次核相（同电源），并正确。

（34）拉开金山变电站分段200开关。

（35）将金山变电站3号主变压器103开关由非自动改自动，并合上3号主变压器103开关。

（36）合上金山变电站3号接地变压器兼站用变压器107开关，检查并正常。

（37）许可金山变电站1号站用变压器与3号站用变压器核相，并正确。

（38）将金山变电站分段500开关由冷备用转热备用。

（39）将金山变电站3号主变压器保护高后备复压过电流Ⅱ段调整为0.2s，并停用3号主变压器差动保护。

（40）将金山变电站 5 号电容器由热备用转运行，检查并正常（对 5 号电容器冲击 3 次）。

（41）将金山变电站 6 号电容器由热备用转运行，检查并正常（对 6 号电容器冲击 3 次）。

（42）将金山变电站 2 号主变压器保护高后备复压闭锁过电流Ⅱ段调整为 0.2s，并停用 2 号主变压器差动保护。

（43）合上金山变电站分段 500 开关，拉开分段 400 开关。

（44）许可金山变电站 2 号主变压器、3 号主变压器保护向量测试，并正确。

（45）将金山变电站 2 号主变压器保护差动保护投入，并将高后备复压闭锁过电流Ⅱ段调回。

（46）将金山变电站 3 号主变压器保护差动保护投入，并将高后备复压过电流Ⅱ段调回。

（47）将江塘变电站金山Ⅱ716 线路保护的距离保护（相间和接地）Ⅲ段时间调回，并投入线路重合闸。

图 8-23 所示为 110kV 金山变电站电气主接线图。

五、110kV 明城 1 号主变压器高压侧电流互感器更换启动方案

1. 启动送电范围

明城变电站 1 号主变压器

2. 启动送电应具备的条件

明城变电站 1 号主变压器高压侧更换 TA 已结束，具备送电条件。

3. 启动送电步骤

（1）将 110kV 明城变电站 1 号主变压器保护定值按（*****）定值单调整并投入。

（2）将 110kV 明城变电站 110kV 备自投按（*****）定值单调整暂不投入。

（3）将 110kV 明城变电站 1 号主变压器高后备复压过电流Ⅱ段定值按 420A、0.2s 调整。

（4）将 220kV 凤阳变电站 110kV 凤明 543 开关保护定值按（*****）定值单调整并投入。

（5）将 220kV 凤阳变电站 110kV 凤明 543 开关相间距离Ⅲ段定值、接地距离Ⅲ段定值按 78Ω、0.2s 调整。

（6）停用 220kV 凤阳变电站 110kV 凤明 543 线路重合闸。

（7）将 220kV 肖巷变电站 110kV 肖明 661 线路由检修转运行。

（8）将 220kV 凤阳变电站 110kV 凤明 543 线路由检修转运行。

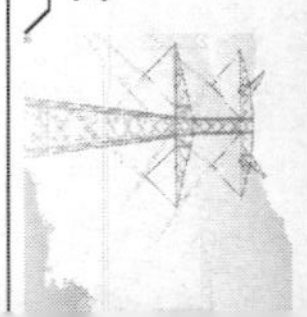

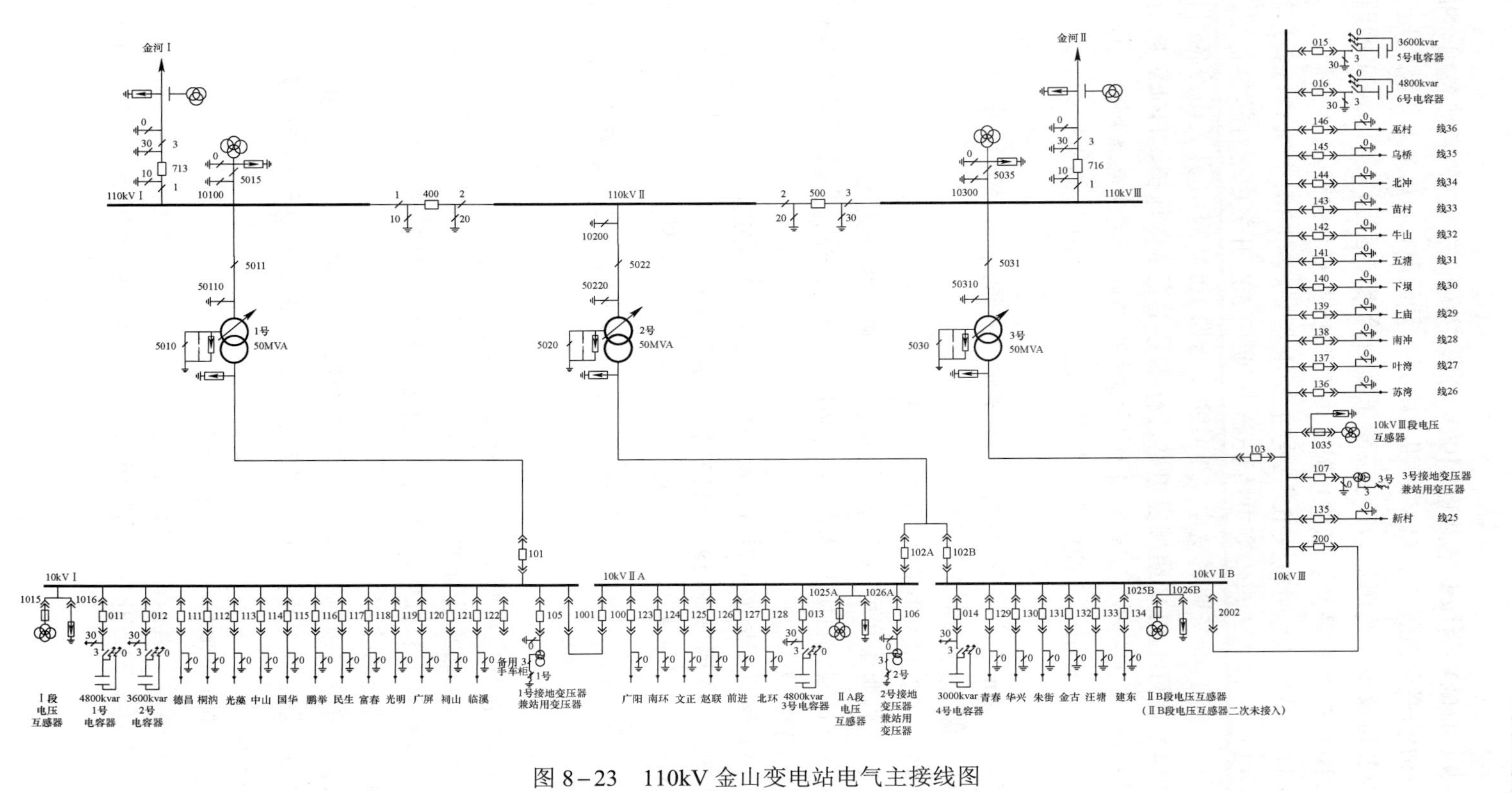

图 8－23　110kV 金山变电站电气主接线图

（9）110kV 明城变电站将 110kV 分段 700 开关由检修转热备用、将 110kV 肖明 661 开关及线路、110kV 凤明 543 开关及线路、110kV Ⅰ母及电压互感器，110kVⅡ母及电压互感器、1 号主变压器由检修转运行，合上 5431 闸刀。

（10）停用 110kV 明城变电站 1 号主变压器差动保护。

（11）将 110kV 明城变电站 1 号主变压器 35kV 侧 301 开关由冷备用转运行。

（12）将 110kV 东华变电站 35kV 东明门 363 开关由运行转热备用。

（13）将 110kV 明城变电站 1 号主变压器 10kV 侧 01 开关由冷备用转运行。

（14）许可 110kV 明城变电站进行 1 号主变压器保护、110kV 凤明 543 线路保护带负荷向量测试工作，正确后将分段 700 开关由热备用转运行、543 开关由运行转热备用；并许可明城变电站进行肖明 661 线路保护带负荷向量测试工作。

（15）110kV 明城变电站 1 号主变压器向量测试正确后，投入 110kV 明城变电站 1 号主变压器差动保护。

（16）将 220kV 凤阳变电站 110kV 凤明 543 开关保护定值调回。

（17）将明城变电站 1 号主变压器高压侧后备保护定值调回。

（18）110kV 明城变电站 543、661 开关带负荷测向量正确后，543、661 开关保护维持原方式。

（19）恢复明城变电站 35kV、10kV 正常运行方式。

（20）投入明城变电站 110kV 备自投。

图 8-24 所示为 110kV 明城变电站电气主接线图。

六、110kV 阚疃变电站 110kV 母线电压互感器更换启动方案

1. 启动送电范围

110kV 阚疃变电站 110kV 母线电压互感器。

2. 启动送电应具备的条件

阚疃变电站 110kV 母线电压互感器已更换，具备送电条件。

3. 启动送电步骤

（1）阚疃变电站 110kV 1 号主变压器及 701 开关、110kV Ⅰ段母线、110kV 茨阚线 712 开关由检修转热备用；110kV Ⅰ段母线电压互感器由检修转冷备用。

（2）茨淮变电站合上 110kV 茨阚线 712 开关。

（3）阚疃变电站 110kV Ⅰ段母线电压互感器由冷备用转运行。合上 110kV 茨阚线 712 开关冲击 110kV Ⅰ段母线及电压互感器一次，正常后拉开 712 开关。

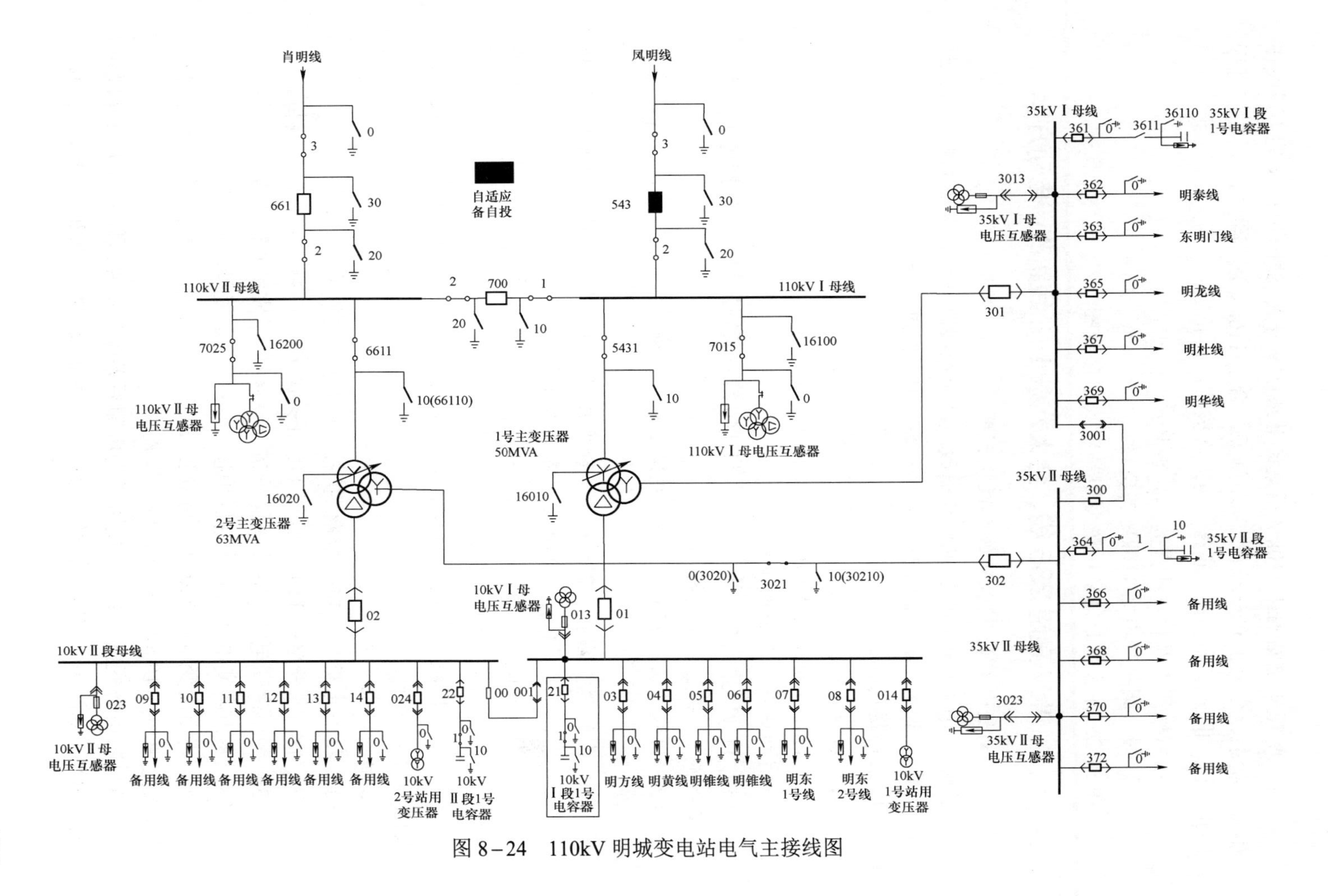

图 8-24 110kV 明城变电站电气主接线图

（4）阚疃变电站确认110kV板集矿Ⅱ线719开关、蒙阚T接线717开关在热备用状态。合上110kV分段7001闸刀，合上110kV茨阚线712开关，进行110kVⅠ、Ⅱ段母线电压互感器之间二次核相，并正确。

（5）阚疃变电站恢复1号主变压器正常方式。

（6）投入阚疃变电站110kV备自投。

图8-25所示为110kV阚疃变电站电气主接线图。

七、110kV泉南236线、金大九泉146线路改造启动方案

1. 山南变电站的110kV线路改造说明

220kV山南变电站的110kV线路改造涉及原线路开断、线路4侧T接，原山南变电站1号主变压器保护中压侧后备保护未做过向量试验。

2. 启动送电范围

（1）110kV泉南236线及其附属设备。

（2）110kV金大九泉146线及其附属设备。

3. 启动送电应具备的条件

（1）110kV泉南236线、金大九泉146线及其附属设备，改接施工结束，验收合格，具备启动送电条件。

（2）110kV泉南236线、金大九泉146线工频参数测试完毕，具备启动送电条件。

（3）山南变电站泉南236开关、金大九泉146开关、1号主变压器101开关、母联200开关具备接入110kV母差保护向量测试条件。

（4）山南变电站 220kV 1号主变压器 101 开关具备主变压器差动保护110kV侧带负荷向量试验条件。

（5）本次启动设备的所有保护、自动化装置应具备调试后即可投运的条件。

4. 启动送电步骤

（1）将山北变电站146线路保护按（*****）定值单调整并投入。

（2）将山北变电站110kV旁路110开关保护按（*****）定值单调整。

（3）将山南变电站146线路保护按（*****）定值单调整并投入。

（4）将山南变电站236线路保护按（*****）定值单调整并投入。

（5）将山南变电站200开关母联独立过电流保护中过电流Ⅰ段、零序过电流Ⅰ段定值均按1000A、0.2s调整并投入。

（6）将山南变电站1号主变压器高压侧后备保护中复压闭锁过电流Ⅱ段定值按500A、0.2s（一次值）调整，零序过电流Ⅱ段时间按0.2s调整（两套）。

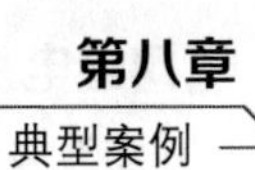

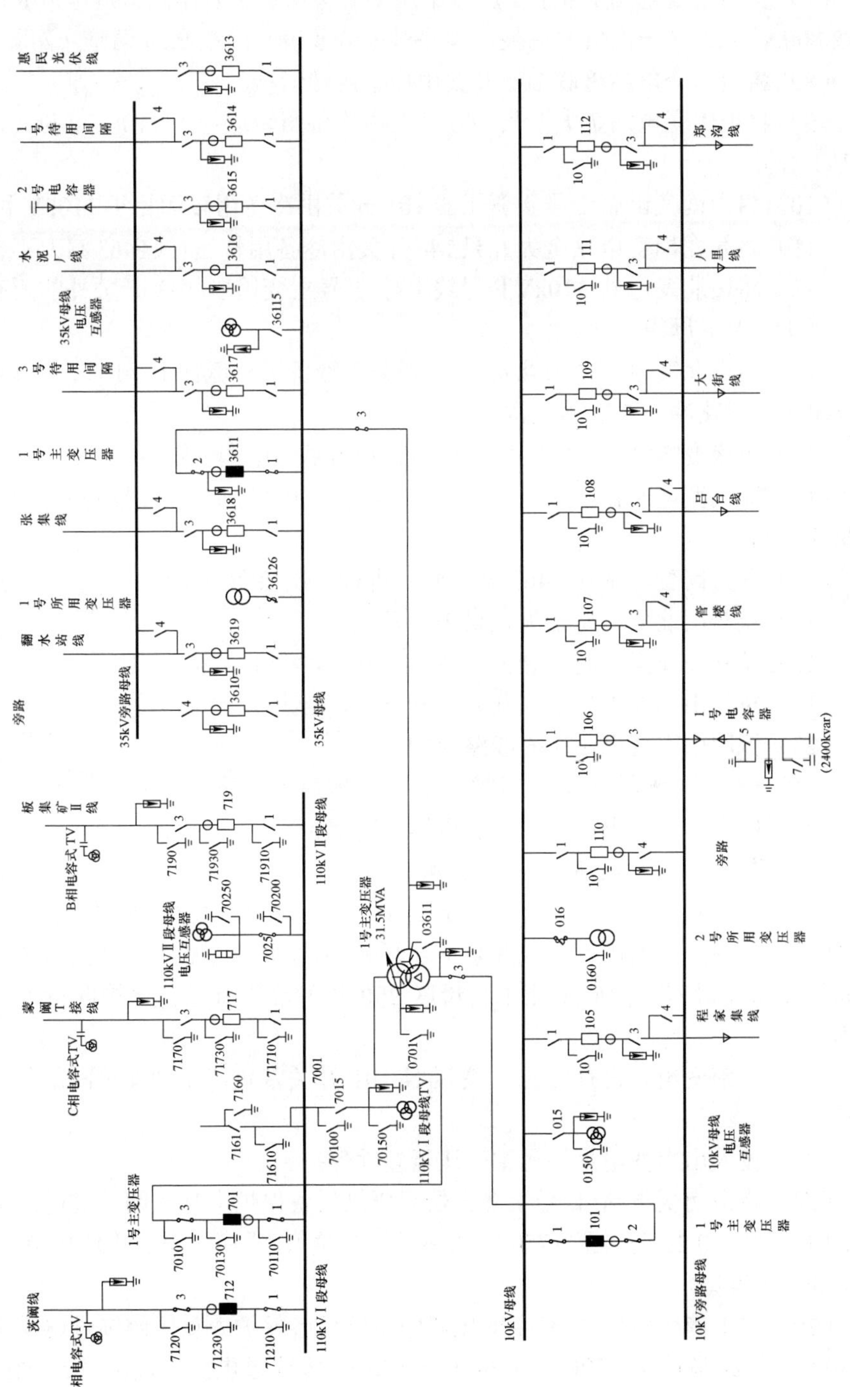

图 8-25 110kV 阚疃变电站电气主接线图

（7）将山南变电站1号主变压器中压侧后备保护中复压闭锁过电流Ⅱ段定值按800A、0.2s（一次值）调整，零序过电流Ⅱ段时间按0.2s调整（两套）。

（8）将山南变电站母联200开关由冷备用转运行。

（9）将山南变电站金大九泉146开关由冷备用转运行于110kVⅡ母（1463闸刀不合）。

（10）将山南变电站1号主变压器101开关由冷备用转运行于110kVⅠ母。

（11）将九龙岗变电站金大九泉146开关由冷备用转运行（1463闸刀不合）。

（12）将山北变电站110kVⅡ母线上除2号主变压器102开关外的所有开关倒至110kVⅠ母线运行。

（13）将山北变电站金大九泉146开关由冷备用转运行于110kVⅡ母对金大九泉146线路冲击3次并正常。

（14）山南变电站在1463闸刀两侧进行一次核相并正确。

（15）大通变电站在金大九泉146线进线和田大九159线进线侧进行一次核相并正确。

（16）九龙岗变电站在1463闸刀两侧进行一次核相并正确。

（17）拉开山北变电站金大九泉146开关。

（18）拉开九龙岗变电站金大九泉146开关，合上1463闸刀。

（19）拉开山南变电站金大九泉146开关，合上1463闸刀。

（20）停用山南变电站146线路保护。

（21）停用山南变电站1号主变压器中压侧后备保护。

（22）停用山南变电站1号主变压器差动保护。

（23）合上山南变电站金大九泉146开关。

（24）合上九龙岗变电站金大九泉146开关，拉开田大九159开关。

（25）山南变电站进行金大九泉146开关、1号主变压器101开关带负荷保护向量测试和母差保护向量测试、母联200开关带负荷母差保护向量测试并正确。

（26）山南变电站进行1号主变压器101开关带负荷差动保护向量测试并正确。

（27）投入山南变电站1号主变压器差动保护。

（28）将山南变电站1号主变压器高压侧后备保护中复压闭锁过电流Ⅰ段定值由800A、0.2s调回至1750A、0.9s（一次值），零序过电流Ⅰ段由0.2s调回至0.9s（两套）。

（29）将山南变电站1号主变压器中压侧后备保护中复压闭锁过电流定值由800A、0.2s调回至2720A、0.6s（一次值），零序过电流Ⅰ段由0.2s调回至0.6s（两套）。

（30）山南变电站投入 1 号主变压器中压侧后备保护。

（31）山南变电站投入 146 线路保护。

（32）将山南变电站金大九泉 146 开关由 110kVⅡ母倒至 110kVⅠ母运行。

（33）将山南变电站泉南 236 开关由冷备用转运行于 110kVⅡ母对泉南 236 线冲击 3 次并正常。

（34）天北变电站在泉南 236 线进线侧与金南 147 线进线侧进行一次核相并正确。

（35）将天北变电站泉南 236 开关由冷备用转运行，金南 147 开关由运行转热备用。

（36）停用山南变电站 236 线路保护。

（37）山南变电站进行泉南 236 开关带负荷本开关保护和母差保护向量测试并正确。

（38）投入山南变电站 236 线路保护。

（39）投入山南变电站 110kV 母差保护。

（40）停用山南变电站 200 开关母联独立过电流保护。

（41）将大通变电站 2 号主变压器由冷备用转运行，10kV 分段 03 开关由运行转热备用。

（42）合上天北变电站金南 147 开关，拉开泉南 236 开关。

（43）合上山北变电站金大九泉 146 开关。

（44）拉开山南变电站金大九泉 146 开关。

（45）山北变电站 110kV 母线运行方式复原，金大九泉 146 开关运行于 110kVⅡ母。

（46）天北变电站投入 110kV 备自投。

（47）大通变电站投入 110kV 备自投。

（48）九龙岗变电站投入 110kV 备自投。

图 8-26 所示为 110kV 山南变电站配套工程启动送电示意图。

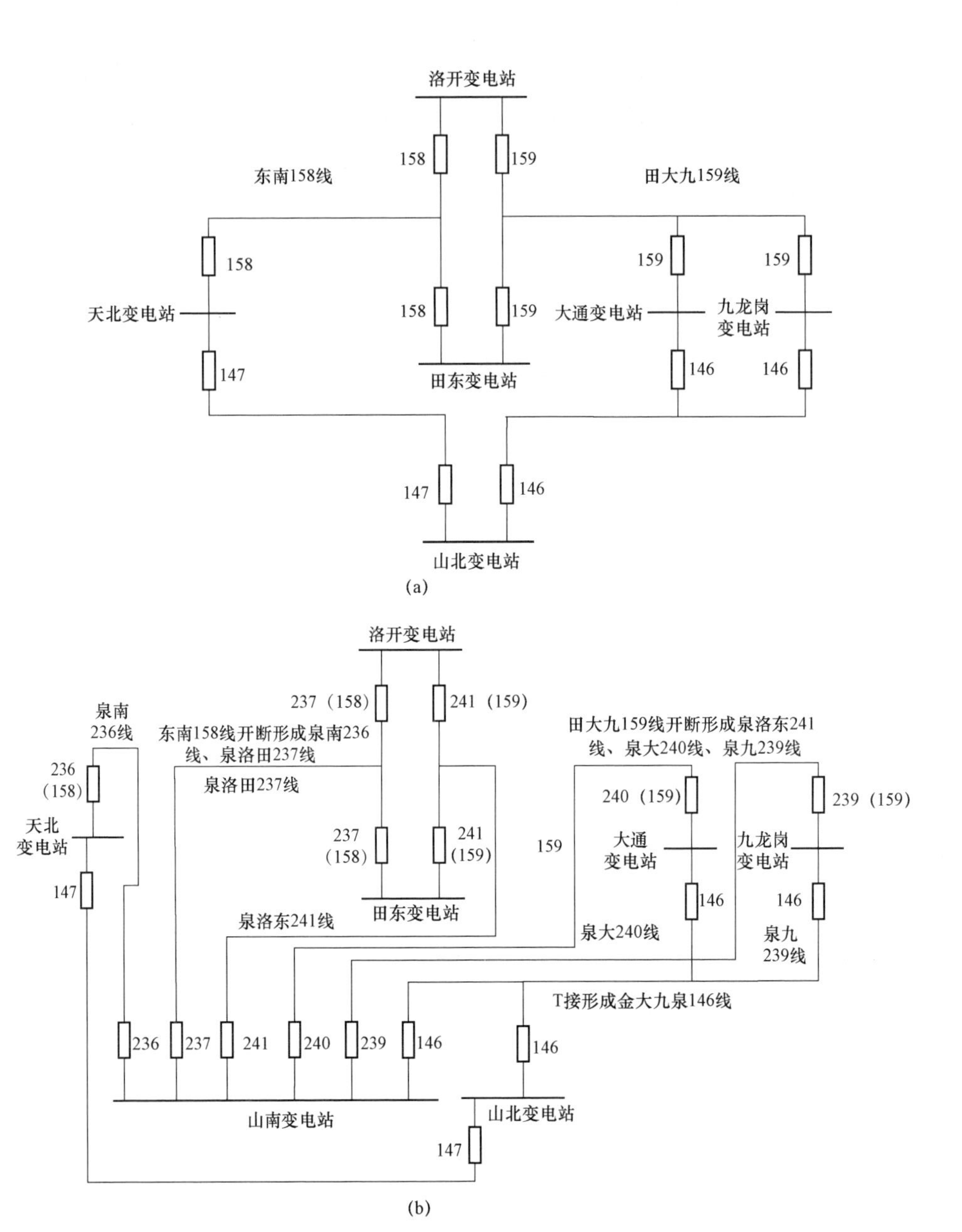

图 8－26　110kV 山南变电站配套工程启动送电示意图

（a）旧 110kV 接线示意图；（b）山南变电站配套工程 110kV 改接线示意图

八、110kV 盛南 633 线路、盛籍 632 线路间隔调整启动方案

1. 110kV 盛南 633、632 线路间隔调整说明

110kV 盛南 633、632 线路供电现状：220kV 繁荣变电站 110kV 盛南 633 线路向 110kV 昌盛变电站供电（T 接 110kV 小官山变电站），220kV 繁荣变电站 110kV 盛南 632 线路向 110kV 昌盛变电站供电。

110kV 盛南 633、632 线路保护配置现状：110kV 盛南 633 线路配置了三端光纤差动保护，110kV 盛南 632 线路配置了两端光纤差动保护，厂家均为四褐山继保。

因 220kV 杨毛埂变电站投运，分别从杨毛埂变电站新建 1 回线路至昌盛变电站、小官山变电站，为避免线路交叉，110kV 盛南 633、632 线路开断改造，633、632 线路间隔调整后，原盛南 633 线路进昌盛变电站的 632 开关间隔，昌盛变电站侧命名更改为盛南 633 线路，原盛南 632 线路进小官山变电站的 633 开关间隔，线路两侧命名更改为盛籍 632 线路。因 633、632 线路两侧的保护配置不一致，需将繁荣变电站 633、632 线路保护插件按对侧保护型号更换。本次 633、632 线路二次回路未更改，启动前只需做好一次核相、保护通道联调、传动试验，完成新定值单调整，启动中不做保护向量测试。

2. 启动送电应具备的条件

（1）核对 110kV 盛南 632 线路、110kV 盛南 633 线路工作结束。

（2）繁荣变电站盛南 632 开关、盛南 633 开关保护插件更换结束。

（3）繁荣变电站盛籍 634 开关间隔变更为待用 634 开关间隔、盛南 632 开关间隔变更为盛籍 632 开关间隔。

（4）小官山变电站盛南 633 开关间隔变更为盛籍 632 开关间隔。

（5）昌盛变电站盛南 632 开关间隔变更为盛南 633 开关间隔。

3. 启动送电步骤

（1）将小官山变电站 110kV 盛籍 632 线路微机光纤纵差保护按（*****）定值单调整并投入。

（2）将昌盛变电站 110kV 盛南 633 线路微机光纤纵差保护按（*****）定值单调整并投入。

（3）将繁荣变电站 110kV 盛籍 632 线路微机光纤纵差保护按（*****）定值单调整并投入。110kV 盛南 633 线路微机光纤纵差保护按（*****）定值单调整并投入。110kV 母差保护停用，110kV 母差保护按（*****）定值单调整并投入。110kV 线路故障录波按（*****）定值单调整并投入。

（4）110kV 盛籍 632 线路、110kV 盛南 633 线路一次核相正确并转为冷

备用。

（5）繁荣变电站合上母联600开关，拉开1号主变压器601开关，将盛籍632开关由冷备用转为运行于110kVⅠ母，拉开母联600开关。

（6）将小官山变电站盛籍632开关由冷备用转为运行。

（7）许可繁荣变电站110kVⅠ母电压互感器二次侧与110kVⅡ母电压互感器二次侧核相。

（8）繁荣变电站合上母联600开关（合环）。

（9）拉开小官山变电站分段500开关（解环），投入110kV备自投。

（10）将繁荣变电站盛籍632开关由110kVⅠ母倒至110kVⅡ母运行。

（11）将繁荣变电站盛南633开关由冷备用转为运行于110kVⅠ母，拉开母联600开关。

（12）将昌盛变电站盛南633开关由冷备用转为运行。

（13）许可繁荣变电站110kVⅠ母电压互感器二次侧与110kVⅡ母电压互感器二次侧核相。

（14）繁荣变电站合上母联600开关（合环）。

（15）昌盛变电站拉开盛南633开关（解环），投入110kV备自投。

（16）繁荣变电站合上1号主变压器601开关，拉开母联600开关。

图8－27～图8－30所示为繁荣变电站、昌盛变电站、小官山变电站电气主接线图及繁荣变电站间隔调整示意图。

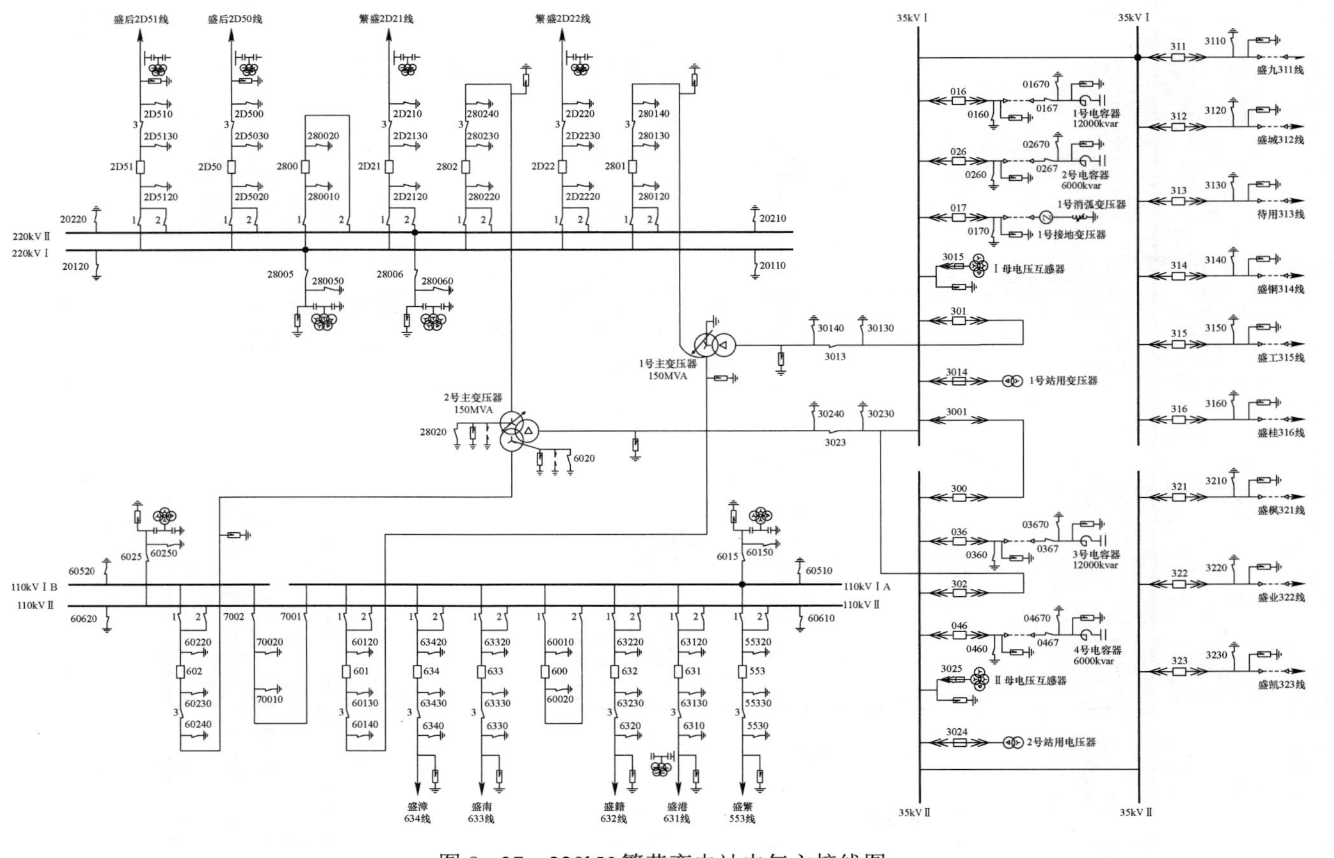

图 8-27　220kV 繁荣变电站电气主接线图

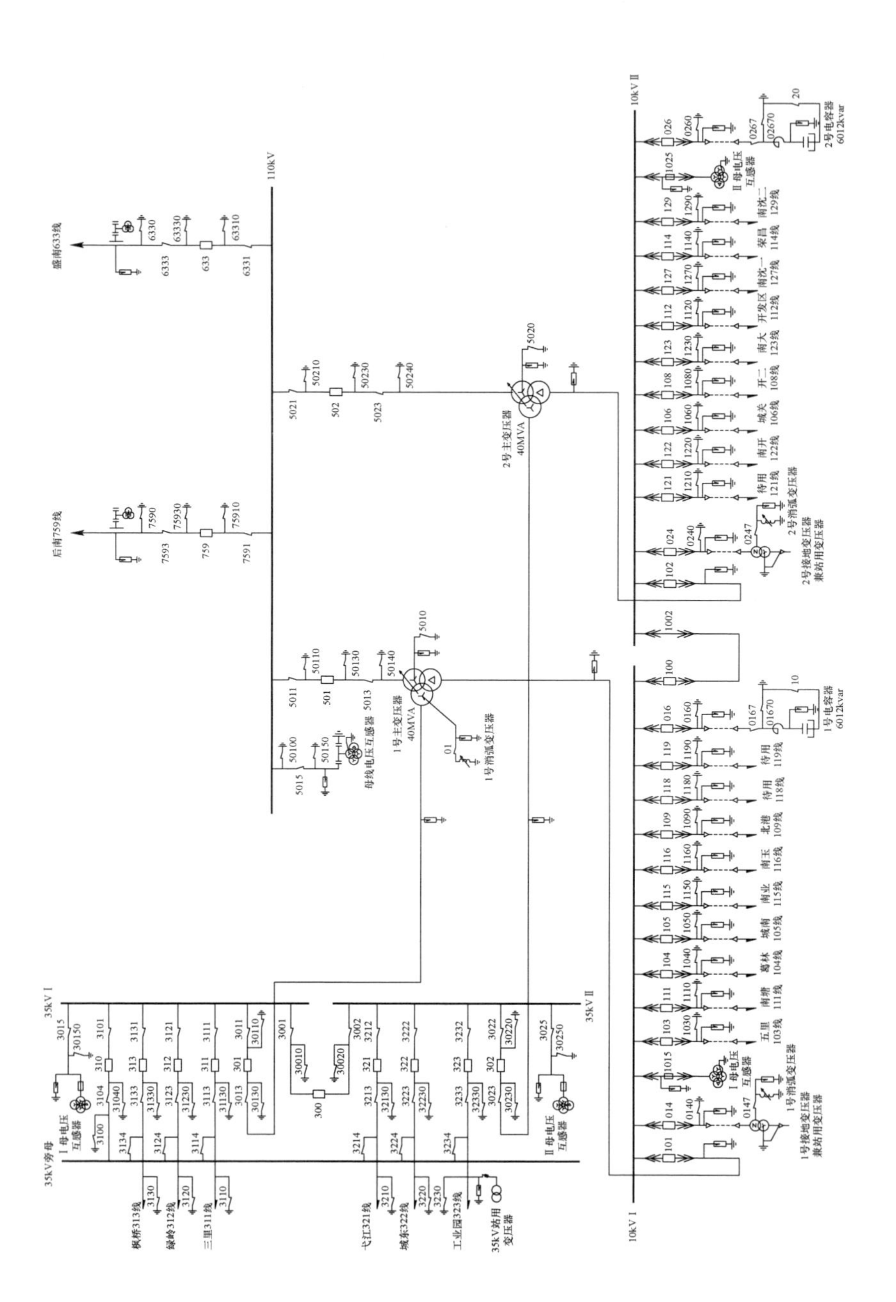

图 8-28 110kV 昌盛变电站电气主接线图

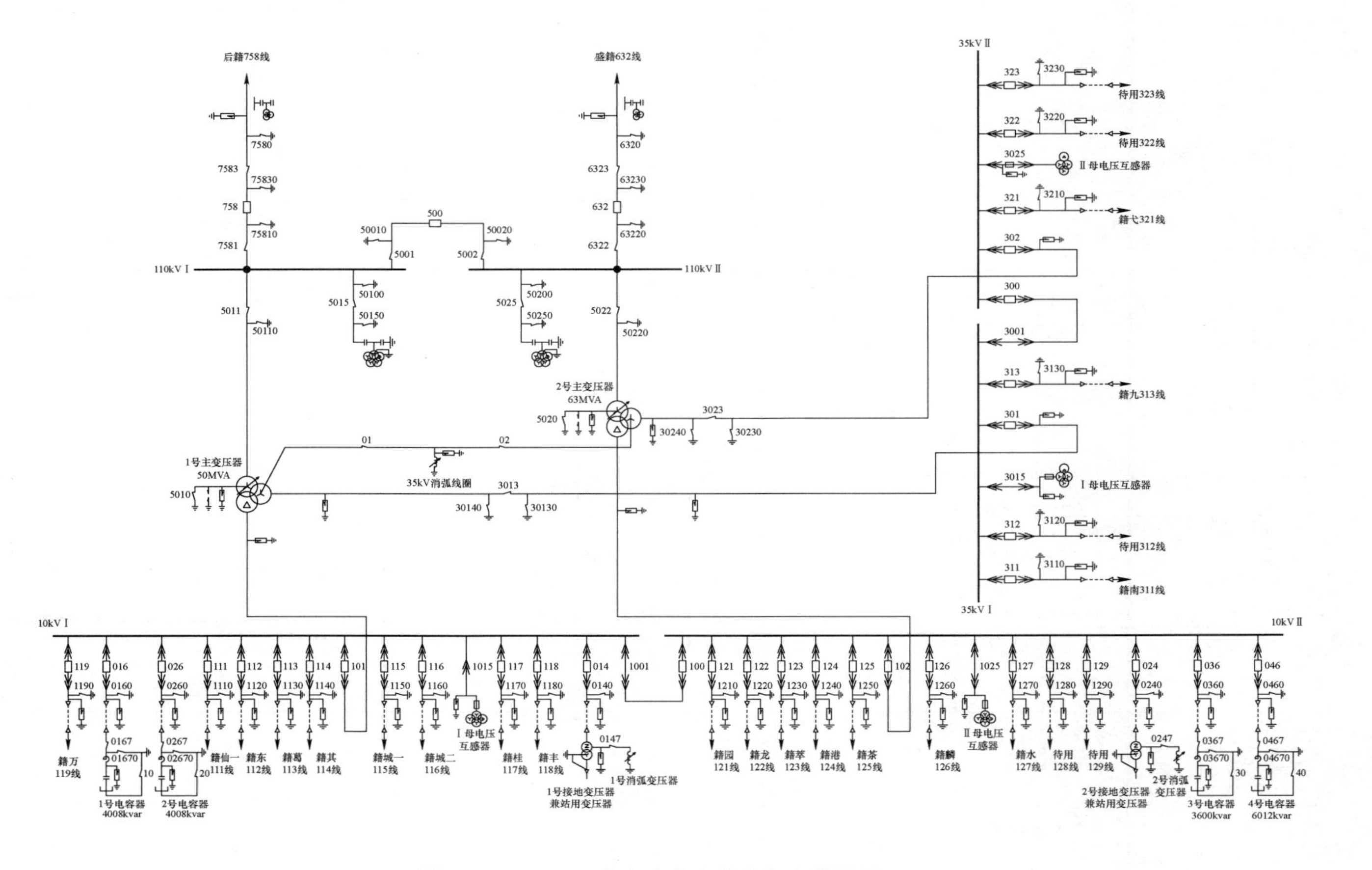

图 8-29 110kV 小官山变电站电气主接线图

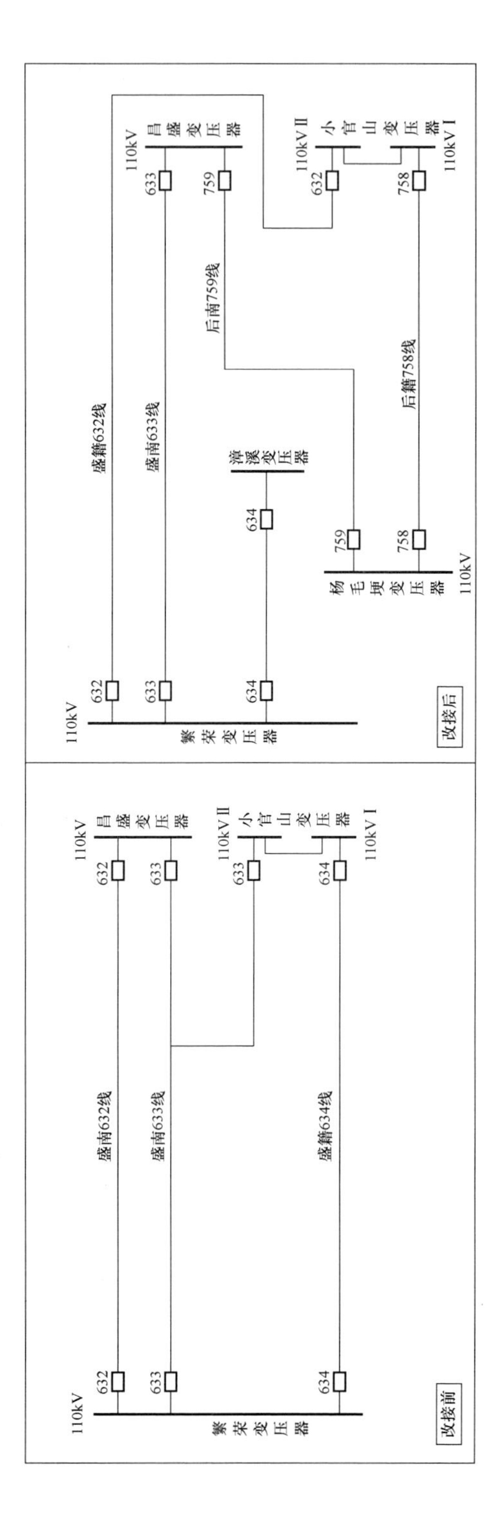

图 8−30　繁荣变电站 632、633 间隔调整示意图

九、110kV 小甸变电站 2 号主变压器更换后启动方案

110kV 小甸变电站为移交站，单母线接线，保护使用开关 TV，高、中、低压侧后备保护方向元件未做过向量试验，本次启动方案安排方向元件带负荷测向量试验。

1. 启动送电范围

110kV 2 号主变压器

2. 启动送电前应具备条件

（1）110kV 2 号主变压器更换工作结束，验收合格，具备启动送电条件。

（2）110kV 2 号主变压器差动保护正确，无须带负荷向量试验即可投入运行，后备保护需带负荷向量试验。

（3）小甸变电站 2 号主变压器 110kV 分头放在“9”挡。

3. 启动步骤

（1）将小甸变电站 2 号主变压器保护按（*****）定值单调整，投入差动，非电量，高、中、低压侧后备保护。

（2）合上小甸变电站 1020 闸刀。

（3）将小甸变电站 110kV 2 号主变压器 102 开关由冷备用转运行对 2 号主变压器冲击 5 次并正常。

（4）拉开小甸变电站 1020 闸刀。

（5）将小甸变电站 2 号主变压器 352 开关由冷备用转运行（3522 闸刀不合）。

（6）小甸变电站在 3522 闸刀两侧进行一次核相并正确。

（7）小甸变电站在 110kV 2 号主变压器 10kV 侧母线桥与 1 号主变压器 10kV 侧母线桥之间进行一次核相并正确。

（8）拉开小甸变电站 2 号主变压器 352 开关。

（9）合上小甸变电站 3522 闸刀。

（10）合上小甸变电站 2 号主变压器 352 开关。

（11）拉开小甸变电站 1 号主变压器 351 开关。

（12）将小甸变电站 2 号主变压器 02 开关由冷备用转运行。

（13）拉开小甸变电站 1 号主变压器 01 开关。

（14）小甸变电站进行 2 号主变压器高、中、低压侧后备保护带负荷向量试验并正确（仅测方向元件，高、中、低压侧后备保护正常投入）。

（15）合上小甸变电站 1 号主变压器 351 开关。

（16）拉开小甸变电站 2 号主变压器 352 开关。

（17）合上小甸变电站 1 号主变压器 01 开关。

（18）拉开小甸变电站 2 号主变压器 02 开关。

图 8-31 所示为 110kV 小甸变电站电气主接线图。

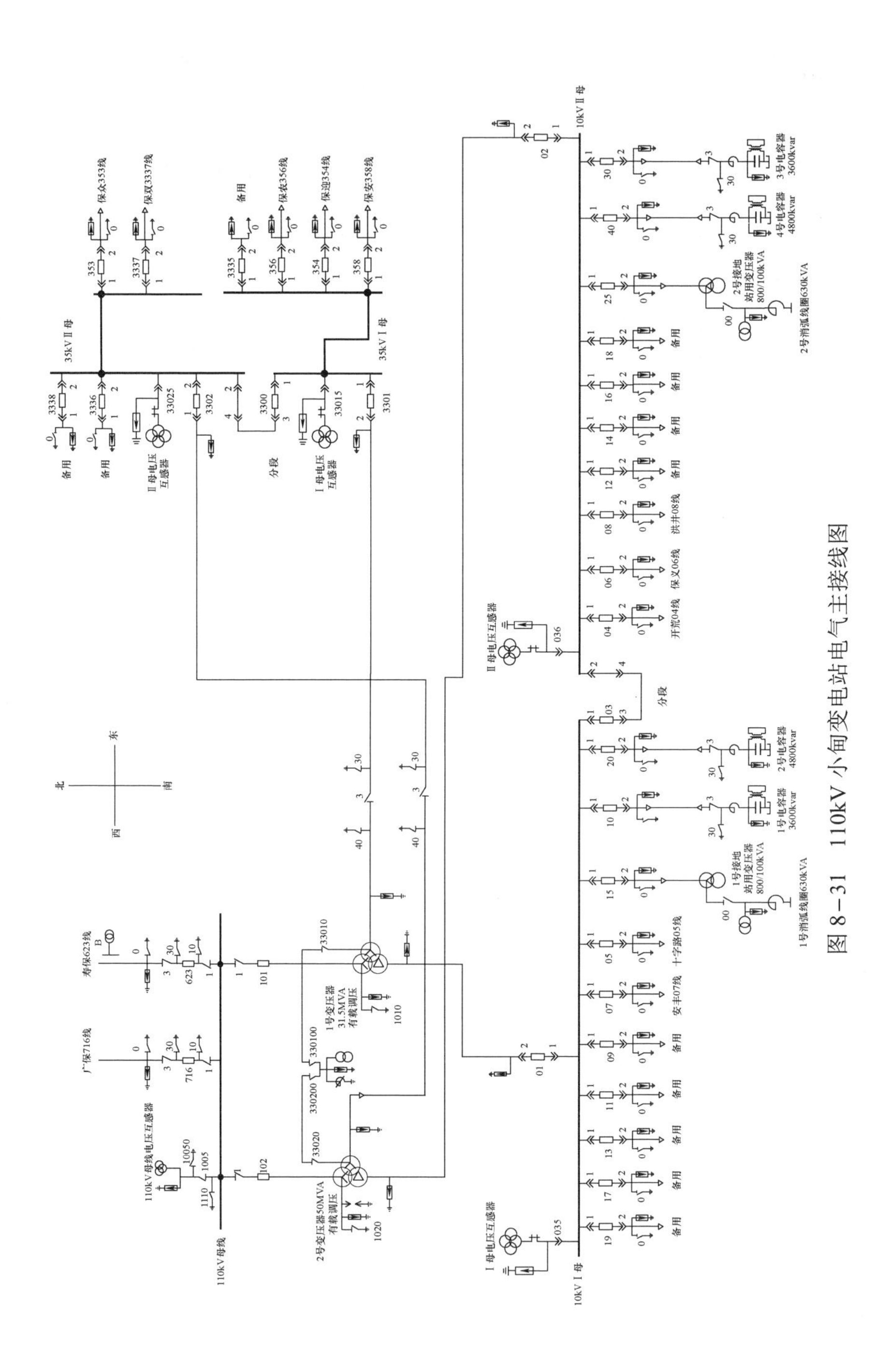

图 8-31 110kV 小甸变电站电气主接线图

十、110kV 瑞石 531、瑞尖 532 线路保护更换启动方案

1. 110kV 瑞石 531、瑞尖 532 线路保护更换说明

220kV 民主变电站扩建 1 个 110kV 牵引站间隔后，为了避免线路交叉，新扩建间隔将与瑞尖 532 开关、瑞石 531 开关间隔对调。

110kV 瑞尖 532 线路、瑞石 531 线路供电现状：220kV 民主变电站 110kV 瑞尖 532 线路向 110kV 江城变电站供电，110kV 瑞石 531 线路向 110kV 赭山变电站供电。

110kV 瑞尖 532 线路、瑞石 531 线路保护配置现状：110kV 瑞尖 532 线路配置了两端光纤差动保护，110kV 瑞石 531 线路配置了距离、零序电流保护。

新开关、瑞尖 532 开关、瑞石 531 开关间隔调整后，新开关间隔命名为瑞尖 532 开关，原瑞尖 532 开关命名为瑞石 531 开关，原瑞石 531 开关命名为瑞东 53F 开关。为了满足保护配置要求，新间隔保护装置与原瑞尖 532 线路保护装置对调。调整后的瑞尖 531 开关为新开关、老保护（二次回路有调整），瑞石 531 开关为老开关、新保护，瑞东 53F 开关为老开关、老保护，本次瑞东 53F 线路暂不接通。

2. 启动送电范围

民主变电站瑞石 531、瑞尖 532 开关及瑞石 531、瑞尖 532 线路。

3. 启动送电应具备的条件

民主变电站汇报，瑞石 531 开关间隔、瑞尖 532 开关间隔、瑞东 53F 开关间隔施工结束，验收合格，具备启动条件，且瑞东 53F 开关间未与线路连接。

4. 启动送电步骤

（1）将江城变电站瑞尖 532 线路由检修转为冷备用。532 线路微机光纤纵差保护按（*****）定值单调整并停用。

（2）将民主变电站 532 线路微机光纤纵差保护按（*****）定值单调整并停用，将瑞尖 532 开关及线路由检修转为冷备用。

（3）将民主变电站 531 线路保护按（*****）定值单调整并停用，将瑞石 531 线路由检修转为冷备用。

（4）将赭山变电站瑞石 531 线路由检修转为冷备用。

（5）合上民主变电站 2 号主变压器 502 开关，拉开母联 600 开关，拉开 5035 闸刀，拉开 3 号主变压器 503 开关。

（6）停用民主变电站 110kV 母差保护，投入 110kV 母差保护中的母联 600 开关过电流保护，合上 5324 闸刀，将瑞石 531 开关、瑞尖 532 开关、瑞东 53F 开关由冷备用转为热备用于 110kV ⅠB 母，合上母联 600 开关，合上瑞石 531 开关，拉开瑞石 531 开关，合上瑞东 53F 开关，拉开瑞东 53F 开关，合上瑞尖 532 开关，拉开瑞尖 532 开关。

（7）将江城变电站瑞尖 532 开关由冷备用转为热备用于 110kVⅡ母，合上瑞尖 532 开关。

（8）拉开民主变电站母联 600 开关，合上瑞尖 532 开关。

（9）许可民主变电站 110kVⅠB 母电压互感器二次侧与 110kVⅡ母电压互感器二次侧核相。

（10）民主变电站 110kVⅠB 母电压互感器二次侧与 110kVⅡ母电压互感器二次侧核相正确后，合上民主变电站母联 600 开关（合环）。

（11）拉开江城变电站师尖 571 开关（解环）。

（12）许可民主变电站 110kV 母差保护、110kV 瑞尖 532 线路保护带负荷测向量。

（13）民主变电站 110kV 母差保护、110kV 瑞尖 532 线路保护带负荷测向量后，民主变电站、江城变电站：投入瑞尖 532 线路微机光纤纵差保护。

（14）将民主变电站瑞尖 532 开关由 110kVⅠB 母倒至 110kVⅡ母运行，拉开母联 600 开关。

（15）合上赭山变电站 5315 闸刀，将瑞石 531 开关由冷备用转为运行。

（16）许可民主变电站 110kVⅠB 母电压互感器二次侧与 110kVⅡ母电压互感器二次侧核相。

（17）民主变电站 110kVⅠB 母电压互感器二次侧与 110kVⅡ母电压互感器二次侧核相正确后，民主变电站合上母联 600 开关（合环）。

（18）拉开赭山变电站师强 573 开关（解环），投入 110kV 备自投。

（19）许可民主变电站 110kV 母差保护、110kV 瑞石 531 线路保护带负荷测向量。

（20）民主变电站 110kV 母差保护、110kV 瑞石 531 线路保护带负荷测向量后投入，将 110kV 母差保护中的母联 600 开关过电流保护停用，将民主变电站瑞石 531 开关由 110kVⅠB 母倒至 110kVⅡ母运行，将瑞尖 532 开关由 110kVⅡ母倒至 110kVⅠB 母运行，合上 3 号主变压器 503 开关，拉开母联 600 开关，将瑞东 53F 开关由热备用转为冷备用。

（21）合上师专变电站师杨 577 开关（合环）。

（22）拉开鸠江变电站鸠长 58A 开关。

（23）合上师专变电站师强 573 开关，将师杨 577 开关、师强 573 开关改非自动。

（24）拉开师专变电站 5774、5734 闸刀，将师杨 577 开关、师强 573 开关改自动。

（25）合上鸠江变电站鸠长 58A 开关（合环）。

（26）拉开师专变电站师杨 577 开关（解环）。

图 8-32～图 8-34 所示为民主变电站、江城变电站、赭山变电站电气主接线图。

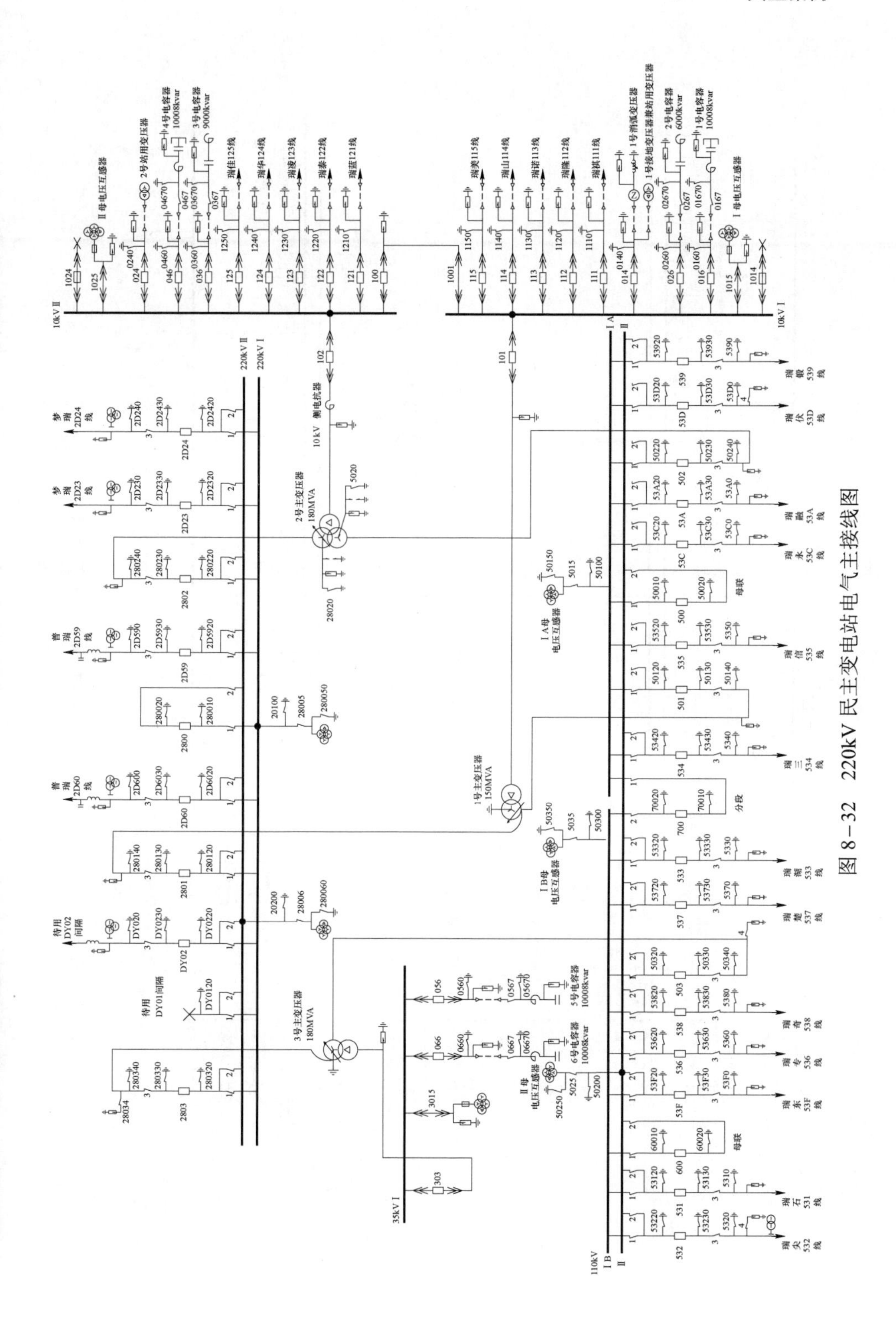

图 8-32　220kV 民主变电站电气主接线图

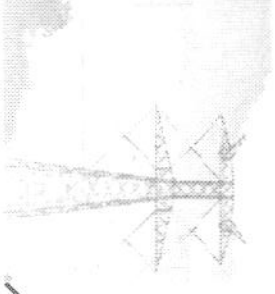

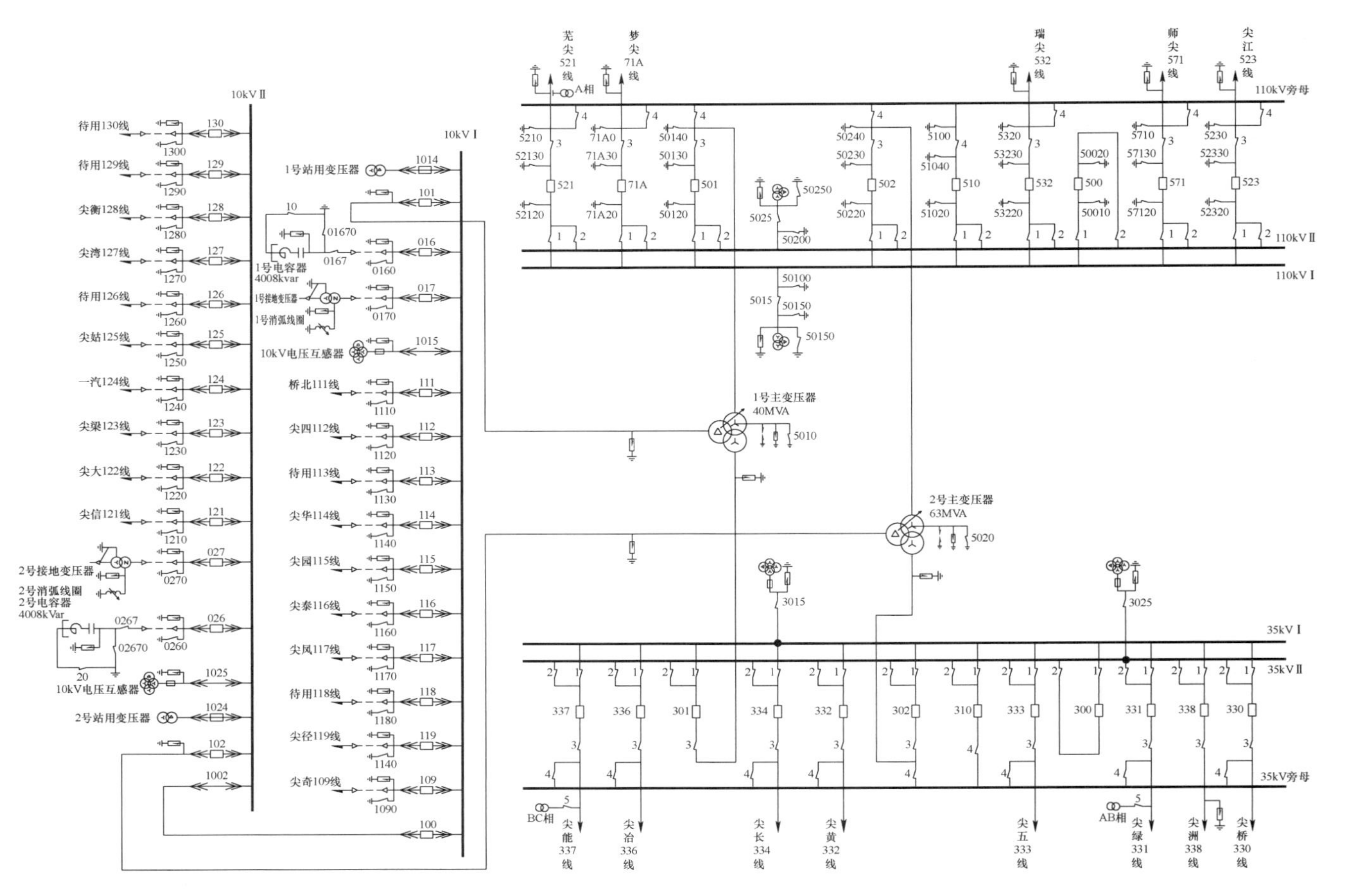

图8-33 110kV江城变电站电气主接线图

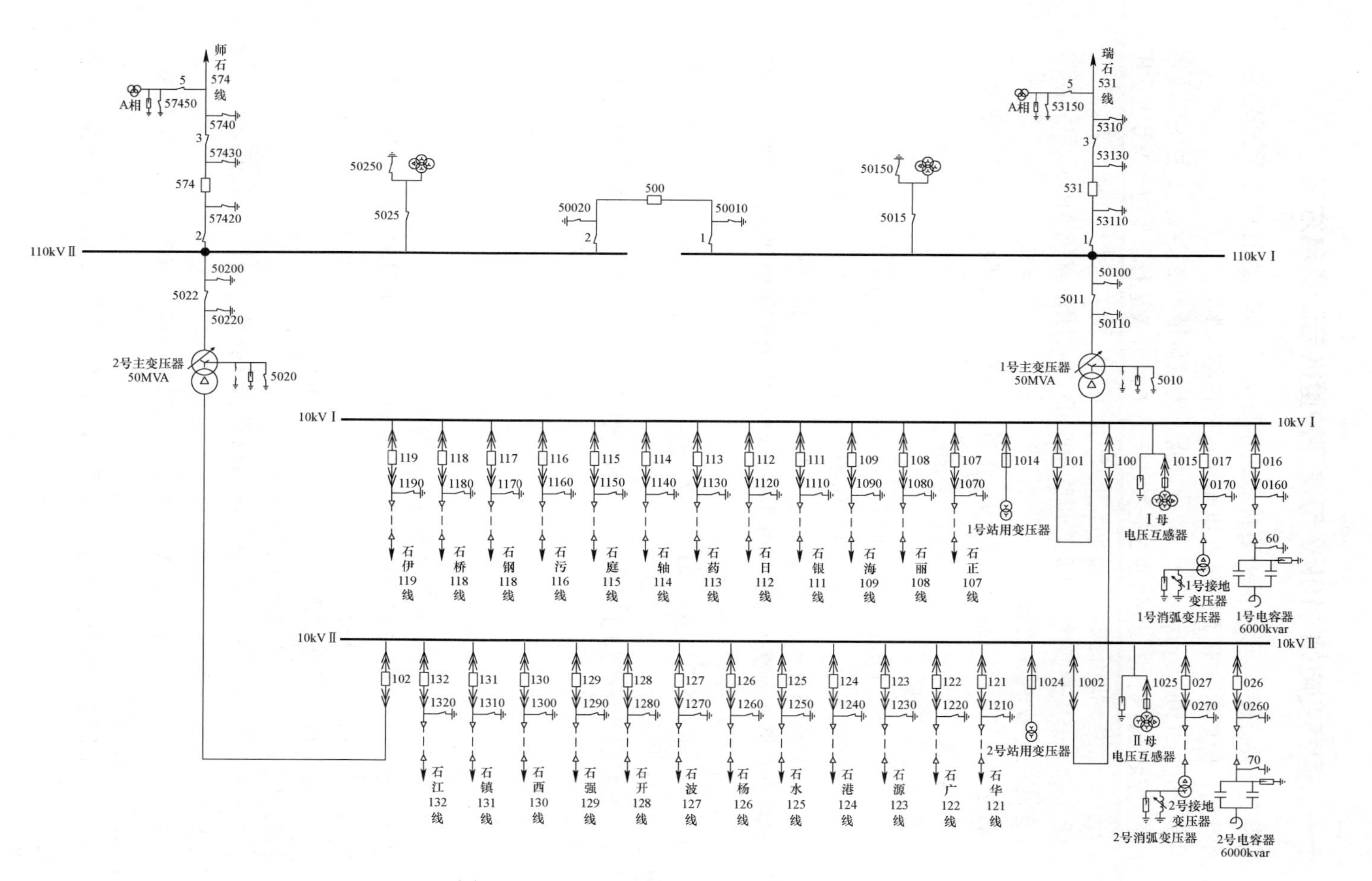

图 8-34 110kV 赭山变电站电气主接线图

十一、国泰变电站 110kV 母差保护更换启动送电方案

国泰变电站 110kV 母差保护装置已超年限运行，本次进行母差保护更换工作。启动前，应做好所有支路接入母差保护的传动试验。

国泰变电站 110kV 母线运行方式：110kV 为双母带旁路接线，1 号主变压器 501 开关、无城 541 开关、无镇 543 开关、无热 544 开关运行于Ⅰ母，2 号主变压器 502 开关、无岗 542 开关、无襄 545 开关、无龙 547 开关、无河 548 开关运行于Ⅱ母，新为 74A 开关热备用于Ⅱ母，母联 500 开关热备用，旁路 510 开关冷备用。

1. *启动送电应具备的条件*

国泰变电站汇报 110kV 母差保护已更换，母差传动试验工作结束，验收合格，具备启动条件。

2. *启动送电步骤*

（1）将国泰变电站 110kV 母差保护按（*****）定值单调整暂不投。

（2）许可国泰变电站 110kV 母差保护测向量（1 号主变压器 501、2 号主变压器 502、所有线路开关），向量测试并正确后，母差保护暂不投。

（3）将国泰变电站旁路 510 开关按（*****）定值单调整并投入，合上 5102、5104 闸刀，合上旁路 510 开关。

（4）拉开国泰变电站旁路 510 开关，合上 5474 闸刀，合上旁路 510 开关，拉开无龙 547 开关。

（5）许可国泰变电站 110kV 母差保护测向量（旁路 510 开关），向量测试并正确后，母差保护暂不投。

（6）合上国泰变电站无龙 547 开关，拉开旁路 510 开关，拉开 5102、5104、5474 闸刀。

（7）合上国泰变电站新为 74A 开关（合环）。

（8）拉开月异变电站新为 74A 开关（解环）。

（9）许可国泰变电站 110kV 母差保护测向量（新为 74A 开关），向量测试并正确后，母差保护暂不投。

（10）合上月异变电站新为 74A 开关（合环）。

（11）拉开国泰变电站新为 74A 开关（解环）。

（12）平衡负荷后，合上国泰变电站母联 500 开关（合环），拉开 2 号主变压器 502 开关（解环）。

（13）许可国泰变电站 110kV 母差保护测向量（母联 500 开关），向量测试并正确后，母差保护投入。

（14）合上国泰变电站 2 号主变压器 502 开关（合环），拉开母联 500 开关（解环）。

图 8－35 所示为 220kV 国泰变电站电气主接线图。

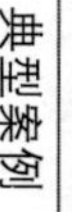

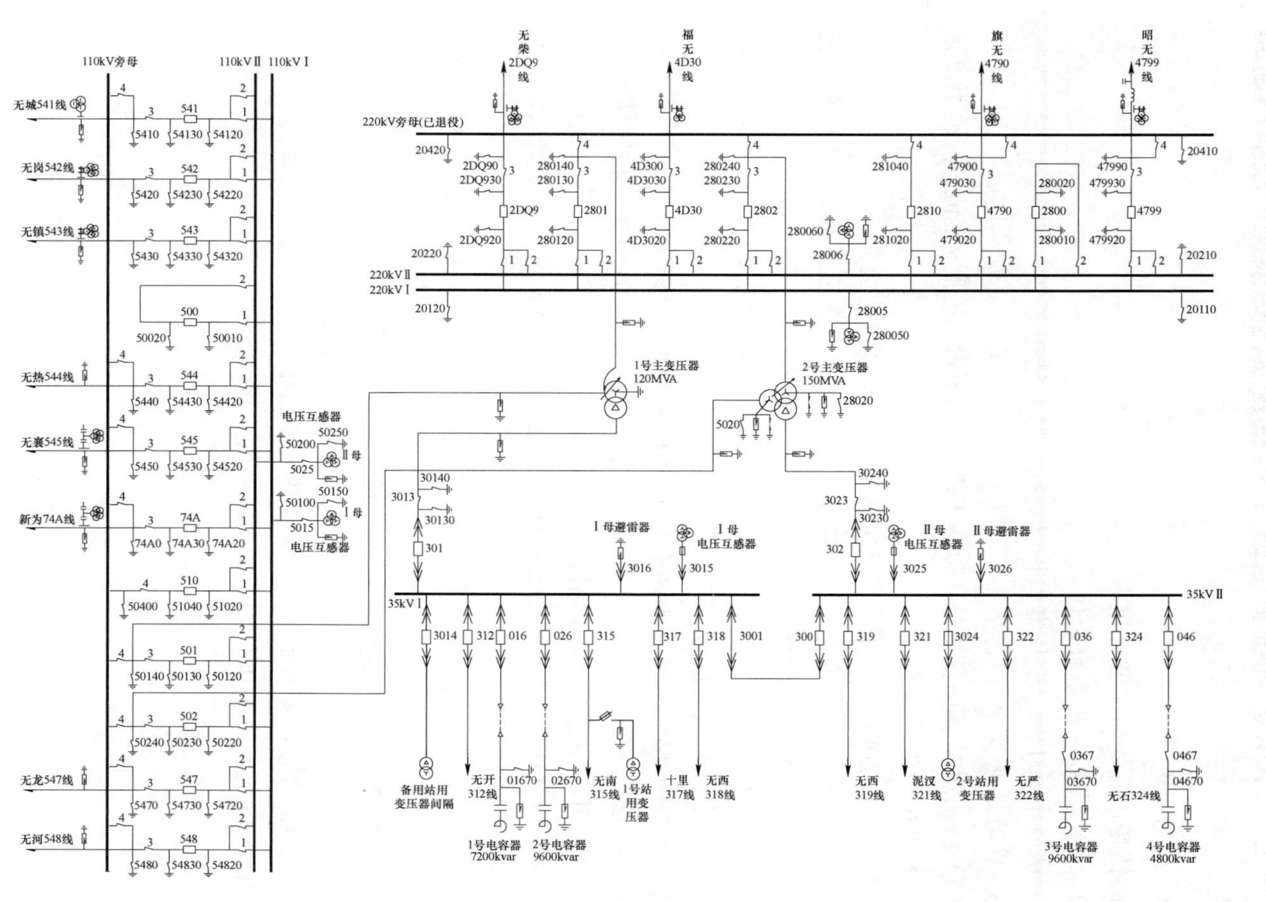

图 8-35　220kV 国泰变电站电气主接线图

十二、110kV 固镇变电站 1 号主变压器更换保护装置后启动方案

1. 启动送电范围

固镇变电站 1 号主变压器。

2. 启动送电应具备的条件

固镇变电站 1 号主变压器保护已更换，具备送电条件。

3. 启动送电步骤

（1）将 220kV 蒋南变电站 110kV 532 开关相间距离Ⅲ段定值、接地距离Ⅲ段定值按 98Ω、0.2s 调整。

（2）停用 220kV 蒋南变电站 110kV 蒋固 532 线路重合闸。

（3）将 110kV 固镇变电站 1 号主变压器第一套主变压器保护、第二套主变压器保护按（*****）、（*****）定值单调整并投入。

（4）将 110kV 固镇变电站 1 号主变压器第一套、第二套主变压器保护中高后备复压过电流Ⅱ段定值按 384A、0.2s 调整。

（5）停用 110kV 固镇变电站 1 号主变压器差动保护。

（6）110kV 固镇变电站将 1 号主变压器及 701、351、01 开关由检修转运行，将 02、352 开关由运行转热备用。

（7）许可 110kV 固镇变电站进行 1 号主变压器相关保护向量测试工作并正确。

（8）110kV 固镇变电站 1 号主变压器差动，高、中、低压侧后备保护向量测试正确后，投入 110kV 固镇变电站 1 号主变压器差动保护。

（9）将 220kV 蒋南变电站 110kV 蒋固 532 开关保护定值调回。

（10）投入 220kV 蒋南变电站 110kV 蒋固 532 线路重合闸。

（11）将 110kV 固镇变电站 1 号主变压器高压侧后备保护定值调回。

图 8-36 所示为 110kV 固镇变电站电气主接线图。

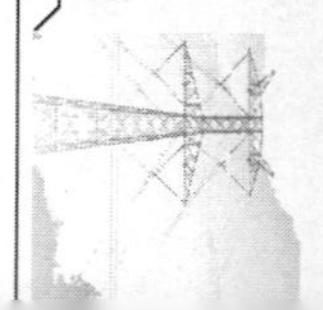

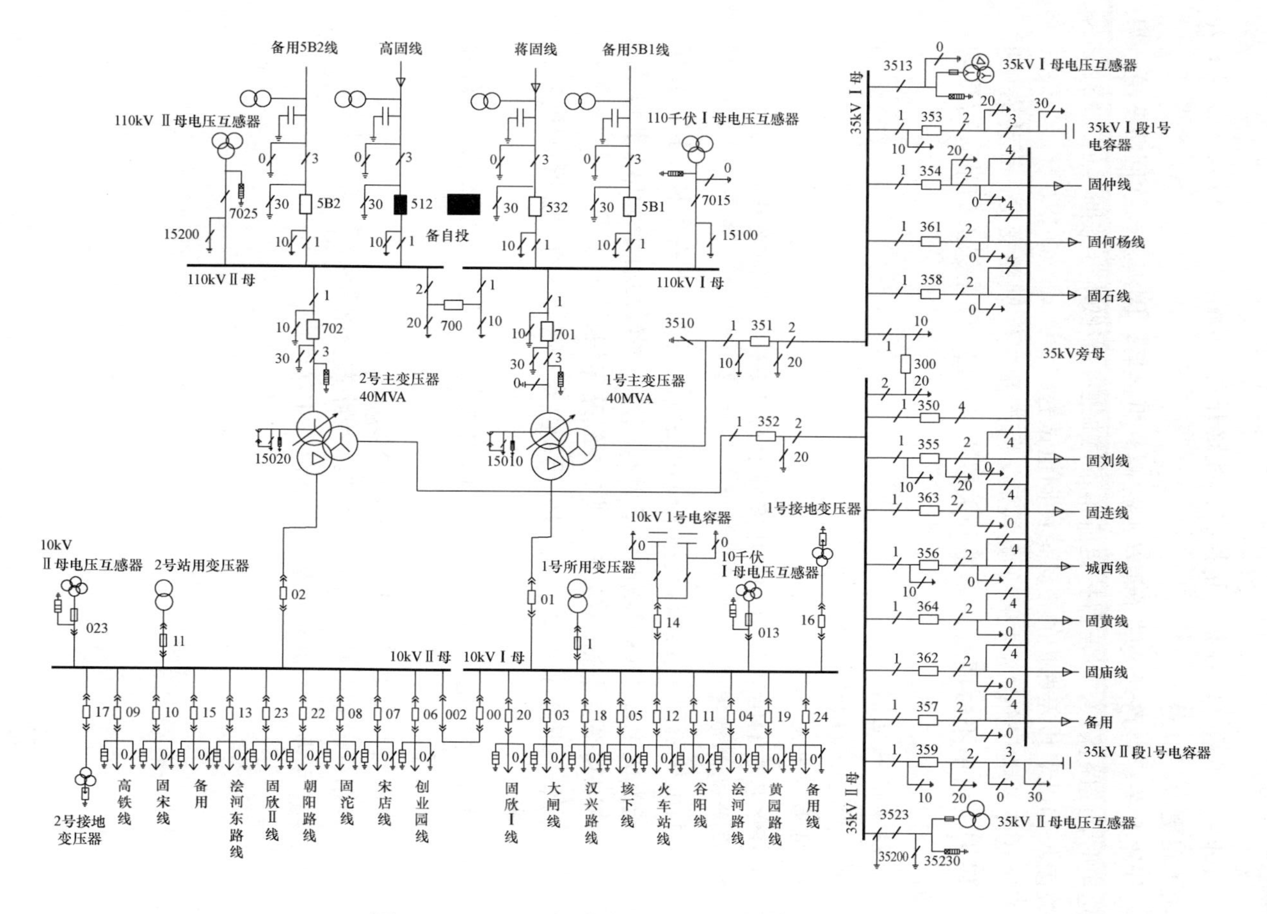

图 8-36　110kV 固镇变电站电气主接线图

十三、利辛变电站110kV茨利715开关端子箱更换后启动送电方案

110kV端子箱（汇控柜）更换有：线路开关、旁路开关、母联（分段）开关端子箱更换。

线路开关、旁路开关端子箱（汇控柜）更换后，因涉及二次回路变更，启动送电时，线路保护、母差保护定值单不做调整，需做本开关间隔的线路保护、开关接入110kV母差保护的带负荷测向量试验。

母联开关端子箱（汇控柜）更换后，因涉及二次回路变更，启动送电时，母差保护定值单不做调整，需做开关接入110kV母差保护的带负荷测向量试验。

1. *启动送电范围*

利辛变电站110kV茨利715开关。

2. *启动送电应具备的条件*

利辛变电站110kV茨利715开关端子箱已更换，具备送电条件。

3. *启动送电步骤*

（1）110kV茨利715线路及利辛变电站侧茨利715开关由检修转冷备用。

（2）茨淮变电站110kV茨利715开关由冷备用转运行于110kVⅡ母线。

（3）停用利辛变电站110kV茨利715线路保护。

（4）利辛变电站110kV茨利715开关由冷备用转运行，拉开110kV夏利724开关。

（5）许可利辛变电站110kV茨利715开关带负荷测110kV茨利715线路保护向量，并正确。

（6）投入利辛变电站110kV茨利715线路保护。

（7）停用夏湖变电站110kV夏利724线路重合闸。

图8-37所示为110kV利辛变电站电气主接线图。

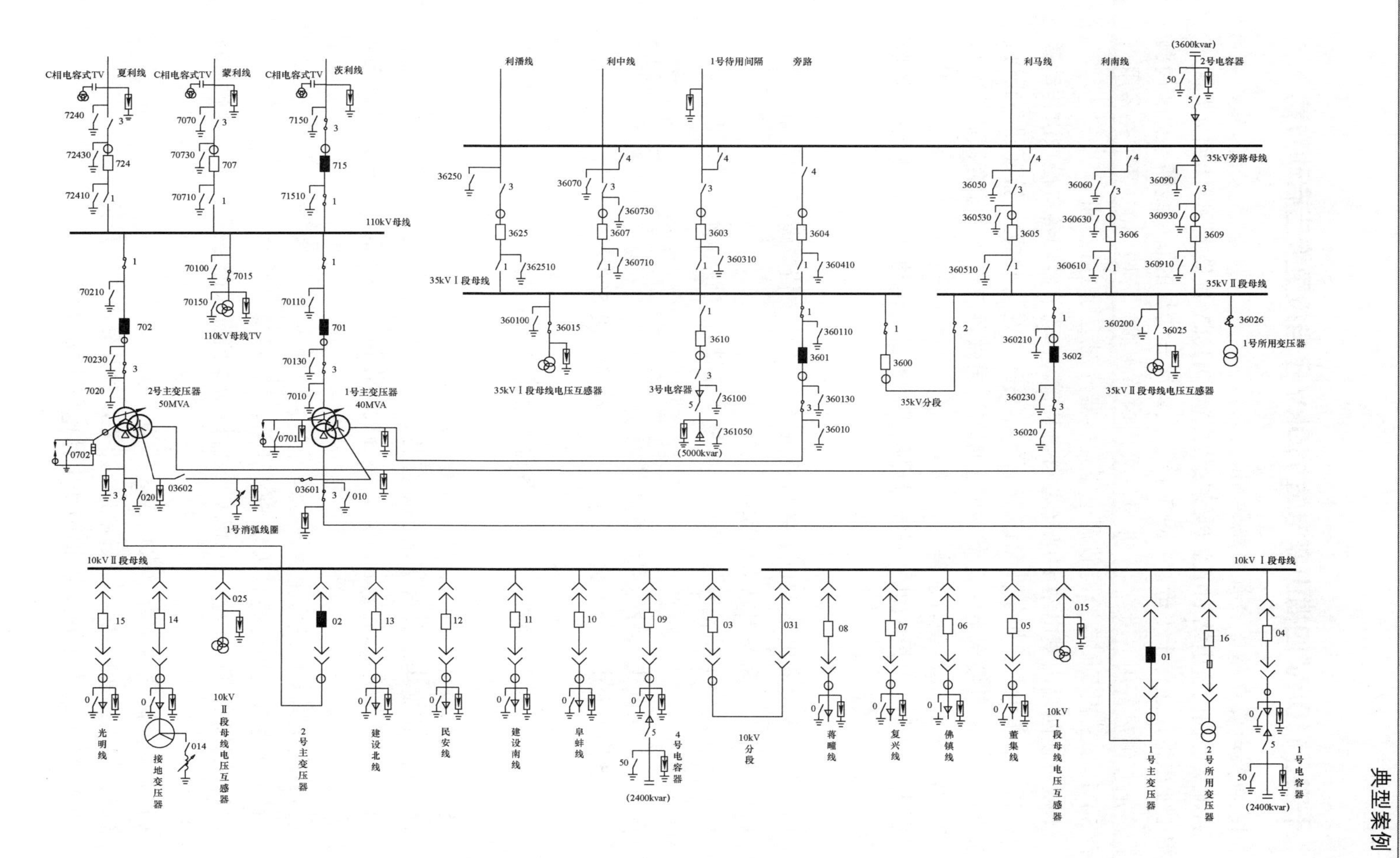

图 8-37　110kV 利辛变电站电气主接线图

十四、110kV 四褐山变电站 110kV 备自投更换后启动方案

1. 四褐山变电站备自投更换说明

110kV 四褐山变电站 110kV 母线接线现状：110kV 线路两回，1 回火龙岗—四褐山变电站，运行于Ⅰ母，1 回 T 接于火龙岗—清竹的联络线路（火龙岗侧运行，清竹侧热备用），运行于Ⅱ母，采用内桥接线，分段 500 开关热备用，两台 50MVA 三相双圈自冷有载调电压互感器分别运行于Ⅰ、Ⅱ母。

本次更换四褐山变电站 110kV 备自投装置，启动前做好备自投二次传动试验，按新定值单调整。如条件允许，可做备自投一次拉合试验，验证回路正确，如条件不允许，直接送电，待有站内全停时，再做备自投一次拉合试验。

2. 启动送电应具备的条件

四褐山变电站汇报 110kV 备自投已更换，备自投传动试验工作结束，验收合格，具备启动条件。

3. 启动送电步骤

（1）将四褐山变电站 110kV 备自投按（*****）定值单调整并投入。

（2）拉开火龙岗变电站火清 564 开关。

（3）四褐山变电站检查 110kV 备自投动作情况（跳 564 开关，自投 500 开关）。

（4）火龙岗变电站合上火清 564 开关。

（5）四褐山变电站合上火清 564 开关，拉开分段 500 开关。

（6）火龙岗变电站拉开火瑞 568 开关。

（7）四褐山变电站检查 110kV 备自投动作情况（跳 568 开关，自投 500 开关）。

（8）火龙岗变电站合上火瑞 568 开关。

（9）火龙岗变电站拉开火清 564 开关。

（10）四褐山变电站检查 110kV 备自投动作情况（跳 564 开关，自投 568 开关）。

（11）火龙岗变电站合上火清 564 开关。

（12）火龙岗变电站拉开火瑞 568 开关。

（13）四褐山变电站检查 110kV 备自投动作情况（跳 568 开关，自投 564 开关）。

（14）火龙岗变电站合上火瑞 568 开关。

（15）四褐山变电站合上火瑞 568 开关，拉开分段 500 开关。

图 8-38 所示为 110kV 四褐山变电站电气主接线图。

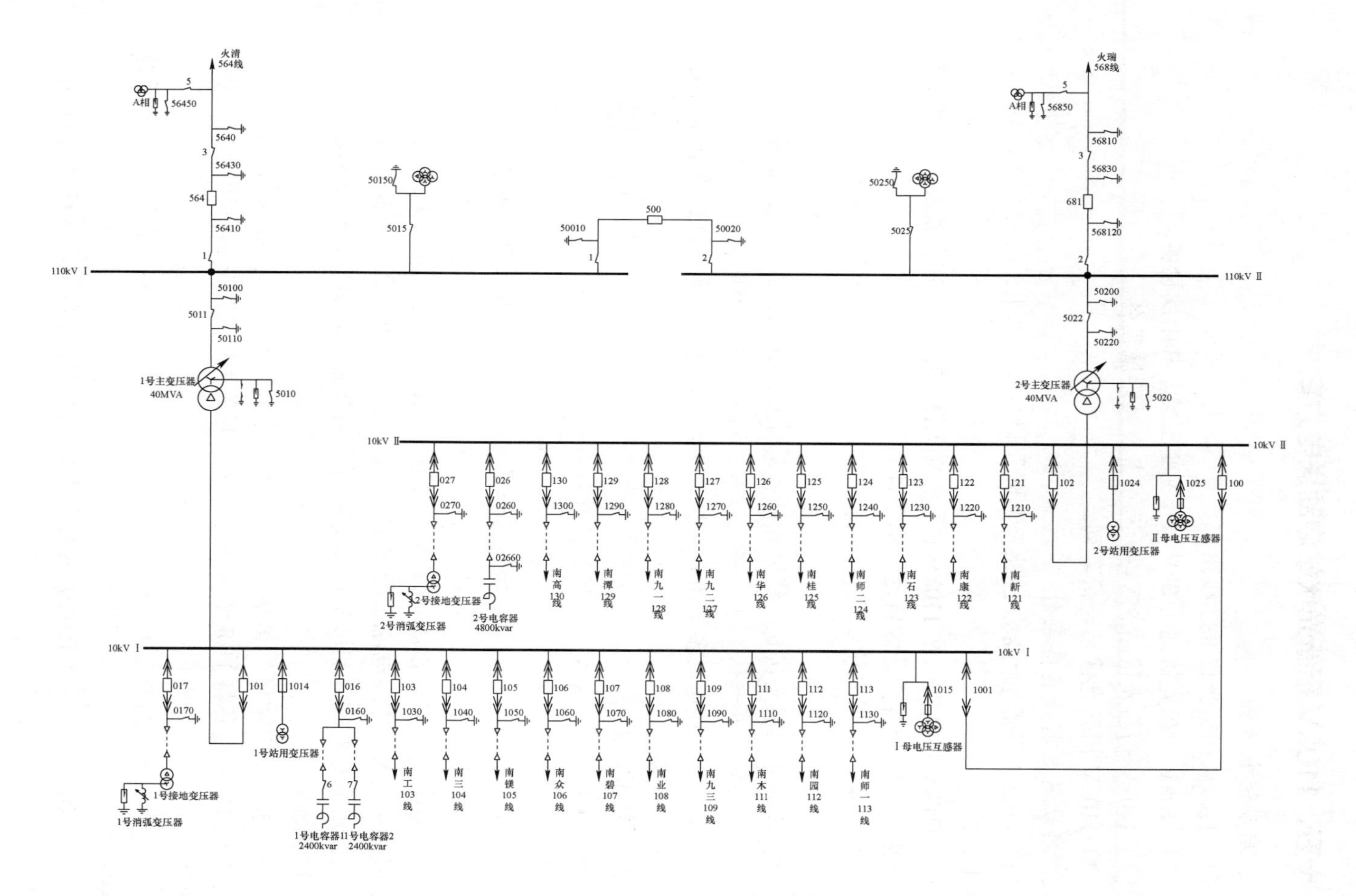

图 8-38　110kV 四褐山变电站电气主接线图

十五、110kV 招新光伏站启动送电方案

1. 启动送电范围

（1）110kV 招新光伏 883 线路。

（2）110kV 招新光伏站 110kV 1 号主变压器及其附属设备。

（3）110kV 招新光伏站 35kV 所有设备及其附属设备。

（4）110kV 招新光伏站光伏阵列。

2. 启动送电前应具备条件

（1）110kV 招新光伏 883 线路及其附属设备施工结束，验收合格，具备启动送电条件。

（2）110kV 招新光伏站 110kV 1 号主变压器、35kV 所有设备及其附属设备施工结束，验收合格，具备启动送电条件。

（3）110kV 招新光伏站光伏阵列备施工结束，验收合格，具备启动送电条件。

（4）110kV 招新光伏 883 线路光纤差动保护联调工作结束，并正确。

（5）110kV 招新光伏 883 线路工频参数测试完毕并报地调。

（6）本次启动送电设备的所有保护、自动化、通信装置安装试验全部结束，具备启动送电条件。

3. 启动送电步骤

（1）永丰变电站 883 线路保护按（*****）定值单调整并投入。

（2）招新光伏站 883 线路保护按（*****）定值单调整，暂不投入。

（3）永丰变电站 110kV 故障录波器按（*****）定值单调整并投入。

（4）永丰变电站 110kV 母线保护按（*****）定值单调整并投入。

（5）永丰变电站将母联 800 开关母联过电流保护过电流Ⅰ段按 1800A、0.2s 调整并投入，零序电流Ⅰ段按 1500A、0.2s 调整并投入（一次值）。

（6）永丰变电站将 110kV 母联 800 开关由热备用转运行，分段 820 开关由运行转热备用。

（7）永丰变电站将 110kVⅡA 母线所有开关倒至ⅠA 母线运行。

（8）永丰变电站将 110kV 招新光伏 883 开关由冷备用转热备用于 110kVⅡA 母线。

（9）永丰变电站合上 110kV 招新光伏 883 开关对线路冲击一次，正常后拉开 883 开关。

（10）招新光伏站将 110kV 招新光伏 883 开关由冷备用转运行（8831 闸刀不合）。

（11）永丰变电站合上 110kV 招新光伏 883 开关对线路及招新光伏站 883

开关冲击一次，并正常。

（12）招新光伏站拉开 110kV 招新光伏 883 开关，合上 8831 闸刀。

（13）将招新光伏站 110kV 招新光伏 883 开关在热备用状态下通知招新光伏站进行 110kV 1 号主变压器和 35kV 设备启动送电，结束后 110kV 招新光伏 883 开关、110kV 1 号主变压器和 35kV 设备在运行状态下回报地调。

（14）永丰变电站停用 883 线路相间距离、接地距离、零序过电流保护。

（15）要求招新光伏站将 SVG（动态无功补偿）投入非自动运行。

（16）永丰变电站进行 110kV 招新光伏 883 线路保护向量试验，并正确。

（17）招新光伏站进行 110kV 招新光伏 883 线路保护向量试验，并正确。

（18）永丰变电站投入 883 线路纵差保护、相间距离、接地距离、零序过电流保护。

（19）招新光伏站投入 883 线路纵差保护、相间、接地距离 I 段保护。

（20）永丰变电站停用 800 开关母联过电流保护。

（21）待招新光伏站回报 110kV 1 号主变压器保护及其他设备保护向量试验工作结束。

（22）通知招新电站将 SVG（动态无功补偿）改为自动投切状态。

（23）许可招新光伏站光伏阵列并网发电。

（24）回报省调 110kV 招新光伏 883 线路启动送电，招新光伏站光伏阵列并网发电工作结束。

（25）永丰变电站将 110kV 招新光伏 883 开关倒由 I A 母线运行，其他方式复原。

注：招新光伏站 110kV 1 号主变压器保护及其他设备保护向量试验、核相均由招新光伏站自行负责。

图 8－39 所示为 220kV 永丰变电站电气主接线图。

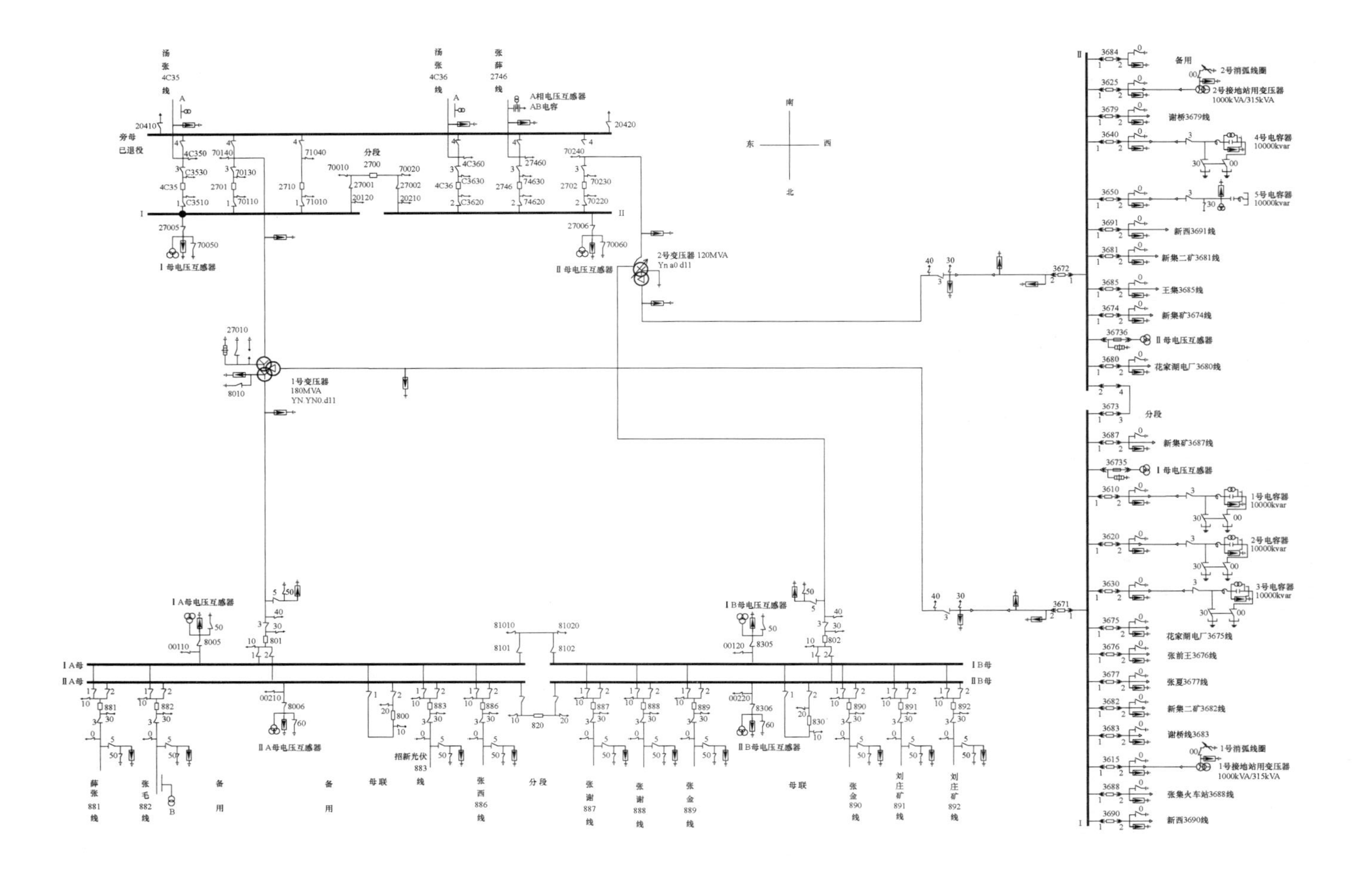

图 8-39　220kV 永丰变电站电气主接线图

第三节　35kV 及以下系统继电保护启动方案典型案例

一、35kV 双龙变电站启动方案

1. 启动送电范围

（1）双龙变电站 35kV Ⅰ段母线、35kV Ⅱ段母线、双龙Ⅰ373 开关、双龙Ⅱ376 开关、分段 300 开关、备用 369 开关及其附属设备。1 号主变压器及两侧开关及其附属设备。10kV Ⅰ段母线、10kV Ⅱ段母线、分段 100 开关、凤联 111 开关、中联 112 开关、赤峰 113 开关、国栋 114 开关、双盈 115 开关、1 号电容器及 011 开关、1 号站用变压器及其附属设备。

（2）35kV 双龙Ⅰ373 线路、双龙Ⅱ376 线路及其附属设备。

2. 启动送电应具备的条件

（1）35kV 双龙Ⅰ373 线路、双龙Ⅱ376 线路施工结束，一次定相正确，经验收合格，具备投运条件，且处冷备用状态。

（2）双龙变电站所有启动设备均已竣工，经验收合格，具备投运条件，且一次设备均处冷备用状态。

（3）双龙变电站 10kV 所有出线电缆均未接入。

（4）双龙变电站蓄电池电压处额定值。

（5）双龙变电站 1 号主变压器分接头位置：35/10.5kV。

（6）双龙变电站输变电工程各项生产准备工作均已完成。

（7）本次启动范围内所有保护、自动化、通信设备均已调试合格，具备投运条件。

3. 启动送电步骤

（1）阳江变电站将双龙Ⅰ373 线路保护按（*****）定值单调整，并投入。

（2）阳江变电站将双龙Ⅱ376 线路保护按（*****）定值单调整，并投入。

（3）双龙变电站将 35kV 1 号主变压器保护按（*****）定值单调整，并投入。

（4）双龙变电站将 35kV 备自投按（*****）定值单调整，暂不投入。

（5）双龙变电站将 10kV 线路开关保护按（*****）定值单调整，并投入。

（6）双龙变电站将 1 号电容器保护按（*****）定值单调整，并投入。

（7）双龙变电站将 35kV Ⅰ母电压互感器、分段 3001 闸刀、备用 369 开关由冷备用转运行。

（8）阳江变电站将1号主变压器301开关由冷备用转运行。

（9）阳江变电站将双龙Ⅰ373 开关由冷备用转运行，检查并正常（冲击双龙Ⅰ373线路3次）。

（10）阳江变电站拉开双龙Ⅰ373开关。

（11）双龙变电站将1号主变压器301开关、双龙Ⅰ373开关、双龙Ⅱ376开关、分段300开关均由冷备用转热备用。

（12）阳江变电站合上双龙Ⅰ373开关。

（13）双龙变电站合上双龙Ⅰ373开关，检查并正常（冲击双龙变电站35kVⅠ段母线）。

（14）双龙变电站合上分段300开关，检查并正常（冲击双龙变电站35kVⅡ段母线）。

（15）许可双龙变电站35kVⅠ母电压互感器核对正相序，并正确。

（16）双龙变电站将备用369开关由运行转冷备用。

（17）双龙变电站将双龙Ⅱ376开关由热备用转冷备用。

（18）阳江变电站将2号主变压器302开关由冷备用转运行。

（19）阳江变电站将双龙Ⅱ376开关由冷备用转运行，检查并正常（冲击双龙Ⅱ376线路3次）。

（20）阳江变电站拉开2号主变压器302开关，并改非自动。

（21）阳江变电站将分段300A开关由自动改非自动。

（22）双龙变电站将双龙Ⅱ376开关由冷备用转运行。

（23）许可阳江变电站35kVⅠ母电压互感器与35kVⅡ母电压互感器二次核相，并正确。

（24）阳江变电站将分段300A开关由非自动改自动。

（25）阳江变电站合上2号主变压器302开关（改自动）。

（26）双龙变电站拉开分段300开关。

（27）双龙变电站合上1号主变压器301开关，检查并正常（冲击1号主变压器5次）。

（28）双龙变电站拉开1号主变压器301开关。

（29）双龙变电站将1号主变压器101开关由冷备用转热备用。

（30）双龙变电站将1号电容器及011开关由冷备用转热备用。

（31）双龙变电站10kVⅠ母电压互感器、1号站用变压器、分段1001闸刀、分段100开关、凤联111开关、中联112开关、赤峰113开关、国栋113开关、双盈115开关均由冷备用转运行。

（32）双龙变电站合上1号主变压器101开关，检查并正常（冲击10kVⅠ段母线及出线开关）。

（33）许可双龙变电站 1 号主变压器进行有载调压试验，正常后分接头现场掌握。

（34）许可 35kVⅠ母电压互感器与 10kVⅠ母电压互感器二次核相，并正确。

（35）许可双龙变电站 1 号站用变压器核对正相序，并正确。

（36）双龙变电站将分段 1001 闸刀、分段 100 开关、凤联 111 开关、中联 112 开关、赤峰 113 开关、国栋 113 开关、双盈 115 开关均由运行转冷备用。

（37）阳江变电站将 1 号主变压器高后备保护高复压过电流Ⅰ段定值调整为 700A、高复压过电流Ⅰ段时限调整为 0.2s，并停用 1 号主变压器保护差动保护。

（38）双龙变电站将 1 号主变压器高后备保护复压过电流Ⅰ段时间调整为 0.2s，并停用 1 号主变压器差动保护。

（39）双龙变电站将 1 号电容器由热备用转运行，检查并正常（冲击 1 号电容器 3 次）。

（40）许可双龙变电站 1 号主变压器保护向量测试。

（41）向量测试正确后，双龙变电站将 1 号主变压器差动保护投入，并将变高后备保护复压过电流Ⅰ段时间调回。

（42）阳江变电站将双龙Ⅰ373、双龙Ⅱ376 线路保护过电流Ⅱ段定值和时间调回。

（43）阳江变电站投入双龙Ⅰ373、双龙Ⅱ376 线路重合闸。

（44）许可阳江变电站 1 号主变压器保护向量测试。

（45）向量测试正确后，阳江变电站将 1 号主变压器差动投入保护，并将高后备保护高复压过电流Ⅰ段定值、高复压过电流Ⅰ段时限调回。

（46）阳江变电站将 2 号主变压器高后备保护高复压过电流Ⅰ段定值调整为 700A、高复压过电流Ⅰ段时限调整为 0.2s，并停用 2 号主变压器保护差动保护。

（47）双龙变电站合上分段 300 开关，拉开双龙Ⅰ373 开关。

（48）许可阳江变电站 2 号主变压器保护向量测试。

（49）向量测试正确后，阳江变电站将 2 号主变压器差动保护投入，并将高后备保护高复压过电流Ⅰ段定值、高复压过电流Ⅰ段时限调回。

（50）双龙变电站合上双龙Ⅰ373 开关，拉开分段 300 开关。

（51）双龙变电站投入 35kV 备自投。

图 8-40 所示为 35kV 双龙变电站电气主接线图。

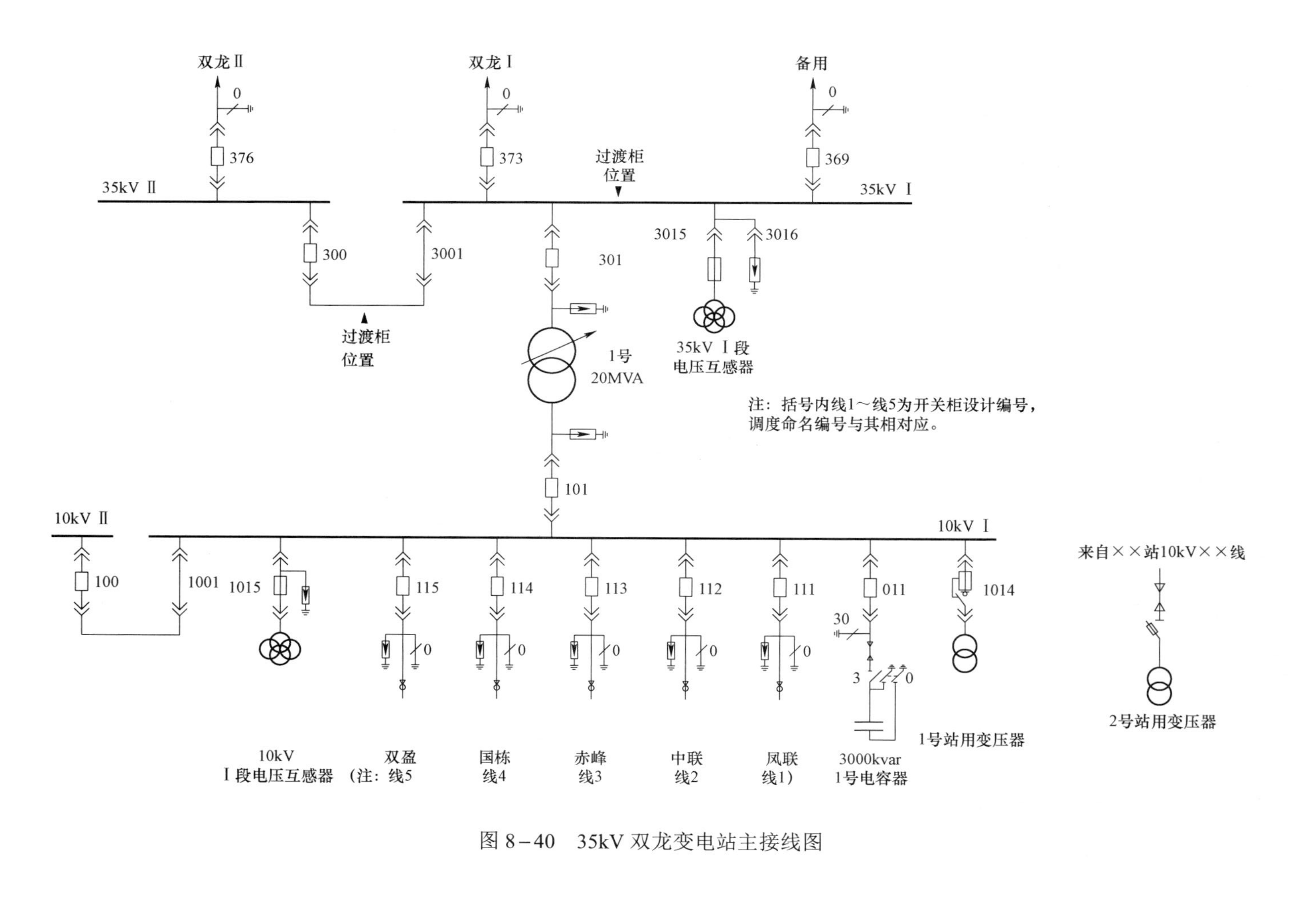

图 8-40　35kV 双龙变电站主接线图

二、35kV 丁店Ⅱ384 线路启动方案

1. 启动送电范围

35kV 丁店Ⅱ384 线路及其附属设备。

2. 启动送电应具备的条件

（1）玉山变电站丁店Ⅱ384 开关具备投运条件，且处冷备用状态。

（2）沈村变电站丁店Ⅱ384 开关具备投运条件，且处冷备用。

（3）35kV 丁店Ⅱ384 线经验收合格具备投运条件，且处冷备用状态。

（4）本次启动范围内所有保护、自动化、通信设备均已调试合格，具备启动条件。

3. 启动送电步骤

（1）玉山变电站将丁店Ⅱ384 线路保护按（*****）定值单调整，并投入。

（2）玉山变电站将 35kV 母差保护按（*****）定值单调整，暂不投入。

（3）沈村变电站将丁店Ⅱ384 线路保护按（*****）定值单调整，并投入。

（4）停用丁店Ⅱ384 线路两侧重合闸。

（5）沈村变电站将丁店Ⅱ384 开关由冷备用转运行（冲击 35kV 丁店Ⅱ384 线）。

（6）沈村变电站拉开丁店Ⅱ384 开关。

（7）玉山变电站将丁店Ⅱ384 开关由冷备用转运行，检查并正常。

（8）丁店变电站拉开玉店 336 开关。

（9）沈村变电站将丁店Ⅱ384 开关转运行。

（10）向量测试正确后，将丁店Ⅱ384 线路两侧保护方向元件投入，玉山变电站 35kV 母差保护投入。

（11）投入丁店Ⅱ384 线路两侧重合闸。

图 8-41 所示为系统接线图。

三、35kV 朱桥变电站 2 号主变压器扩建启动方案

1. 启动送电范围

朱桥变电站 35kV 朱桥 367 开关及其附属设备。2 号主变压器及 302、102 开关及其附属设备。10kVⅡ段母线、分段 100 开关及其附属设备。魏村 111 开关、裕丰 112 开关、备用 113 开关及其附属设备。2 号电容器及 012 开关、2 号站用电压器及其附属设备。

2. 启动送电条件

（1）本次启动范围内的所有设备均验收合格，具备投运条件，且一次设备均处冷备用。

（2）朱桥变电站 10kVⅡ段母线上所有出线均未接入站内。

（3）朱桥变电站蓄电池的电压处额定值。

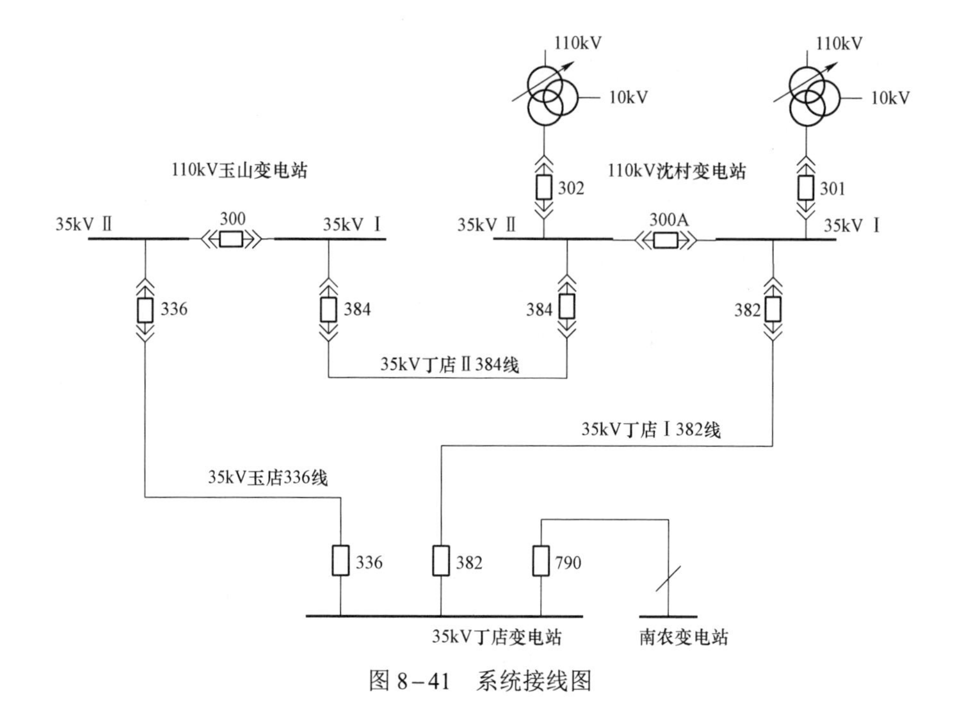

图 8-41　系统接线图

（4）朱桥变电站输变电工程各项生产准备工作均已完成。

（5）本次启动范围内所有保护、自动化、通信设备均已调试，具备投运条件。

3. 启动送电步骤

（1）南天变电站将南桥 670 线路保护按（*****）定值单调整，并投入。

（2）养贤变电站将朱桥 367 线路保护按（*****）定值单调整，并投入。

（3）朱桥变电站将 35kV 2 号主变压器保护按（*****）定值单调整，并投入。

（4）朱桥变电站将魏村 111 开关、裕丰 112 开关、备用 113 开关保护按（*****）定值单调整，并投入。

（5）朱桥变电站将 2 号电容器保护按（*****）定值单调整，并投入。

（6）朱桥变电站将 10kV Ⅰ段母线由检修转冷备用。

（7）朱桥变电站将 1 号主变压器及 101 开关由检修转冷备用。

（8）朱桥变电站将 35kV 母线、南桥 670 开关由检修转冷备用。

（9）将 35kV 南桥 670 线路、朱桥 367 线路均由检修转冷备用。

（10）朱桥变电站将 35kV 母线电压互感器由冷备用转运行。

（11）朱桥变电站将朱桥 367 开关由冷备用转热备用。

（12）养贤变电站将朱桥 367 线路保护过电流Ⅱ段定值调整为 850A、0.2s，并停用线路重合闸。

（13）养贤变电站将朱桥 367 开关由冷备用转运行，检查并正常。

（14）朱桥变电站合上朱桥 367 开关，检查并正常。

（15）朱桥变电站将南桥 670 开关由冷备用转运行。

（16）朱桥变电站将 1 号主变压器 301 开关由冷备用转运行。

（17）朱桥变电站将分段 100 开关由冷备用转热备用，并改非自动。

（18）朱桥变电站将 10kV Ⅰ段母线由冷备用转运行于 1 号主变压器 101 开关。

（19）朱桥变电站将 1 号站用变压器由冷备用转运行。

（20）朱桥变电站将 1 号电容器由冷备用转热备用。

（21）朱桥变电站将 2 号主变压器 302 开关由冷备用转运行，检查并正常（冲击朱桥变电站 2 号主变压器 5 次）。

（22）朱桥变电站拉开 2 号主变压器 302 开关。

（23）朱桥变电站将 10kV Ⅱ母电压互感器、2 号站用变压器、魏村 111 开关、裕丰 112 开关、备用 113 开关均由冷备用转运行。

（24）朱桥变电站将 2 号电容器由冷备用转热备用。

（25）朱桥变电站合上 2 号主变压器 102 开关，检查并正常。

（26）许可朱桥变电站 35kV 母线电压互感器与 10kV Ⅱ母电压互感器二次核相，10kV Ⅱ母电压互感器与 10kV Ⅰ母电压互感器二次核相（异电源），并正确。

（27）许可朱桥变电站 2 号主变压器有载调压试验，正常后分接头位置由现场掌握。

（28）许可朱桥变电站 2 号站用变压器核对正相序，并正确。

（29）朱桥变电站将魏村 111 开关、裕丰 112 开关、备用 113 开关均由运行转冷备用。

（30）朱桥变电站将 2 号主变压器高压侧后备保护复压过电流Ⅰ段时间定值调整为 0.2s，并停用 2 号主变压器差动保护。

（31）朱桥变电站将 2 号电容器由热备用转运行，检查并正常（冲击 2 号电容器 3 次）。

（32）许可朱桥变电站 2 号主变压器保护向量测试。

（33）向量测试正确后，朱桥变电站将 2 号主变压器差动保护投入，并将高压侧后备保护复压过电流Ⅰ段时间调回。

（34）养贤变电站将朱桥 367 线路保护过电流Ⅱ段定值调回，并投入线路重合闸。

（35）朱桥变电站拉开 2 号主变压器 102 开关，并改非自动。

（36）朱桥变电站合上分段 100 开关（改自动）。

（37）许可朱桥变电站 10kV Ⅱ母电压互感器与 10kV Ⅰ母电压互感器二次核相（同电源），并正确。

（38）朱桥变电站合上 2 号主变压器 102 开关（改自动）。

（39）朱桥变电站拉开分段 100 开关。

图 8-42 所示为 35kV 朱桥变电站电气主接线图。

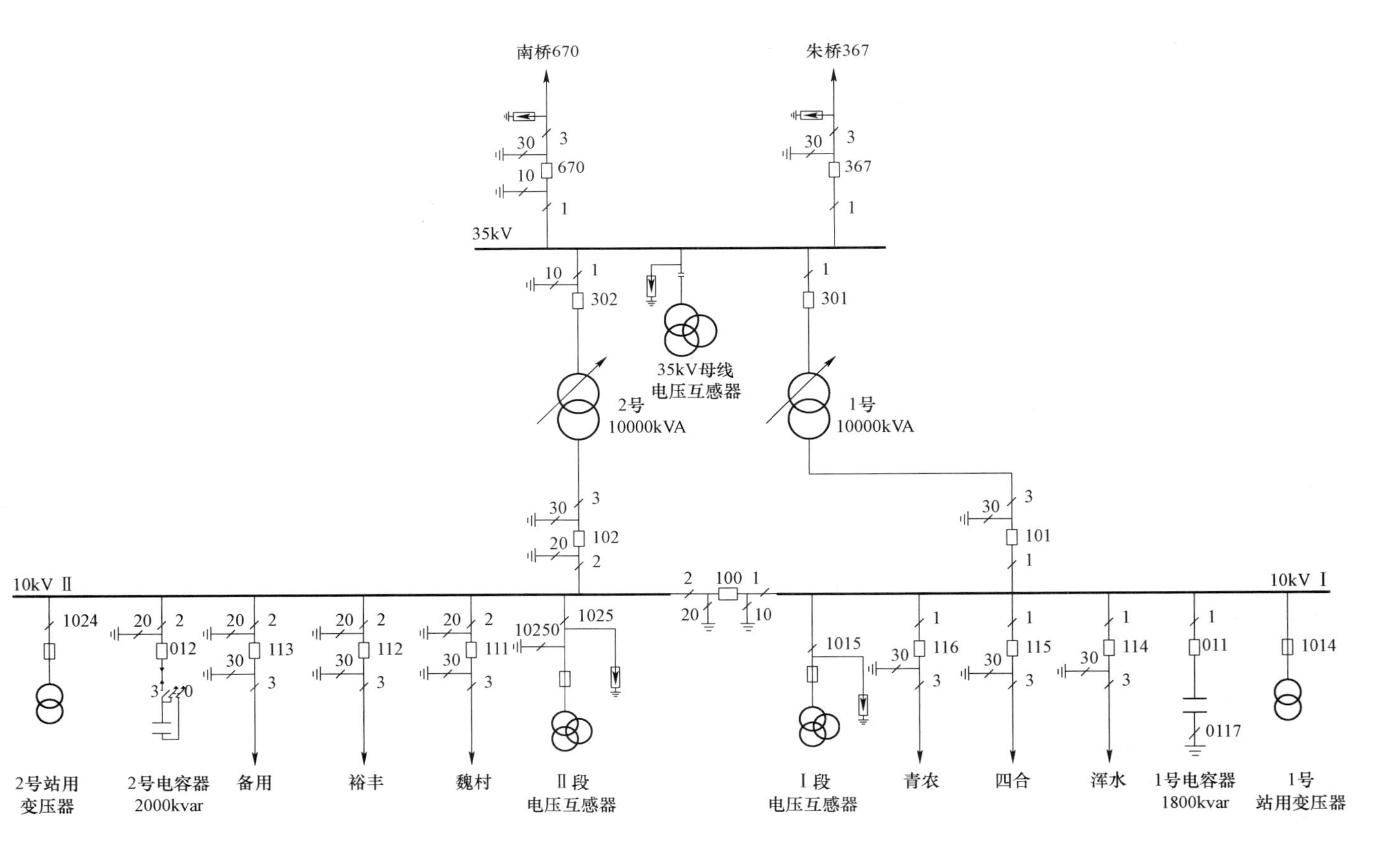

图 8-42　35kV 朱桥变电站电气主接线图

四、35kV 凤云山变电站 2 号主变压器电流互感器更换启动方案

1. 启动送电范围

凤云山变电站 2 号主变压器及两侧开关及其附属设备。

2. 启动送电应具备的条件

（1）凤云山变电站 2 号主变压器高低压侧电流互感器更换工作已竣工，经验收合格，具备投运条件，且一次设备均处冷备用状态。

（2）凤云山变电站 2 号主变压器分接头位置：35/10.5kV。

3. 启动送电步骤

（1）凤云山变电站将 35kV 2 号主变压器保护按（*****）定值单调整，并投入。

（2）凤云山变电站将 2 号主变压器 302 开关由冷备用转运行。

（3）凤云山变电站将 2 号主变压器高后备复压过电流Ⅱ段时间调整为 0.2s，并停用 2 号主变压器差动保护。

（4）凤云山变电站将 2 号主变压器 102 开关由冷备用转运行。

（5）拉开分段 100 开关。

（6）许可凤云山变电站 2 号主变压器保护向量测试。

（7）向量测试正确后，凤云山变电站将 2 号主变压器差动保护投入，并将高后备复压过电流Ⅱ段时间调回。

图 8-43 所示为 35kV 凤云山变电站电气主接线图。

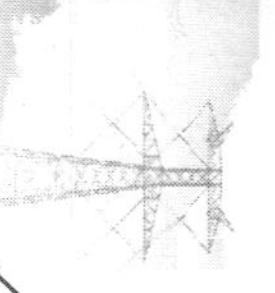

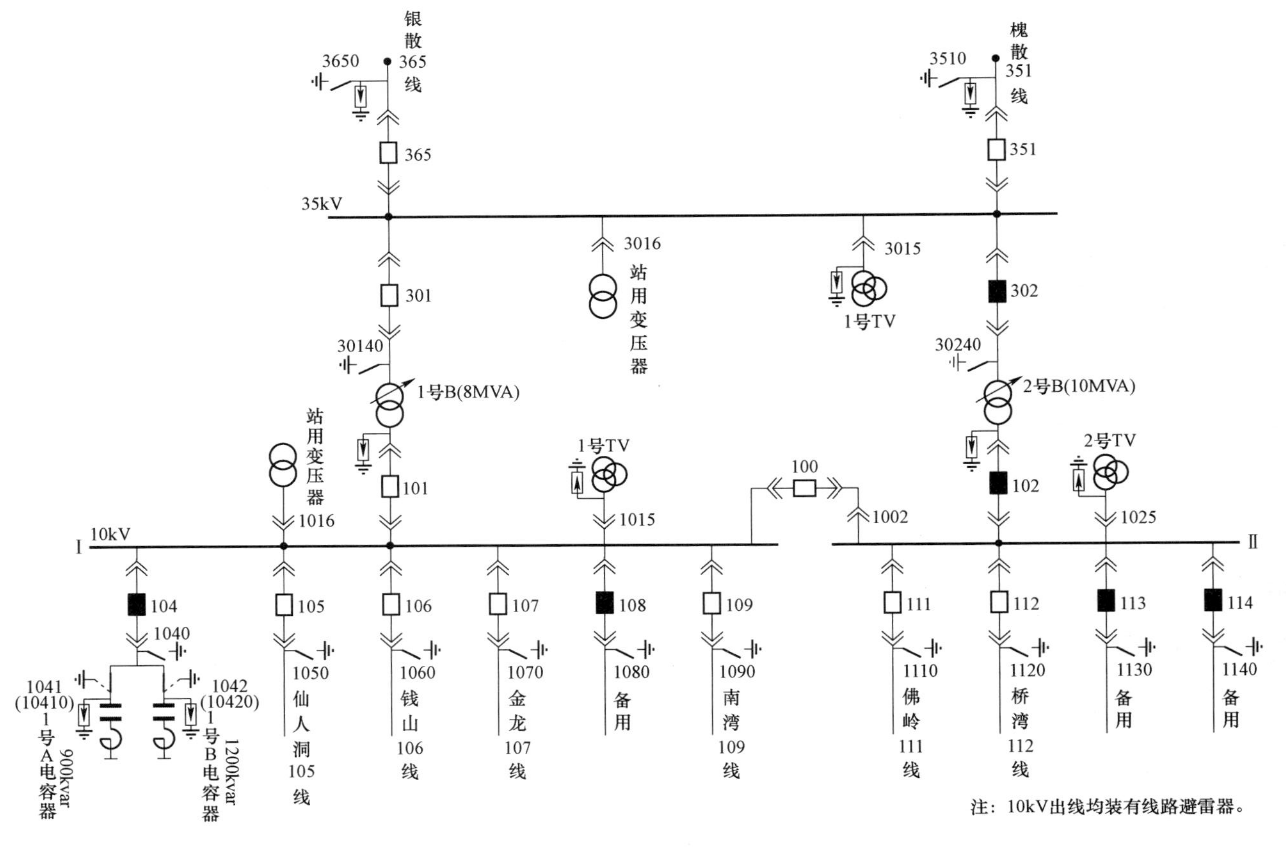

注：10kV出线均装有线路避雷器。

图 8-43　35kV 风云山变电站电气主接线图

五、35kV 银散 365 线路电流互感器更换启动方案

1. 启动送电范围

35kV 银散 365 线路及其附属设备。

2. 启动送电应具备的条件

（1）紫微变电站 35kV 银散 365 开关电流互感器更换工作已竣工，经验收合格，具备投运条件，且一次设备处冷备用状态。

（2）凤云山变电站 35kV 银散 365 开关电流互感器更换工作已竣工，经验收合格，具备投运条件，且一次设备处冷备用状态。35kV 备自投处停用状态。

3. 启动送电步骤

（1）紫微变电站将银散 365 线路保护按（*****）定值单调整，并投入。

（2）凤云山变电站将银散 365 线路保护按（*****）定值单调整，并投入。

（3）将银散 365 线路两侧保护方向元件退出。

（4）紫微变电站将银散 365 开关由冷备用转运行。

（5）将银散 365 线路两侧光纤纵差保护改投信号。

（6）凤云山变电站将银散 365 开关由冷备用转运行。

（7）凤云山变电站拉开槐散 351 开关。

（8）许可银散 365 线路两侧保护向量测试。

（9）向量测试正确后，将银散 365 线路两侧光纤纵差保护改投跳闸，方向元件投入。

（10）凤云山变电站投入 35kV 备自投。

图 8－44 所示为系统接线图。

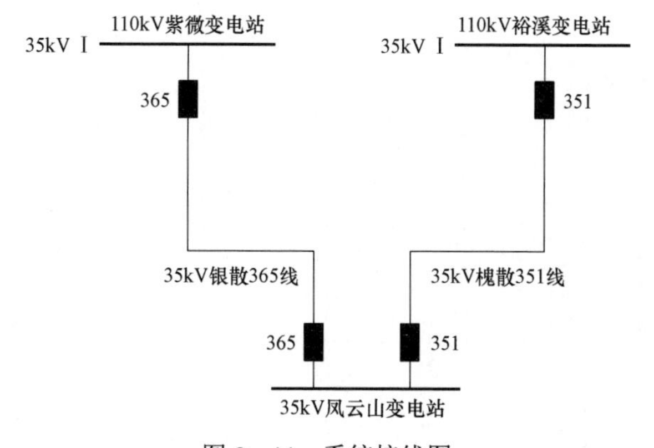

图 8－44　系统接线图

六、35kV 桃花岛变电站 1 号主变压器更换启动方案

1. 启动送电范围

桃花岛变电站 1 号主变压器及两侧开关及其附属设备。

2. 启动送电应具备的条件

（1）桃花岛变电站 1 号主变压器更换工作已竣工，经验收合格，具备投运条件，且一次设备均处冷备用状态。

（2）桃花岛变电站 1 号主变压器分接头位置：35/10.5kV。

（3）本次启动范围内所有自动化设备均已调试合格，具备投运条件。

3. 启动送电步骤

（1）桃花岛变电站将 35kV 1 号主变压器保护按（*****）定值单调整，并投入。

（2）凤炯变电站停用凤炯 352 线路重合闸。

（3）桃花岛变电站停用 35kV 备自投。

（4）桃花岛变电站将 1 号主变压器 301 开关由冷备用转运行，检查并正常（冲击桃花岛变电站 1 号主变压器 5 次）。

（5）桃花岛变电站将 1 号主变压器 101 开关由冷备用转运行。

（6）桃花岛变电站拉开 2 号主变压器 102 开关。

（7）凤炯变电站投入凤炯 352 线路重合闸。

（8）桃花岛变电站投入 35kV 备自投。

图 8－45 所示为 35kV 桃花岛变电站电气主接线图。

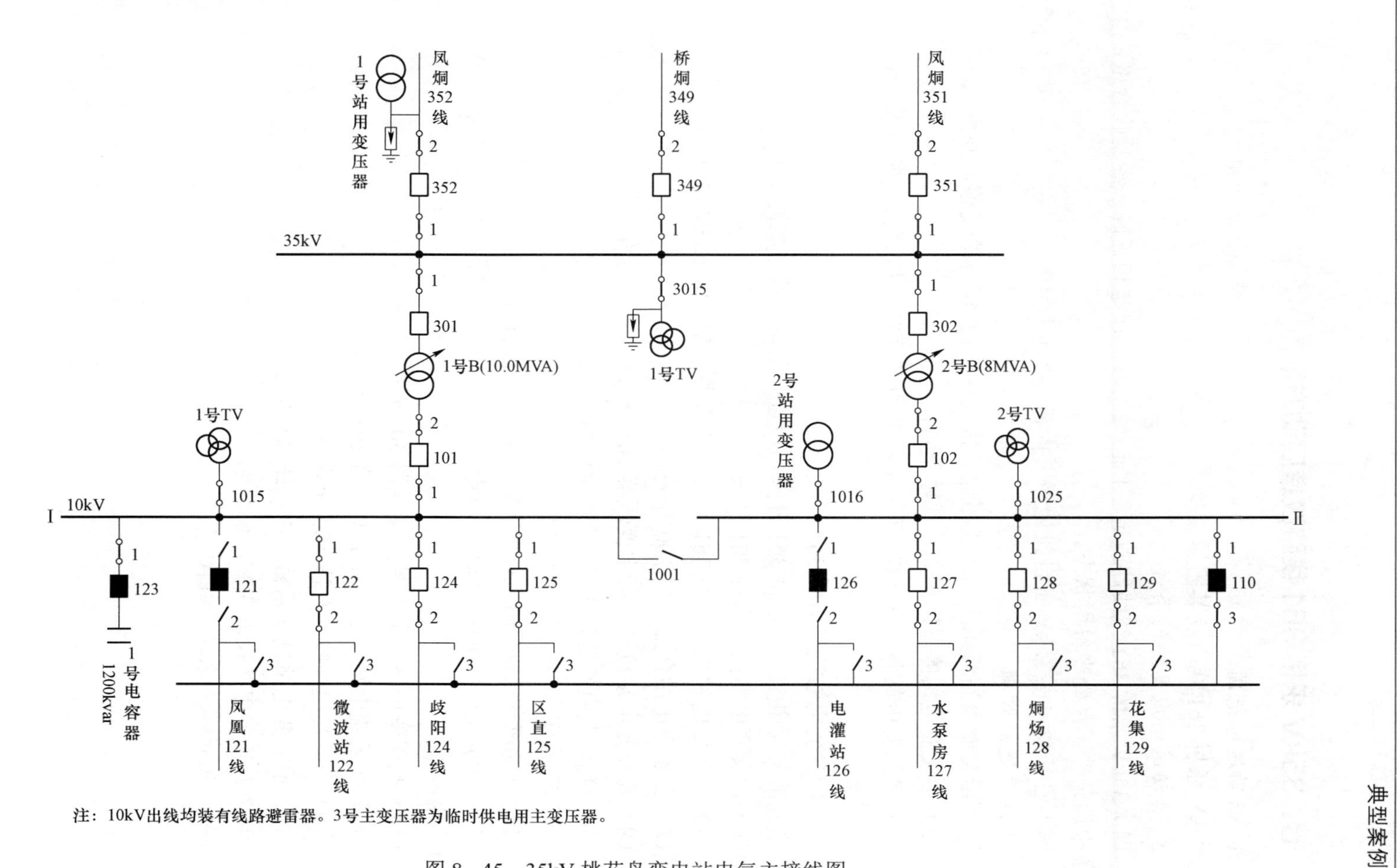

注：10kV出线均装有线路避雷器。3号主变压器为临时供电用主变压器。

图 8－45　35kV 桃花岛变电站电气主接线图

七、35kV 乐桥 361 线路改造启动方案

1. 启动送电范围

35kV 乐桥 361 线路及其附属设备。

2. 启动送电应具备的条件

（1）35kV 乐桥 361 线线路改造工作已竣工，一次定相正确，经验收合格，具备投运条件，且处冷备用状态。

（2）孔雀变电站 35kV 备自投处停用状态。

3. 启动送电步骤

（1）冶父变电站将乐桥 361 线路保护按（*****）定值单调整，并投入。

（2）冶父变电站停用乐桥 361 线路重合闸。

（3）冶父变电站将乐桥 361 开关由冷备用转运行，检查并正常（第一次冲击）。

（4）冶父变电站拉开乐桥 361 开关。

（5）冶父变电站合上乐桥 361 开关，检查并正常（第二次冲击）。

（6）冶父变电站拉开乐桥 361 开关。

（7）冶父变电站合上乐桥 361 开关，检查并正常（第三次冲击）。

（8）孔雀变电站合上分段 100 开关。

（9）孔雀变电站拉开 1 号主变压器 101 开关。

（10）孔雀变电站拉开 1 号主变压器 301 开关。

（11）孔雀变电站拉开分段 300 开关。

（12）孔雀变电站将乐桥 361 开关由冷备用转运行。

（13）许可孔雀变电站 35kVⅠ母电压互感器与 35kVⅡ母电压互感器二次核相，并正确。

（14）孔雀变电站合上 1 号主变压器 301 开关。

（15）孔雀变电站合上 1 号主变压器 101 开关。

（16）孔雀变电站拉开分段 100 开关。

（17）冶父变电站投入乐桥 361 线路重合闸。

（18）孔雀变电站投入 35kV 备自投。

图 8-46 所示为系统接线图。

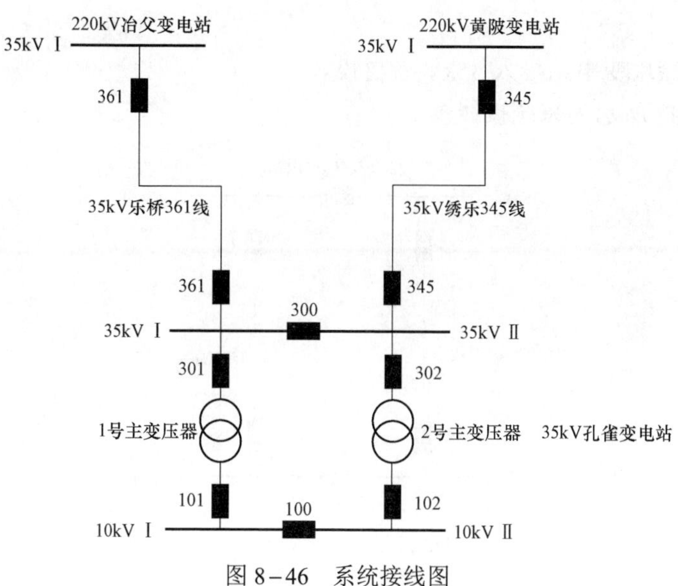

图 8-46　系统接线图

八、35kV 庙岗 383 线路保护更换启动方案

1. *启动送电范围*

35kV 庙岗 383 线路及其附属设备。

2. *启动送电应具备的条件*

（1）石境变电站 35kV 庙岗 383 开关保护更换工作已竣工，经验收合格，具备投运条件，且一次设备处冷备用状态。

（2）徐坎变电站 35kV 庙岗 383 开关保护更换工作已竣工，经验收合格，具备投运条件，且一次设备处冷备用状态。35kV 备自投处停用状态。

（3）本次启动范围内所有保护、自动化设备均已调试合格，具备投运条件。

3. *启动送电步骤*

（1）石境变电站将庙岗 383 线路保护按（*****）定值单调整，并投入。

（2）徐坎变电站将庙岗 383 线路保护按（*****）定值单调整，并投入。

（3）将庙岗 383 线路两侧保护方向元件退出。

（4）石境变电站将庙岗 383 开关由冷备用转运行。

（5）将庙岗 383 线路两侧光纤纵差保护改投信号。

（6）徐坎变电站将庙岗 383 开关由冷备用转运行。

（7）徐坎变电站拉开分段 300 开关。

（8）许可庙岗 383 线路两侧保护向量测试。

（9）向量测试正确后，将庙岗 383 线路两侧光纤纵差保护改投跳闸，方向元件投入。

（10）徐坎变电站投入 35kV 备自投。

图 8-47 所示为系统接线图。

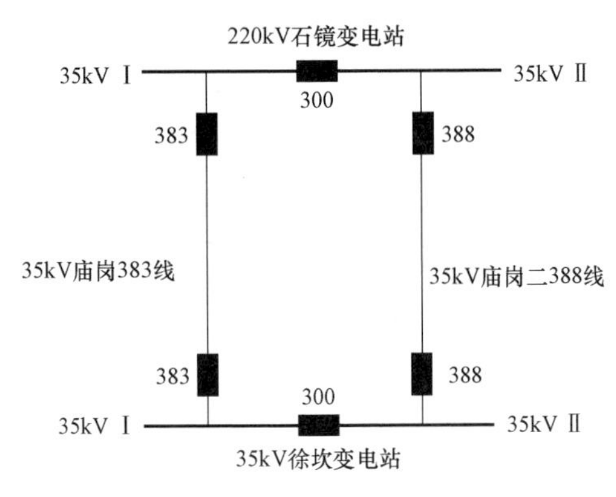

图 8-47　系统接线图

九、35kV 横龙变电站 1 号主变压器保护更换启动方案

1. *启动送电范围*

横龙变电站 1 号主变压器及两侧开关及其附属设备。

2. *启动送电应具备的条件*

（1）横龙变电站 1 号主变压器保护更换工作已竣工，经验收合格，具备投运条件，且一次设备均处冷备用状态。

（2）横龙变电站 1 号主变压器分接头位置：35/10.5kV。

（3）本次启动范围内所有保护、自动化设备均已调试合格，具备投运条件。

3. *启动送电步骤*

（1）横龙变电站将 35kV 1 号主变压器保护按（*****）定值单调整，并投入。

（2）横龙变电站将 1 号主变压器 301 开关由冷备用转运行。

（3）横龙变电站将 1 号主变压器高后备复压过电流Ⅱ段时间调整为 0.2s，并停用 1 号主变压器差动保护。

（4）横龙变电站将 1 号主变压器 101 开关由冷备用转运行。

（5）横龙变电站拉开分段 100 开关。

（6）许可横龙变电站 1 号主变压器保护向量测试。

（7）向量测试正确后，横龙变电站将 1 号主变压器差动保护投入，并将高后备复压过电流Ⅱ段时间调回。

图 8-48 所示为 35kV 横龙变电站电气主接线图。

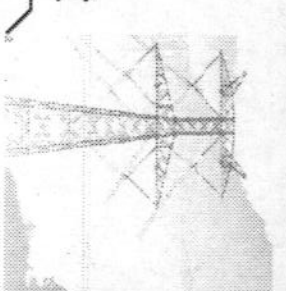

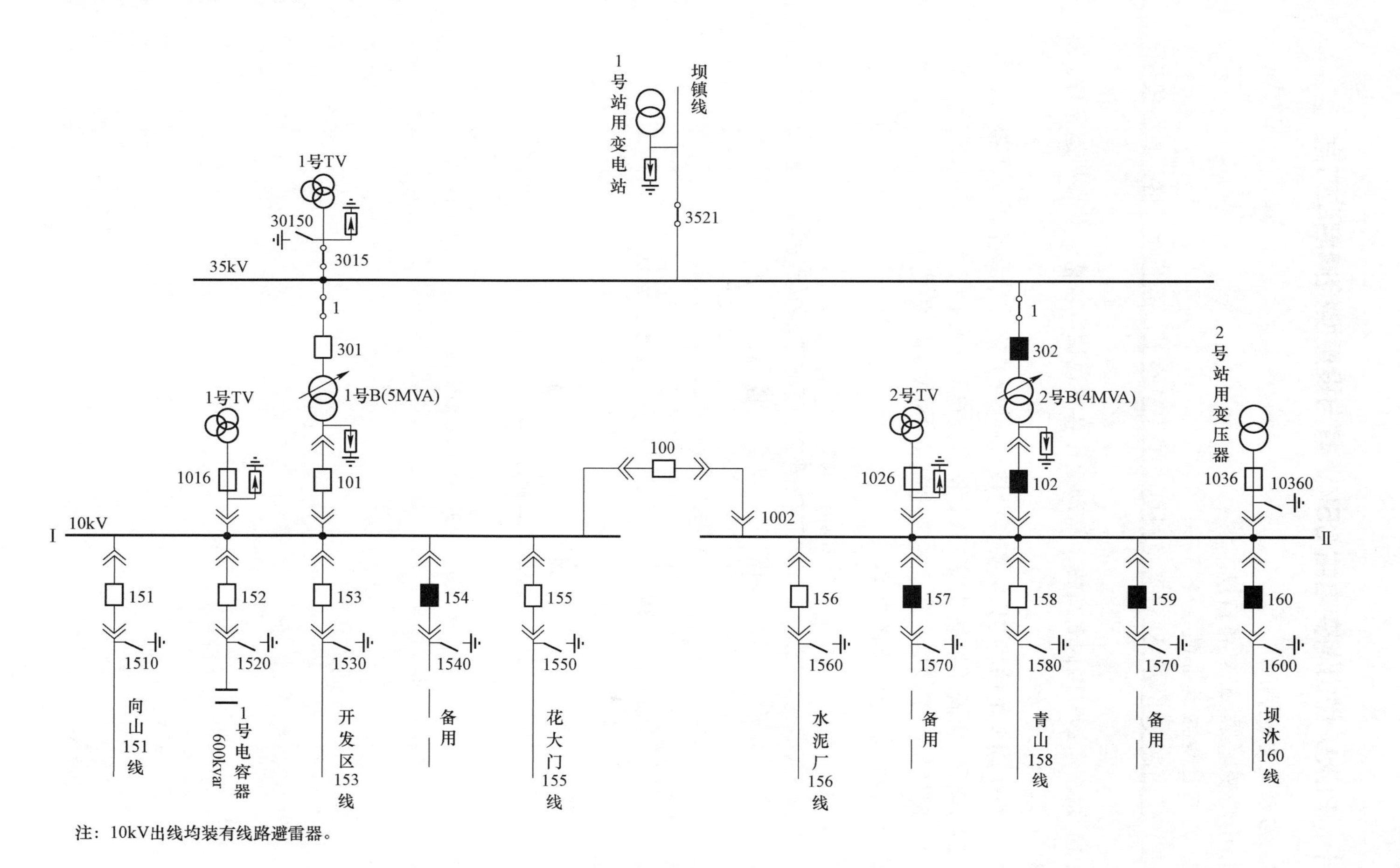

注：10kV出线均装有线路避雷器。

图 8－48　35kV 横龙变电站电气主接线图

十、35kV 岱山湖变电站 35kV 备自投更换检修启动方案

1. 启动送电范围

岱山湖变电站 35kV 备自投。

2. 启动送电应具备的条件

（1）岱山湖变电站 35kV 备自投更换工作已竣工，经验收合格，具备投运条件。

（2）本次启动范围内备自投、自动化设备均已调试合格，具备投运条件。

3. 启动送电步骤

（1）岱山湖变电站将 35kV 备自投按（*****）定值单调整，暂不投入。

（2）许可岱山湖变电站开展 35kV 备自投试验工作。

（3）现场试验正确后，岱山湖变电站将 35kV 备自投投入。

图 8-49 所示为系统接线图。

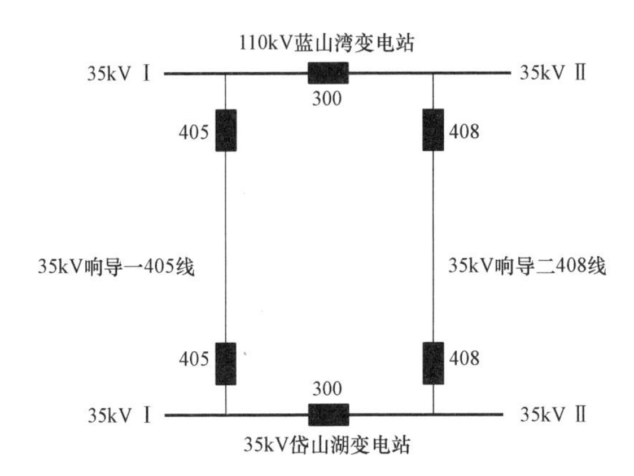

图 8-49　系统接线图

十一、35kV 紫蓬光伏站并入系统启动方案

1. 启动送电范围

（1）35kV 紫蓬光伏 350 线路及其附属设备。

（2）35kV 紫蓬光伏站内全部设备。

2. 启动送电应具备的条件

（1）35kV 紫蓬光伏 350 线路施工结束，一次定相正确，经验收合格，具备投运条件，且处冷备用状态。

（2）紫蓬光伏站所有启动设备均已竣工，经验收合格，具备投运条件，且一次设备均处冷备用状态。

（3）紫蓬光伏站输变电工程各项生产准备工作均已完成。

（4）本次启动范围内所有保护、自动化、通信设备均已调试合格，具备投运条件。

（5）线路重合闸按并网调度协议投退，本案例按重合闸不投考虑。

3. 启动送电步骤

（1）绣溪变电站将紫蓬光伏 350 线路保护按（*****）定值单调整，并投入。

（2）紫蓬光伏站将紫蓬光伏 350 线路保护按（*****）定值单调整，并投入。

（3）与紫蓬光伏站核对站内所有保护定值已按地调备案后定值单调整，并投入。

（4）将紫蓬光伏 350 线路两侧保护方向元件退出。

（5）绣溪变电站将紫蓬光伏 350 开关由冷备用转运行，检查并正常（第一次冲击）。

（6）绣溪变电站拉开紫蓬光伏 350 开关。

（7）绣溪变电站合上紫蓬光伏 350 开关，检查并正常（第二次冲击）。

（8）绣溪变电站拉开紫蓬光伏 350 开关。

（9）绣溪变电站合上紫蓬光伏 350 开关，检查并正常（第三次冲击）。

（10）将紫蓬光伏 350 线路两侧光纤纵差保护改投信号。

（11）将紫蓬光伏站紫蓬光伏 350 开关由冷备用运行。

（12）许可紫蓬光伏站自行启动站内设备，相关一二次设备操作自行考虑。

（13）待线路带有负荷后，许可紫蓬光伏 350 线路两侧保护向量测试。

（14）向量测试正确后，将紫蓬光伏 350 线路两侧光纤纵差保护改投跳闸，方向元件投入。

图 8－50 所示为 35kV 紫蓬光伏站电气主接线。

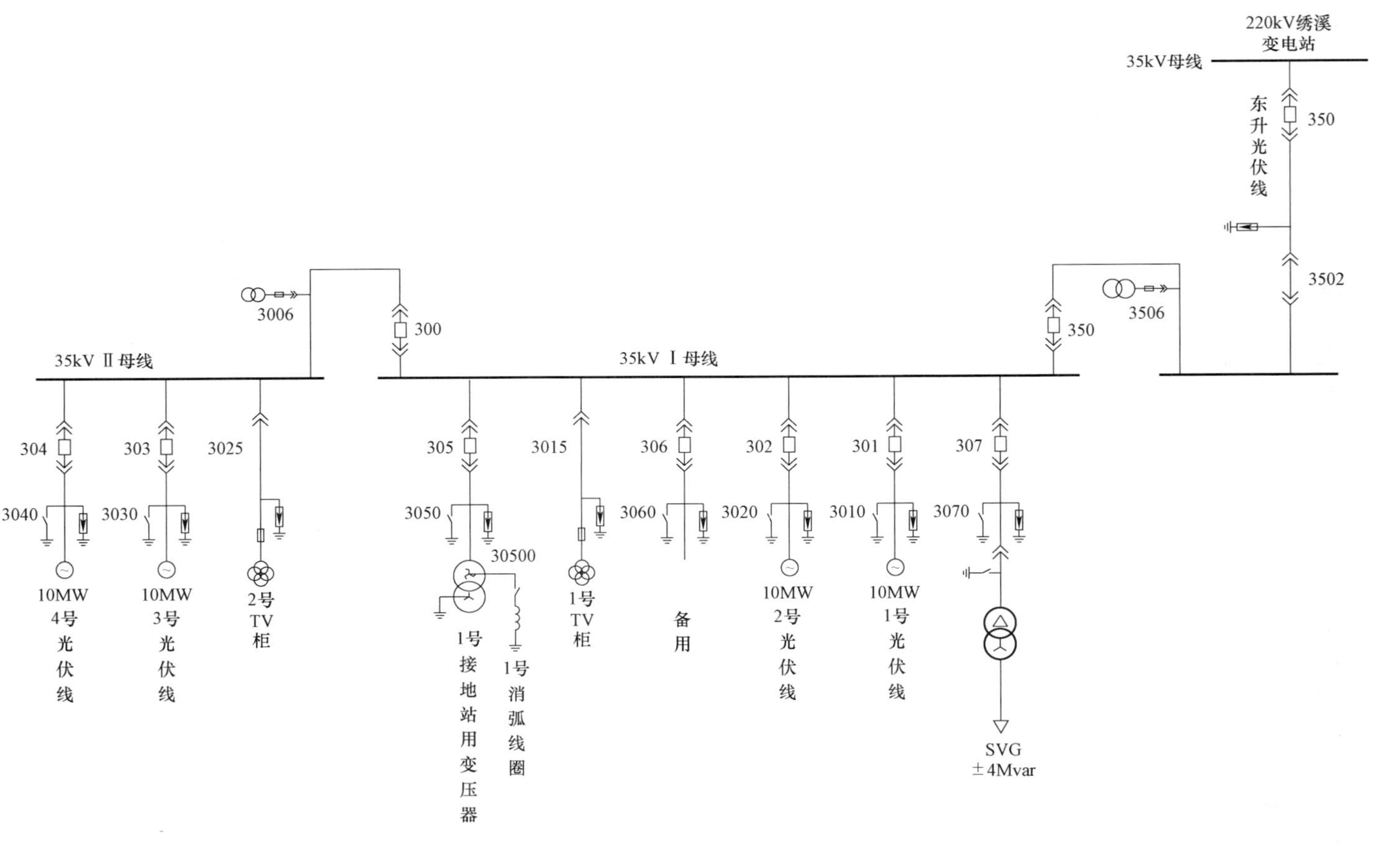

图 8-50 35kV 紫蓬光伏站电气主接线图

附录 A 继电保护装置调度名称表

表 A.1 继电保护装置调度名称表

保护类型	统一名称	主要分保护	投停方式
微机线路保护	微机高频 闭锁保护	高频闭锁保护 距离保护 方向零序保护 重合闸	全投全停 或高频闭锁保护单停
微机线路保护	微机方向 高频保护	方向高频保护 距离保护 方向零序保护 重合闸	全投全停 或方向高频保护单停
微机线路保护	微机光纤 纵差保护	光纤纵差保护 距离保护 方向零序保护 重合闸	全投全停 或光纤纵差保护单投 信号
微机线路保护	微机方向 光纤保护	方向光纤保护 距离保护 方向零序保护 重合闸	全投全停 或方向光纤保护单停
微机线路保护	微机光纤 闭锁保护	光纤闭锁保护 距离保护 方向零序保护 重合闸	全投全停 或光纤闭锁保护单停
微机线路保护（110kV）	线路保护	距离保护 方向零序保护 重合闸	全投全停
微机线路保护 （35kV/10kV）	微机光纤纵差保护	光纤纵差保护 三段式过电流保护 重合闸	全投全停 或光纤纵差保护单投 信号
微机线路保护 （35kV/10kV）	线路保护	三段式过电流保护 重合闸	全投全停
同一开关装两套微机光 纤纵差保护	分别称第一套微机光纤纵 差、第二套微机光纤纵差	光纤纵差保护 距离保护 方向零序保护 重合闸	全投全停 或光纤纵差保护单投 信号

续表

保护类型	统一名称	主要分保护	投停方式
同一变电站母线装两套母差保护	分别称：第一套母差保护、第二套母差保护		第一、二套母差保护均投跳闸
同一母联（分段）开关装两套过电流保护	分别称：第一套母联（分段）独立过电流保护、第二套母联（分段）独立过电流保护	充电过电流Ⅰ段 充电过电流Ⅱ段 充电零序过电流	
同一主变压器装两套主变压器保护	分别称：第一套主变压器保护、第二套主变压器保护	差动保护 各侧后备保护	全投全停 或差动保护单投信号
主变压器非电量保护	主变压器非电量保护		全投全停
电容器保护	35kV/10kV 电容器保护	过电流保护 电压保护 不平衡保护	全投全停
站用（接地）变压器保护	35kV/10kV 站用（接地）变压器保护	过电流保护	全投全停

附录B 继电保护装置运行状态定义

表 B.1 **继电保护装置运行状态定义**

电压等级	一次设备	设备运行状态	操作语	智能站含义	常规站含义
220kV	线路	线路高频保护装置状态	高频保护跳闸状态	投入装置交直流电源，投入收、发信机直流电源，通道完好，投入保护功能软压板，投入 GOOSE 出口软压板，保护装置检修状态硬压板置于退出位置	投入装置直流电源，通道完好，投入收、发信机直流电源，跳闸压板置于跳闸位置，投入主保护功能压板，保护装置检修状态硬压板置于退出位置
			高频保护信号状态	投入装置交直流电源，投入收、发信机直流电源，通道完好，退出主保护功能软压板，投入 GOOSE 出口软压板，保护装置检修状态硬压板置于退出位置	投入装置直流电源，投入收、发信机直流电源，跳闸压板置于跳闸位置，退出主保护功能压板，保护装置检修状态硬压板置于退出位置
			高频保护停用状态	投入装置交直流电源，退出收、发信机直流电源，通道完好，退出主保护功能软压板，投入 GOOSE 出口软压板，保护装置检修状态硬压板置于退出位置	投入装置直流电源，停用收、发信机直流电源，跳闸压板置于跳闸位置，退出主保护功能压板，保护装置检修状态硬压板置于退出位置
			微机高频保护停用状态	退出装置交直流电源，退出收、发信机直流电源，退出保护功能软压板，退出 GOOSE 出口软压板，保护装置检修状态硬压板置于投入位置	退出装置直流电源，停用收、发信机直流电源，退出跳闸压板，退出主保护功能压板，保护装置检修状态硬压板置于投入位置
220kV	线路	线路光纤保护装置状态（方向光纤保护或光纤闭锁保护）	光纤保护跳闸状态	投入装置交直流电源，投入光端机直流电源，通道完好，投入保护功能软压板，投入 GOOSE 出口软压板，保护装置检修状态硬压板置于退出位置	投入装置直流电源，投入光端机直流电源，通道完好，跳闸压板置于跳闸位置，投入主保护功能压板，保护装置检修状态硬压板置于退出位置
			光纤保护信号状态	投入装置交直流电源，投入光端机直流电源，通道完好，退出主保护功能软压板，投入 GOOSE 出口软压板，保护装置检修状态硬压板置于退出位置	投入装置直流电源，投入光端机直流电源，跳闸压板置于跳闸位置，退出主保护功能压板，保护装置检修状态硬压板置于退出位置
			光纤保护停用状态	投入装置交直流电源，退出光端机直流电源，通道完好，退出主保护功能软压板，投入 GOOSE 出口软压板，保护装置检修状态硬压板置于退出位置	投入装置直流电源，停用光端机直流电源，跳闸压板置于跳闸位置，退出主保护功能压板，保护装置检修状态硬压板置于退出位置

续表

电压等级	一次设备	设备运行状态	操作语	智能站含义	常规站含义
220kV	线路	线路光纤保护装置状态（方向光纤保护或光纤闭锁保护）	微机光纤保护停用状态	退出装置交直流电源，退出光端机直流电源，退出保护功能软压板，退出 GOOSE 出口软压板，保护装置检修状态硬压板置于投入位置	退出装置直流电源，停用光端机直流电源，退出跳闸压板，退出主保护功能压板，保护装置检修状态硬压板置于投入位置
220kV	线路	线路光纤纵差保护装置状态（双通道）	光纤保护跳闸状态	投入装置交直流电源，投入通道一、通道二主保护功能压板，后备保护功能软压板按定值单要求投入，投入 GOOSE 出口软压板，保护装置检修状态硬压板置于退出位置	投入装置直流电源，跳闸压板置于跳闸位置，投入通道一、通道二主保护功能压板，保护装置检修状态压板置于退出位置
			光纤纵差保护通道一跳闸状态	投入装置交直流电源，投入通道一主保护功能压板，后备保护功能软压板按定值单要求投入，投入 GOOSE 出口软压板，保护装置检修状态硬压板置于退出位置	投入装置直流电源，跳闸压板置于跳闸位置，投入通道一主保护功能压板，保护装置检修状态压板置于退出位置
			光纤纵差保护通道一信号状态	投入装置交直流电源，通道一主保护功能软压板在退出位置，后备保护功能软压板按定值单要求投入，投入 GOOSE 出口软压板，保护装置检修状态硬压板置于退出位置	投入装置直流电源，跳闸压板置于跳闸位置，退出通道一主保护功能压板，保护装置检修状态压板置于退出位置
			光纤纵差保护通道二跳闸状态	投入装置交直流电源，投入通道二主保护功能压板，后备保护功能软压板按定值单要求投入，投入 GOOSE 出口软压板，保护装置检修状态硬压板置于退出位置	投入装置直流电源，跳闸压板置于跳闸位置，投入通道二主保护功能压板，保护装置检修状态压板置于退出位置
			光纤纵差保护通道二信号状态	投入装置交直流电源，通道二主保护功能软压板在退出位置，后备保护功能软压板按定值单要求投入，投入 GOOSE 出口软压板，保护装置检修状态硬压板置于退出位置	投入装置直流电源，跳闸压板置于跳闸位置，退出通道二主保护功能压板，保护装置检修状态压板置于退出位置
			光纤纵差保护信号状态	投入装置交直流电源，通道一、通道二主保护功能软压板在退出位置，后备保护功能软压板按定值单要求投入，投入 GOOSE 出口软压板，保护装置检修状态硬压板置于退出位置	投入装置直流电源，跳闸压板置于跳闸位置，退出通道一、通道二主保护功能压板，保护装置检修状态压板置于退出位置
			微机光纤纵差保护停用状态	退出 GOOSE 出口软压板，退出通道一、通道二主保护功能压板，退出对应母差保护装置失灵启动软压板，退出装置交直流电源，保护装置检修状态硬压板置于投入位置	退出装置直流电源，跳闸压板置于退出位置，退出通道一、通道二主保护功能压板，保护装置检修状态压板置于投入位置

续表

电压等级	一次设备	设备运行状态	操作语	智能站含义	常规站含义
220kV/110kV/35kV/10kV	线路	线路光纤纵差保护装置状态	光纤纵差保护跳闸状态	投入装置交直流电源，投入主保护功能软压板，投入GOOSE出口软压板，保护装置检修状态硬压板置于退出位置	投入装置直流电源，跳闸压板置于跳闸位置，投入主保护功能压板，保护装置检修状态硬压板置于退出位置
			光纤纵差保护信号状态	投入装置交直流电源，退出主保护功能软压板，投入GOOSE出口软压板，保护装置检修状态硬压板置于退出位置	投入装置直流电源，跳闸压板置于跳闸位置，退出主保护功能压板，保护装置检修状态硬压板置于退出位置
			微机光纤纵差保护停用状态	退出装置交直流电源，退出保护功能软压板，退出GOOSE出口软压板，保护装置检修状态硬压板置于投入位置	退出装置直流电源，退出跳闸压板，退出主保护功能压板，保护装置检修状态硬压板置于投入位置
220kV/110kV/35kV/10kV	母线	母差保护装置状态	跳闸	投入装置交直流电源，投入相关间隔功能软压板，投入相关间隔GOOSE跳闸软压板，保护装置检修状态硬压板置于退出位置	跳闸压板投入，相关回路功能压板投入，母差保护电源投入
			信号		跳闸压板退出，母差保护电源投入
			停用	退出装置交直流电源，退出相关间隔功能软压板，退出相关间隔GOOSE跳闸软压板，保护装置检修状态硬压板置于投入位置	跳闸压板退出，相关回路功能压板退出，母差保护电源停用
220kV	失灵保护	专用失灵保护装置状态	跳闸		投入装置交直流电源，投入保护功能硬压板，母差保护投入相关支路硬压板，保护装置检修状态硬压板置于退出位置
			停用		退出装置交直流电源，退出保护功能硬压板，母差保护退出相关支路硬压板，保护装置检修状态硬压板置于投入位置
		非专用失灵保护装置状态	跳闸	投入母差保护相关支路GOOSE出口及SV接收软压板	投入相关支路硬压板
			停用	退出母差保护相关支路GOOSE出口及SV接收软压板	退出相关支路硬压板

续表

电压等级	一次设备	设备运行状态	操作语	智能站含义	常规站含义
220kV	母联	母联（分段）独立过电流保护装置状态	跳闸	投入装置交直流电源，投入保护功能软压板，投入GOOSE出口软压板，保护装置检修状态硬压板置于退出位置	投入装置交直流电源，投入保护功能软压板，投入出口硬压板，保护装置检修状态硬压板置于退出位置
			停用	退出装置交直流电源，退出保护功能软压板，退出GOOSE出口软压板，保护装置检修状态硬压板置于投入位置	退出装置交直流电源，退出保护功能软压板，退出硬压板，保护装置检修状态硬压板置于投入位置
220kV	智能终端	智能终端装置状态	跳闸	投入装置直流电源，投入跳、合闸出口硬压板，智能终端检修状态硬压板置于退出位置	
			停用	退出装置直流电源，退出跳、合闸出口硬压板，智能终端检修状态硬压板置于投入位置	
220kV	合并单元	合并单元装置状态	跳闸	投入装置直流电源，装置运行正常，合并单元检修状态硬压板置于退出位置	
			停用	退出装置直流电源，合并单元检修状态硬压板置于投入位置	
220kV	某间隔（设备）保护投入运行		投入	保护装置、智能终端装置在“跳闸”状态，合并单元在“投入”状态，过程层网络及交换机运行正常	保护装置在“跳闸”状态
220kV	故障录波器（网络分析仪）、保信子站	故障录波器（网络分析仪）、保信子站的装置状态	投入	采集、存贮、远传等功能均正常运行	采集、存贮、远传等功能均正常运行
			退出	采集、存贮、远传等功能全部或部分不再正常运行	采集、存贮、远传等功能全部或部分不再正常运行
220kV	重合闸	重合闸规定	投入×开关线路单相（或三相）重合闸	投入两套线路保护的GOOSE重合闸出口压板、退出停用重合闸压板，投入两套智能终端的合闸出口硬压板	投入第二套线路保护的重合闸出口压板、退出停用重合闸压板，投入第二套线路保护的合闸出口硬压板
			停用×开关线路单相（或三相）重合闸	退出两套线路保护的GOOSE重合闸出口压板、投入停用重合闸压板，退出两套智能终端的合闸出口硬压板	退出第二套线路保护的重合闸出口压板、投入停用重合闸压板
			退出某套线路保护装置的重合闸功能	退出该套保护的GOOSE重合闸出口压板	退出该套保护的重合闸出口压板

续表

电压等级	一次设备	设备运行状态	操作语	智能站含义	常规站含义
110kV/35kV/10kV	线路	单侧线路保护装置状态	跳闸	投入装置直流电源，投入保护功能软压板，投入 GOOSE 出口及 SV 接收软压板，保护装置检修状态硬压板置于退出位置	投入装置直流电源，投入保护功能软压板，投入出口硬压板，保护装置检修状态硬压板置于退出位置
			信号	投入装置直流电源，投入保护功能软压板，退出 GOOSE 出口软压板，投入 SV 接收软压板，保护装置检修状态硬压板置于退出位置	投入装置直流电源，投入保护功能软压板，退出出口硬压板，保护装置检修状态硬压板置于退出位置
			停用	退出装置直流电源，退出保护功能软压板，退出 GOOSE 出口及 SV 接收软压板，保护装置检修状态硬压板置于投入位置	退出装置直流电源，退出保护功能软压板，退出出口硬压板，保护装置检修状态硬压板置于投入位置
110kV	母线	母差保护装置状态	跳闸	投入装置直流电源，投入保护功能软压板，投入相关间隔 GOOSE 出口及 SV 接收软压板，保护装置检修状态硬压板置于退出位置	跳闸压板投入，相关回路功能压板投入，母差保护电源投入
			信号		跳闸压板退出，母差保护电源投入
			停用	退出装置直流电源，退出保护功能软压板，退出相关间隔 GOOSE 出口及 SV 接收软压板，保护装置检修状态硬压板置于投入位置	跳闸压板退出，相关回路功能压板退出，母差保护电源停用
110kV	母联（分段）	母联（分段）独立过电流保护装置状态	跳闸	投入装置直流电源，投入保护功能软压板，投入 GOOSE 出口及 SV 接收软压板，保护装置检修状态硬压板置于退出位置	投入装置交直流电源，投入保护功能软压板，投入出口硬压板，保护装置检修状态硬压板置于退出位置
			停用	退出装置直流电源，退出保护功能软压板，退出 GOOSE 出口及 SV 接收软压板，保护装置检修状态硬压板置于投入位置	退出装置交直流电源，退出保护功能软压板，退出出口硬压板，保护装置检修状态硬压板置于投入位置
110kV/35kV	变压器	主、后合一变压器保护装置状态	跳闸	投入装置直流电源，投入差动保护及各侧后备保护功能软压板，投入 GOOSE 出口及 SV 接收软压板，保护装置检修状态硬压板置于退出位置	投入装置直流电源，投入差动保护及各侧后备保护功能软压板，投入出口硬压板，保护装置检修状态硬压板置于退出位置

续表

电压等级	一次设备	设备运行状态	操作语	智能站含义	常规站含义
110kV/35kV	变压器	主、后合一变压器保护装置状态	信号	投入装置直流电源，投入差动保护及各侧后备保护功能软压板，退出GOOSE出口软压板，投入SV接收软压板，保护装置检修状态硬压板置于退出位置	投入装置直流电源，投入差动保护及各侧后备保护功能软压板，退出出口硬压板，保护装置检修状态硬压板置于退出位置
			停用	退出装置直流电源，退出差动保护及各侧后备保护功能软压板，退出GOOSE出口及SV接收软压板，保护装置检修状态硬压板置于投入位置	退出装置直流电源，退出差动保护及各侧后备保护功能软压板，退出出口硬压板，保护装置检修状态硬压板置于投入位置
			差动保护停用	投入装置直流电源，退出差动保护功能软压板，投入各侧后备保护功能软压板，投入GOOSE出口及SV接收软压板，保护装置检修状态硬压板置于退出位置	投入装置直流电源，退出差动保护功能软压板，投入各侧后备保护功能软压板，投入出口硬压板，保护装置检修状态硬压板置于退出位置
			各侧后备保护停用	投入装置直流电源，投入差动保护功能软压板，退出各侧后备保护功能软压板，投入GOOSE出口及SV接收软压板，保护装置检修状态硬压板置于退出位置	投入装置直流电源，投入差动保护功能软压板，退出各侧后备保护功能软压板，投入出口硬压板，保护装置检修状态硬压板置于退出位置
			某侧后备保护停用	投入装置直流电源，投入差动保护功能软压板，仅退出某侧后备保护功能软压板，投入GOOSE出口及SV接收软压板，保护装置检修状态硬压板置于退出位置	投入装置直流电源，投入差动保护功能软压板，仅退出某侧后备保护功能软压板，投入出口硬压板，保护装置检修状态硬压板置于退出位置
		主、后分置变压器保护装置状态	差动保护跳闸	投入差动保护装置直流电源，投入差动保护功能软压板，投入差动保护GOOSE出口及SV接收软压板，差动保护装置检修状态硬压板置于退出位置	投入差动保护装置直流电源，投入差动保护功能软压板，投入差动保护出口硬压板，差动保护装置检修状态硬压板置于退出位置
			差动保护信号	投入差动保护装置直流电源，投入差动保护功能软压板，退出差动保护GOOSE出口软压板，投入SV接收软压板，差动保护装置检修状态硬压板置于退出位置	投入差动保护装置直流电源，投入差动保护功能软压板，退出差动保护出口硬压板，差动保护装置检修状态硬压板置于退出位置
			差动保护停用	退出差动保护装置直流电源，退出差动保护功能软压板，退出差动保护GOOSE出口及SV接收软压板，差动保护装置检修状态硬压板置于投入位置	退出差动保护装置直流电源，退出差动保护功能软压板，退出差动保护出口硬压板，差动保护装置检修状态硬压板置于投入位置

续表

<table>
<tr><th>电压等级</th><th>一次设备</th><th>设备运行状态</th><th>操作语</th><th>智能站含义</th><th>常规站含义</th></tr>
<tr><td rowspan="4">110kV/35kV</td><td rowspan="4">变压器</td><td rowspan="4">主、后分置变压器保护装置状态</td><td>后备保护跳闸</td><td>投入后备保护装置直流电源，投入各侧后备保护功能软压板，投入后备保护 GOOSE 出口及 SV 接收软压板，后备保护装置检修状态硬压板置于退出位置</td><td>投入后备保护装置直流电源，投入各侧后备保护功能软压板，投入后备保护出口硬压板，后备保护装置检修状态硬压板置于退出位置</td></tr>
<tr><td>后备保护信号</td><td>投入后备保护装置直流电源，投入各侧后备保护功能软压板，退出后备保护 GOOSE 出口软压板，投入 SV 接收软压板，后备保护装置检修状态硬压板置于退出位置</td><td>投入后备保护装置直流电源，投入各侧后备保护功能软压板，退出后备保护出口硬压板，后备保护装置检修状态硬压板置于退出位置</td></tr>
<tr><td>后备保护停用</td><td>退出后备保护装置直流电源，退出各侧后备保护功能软压板，退出后备保护 GOOSE 出口及 SV 接收软压板，后备保护装置检修状态硬压板置于投入位置</td><td>退出后备保护装置直流电源，退出各侧后备保护功能软压板，退出后备保护出口硬压板，后备保护装置检修状态硬压板置于投入位置</td></tr>
<tr><td>某侧后备保护停用</td><td>投入后备保护装置直流电源，仅退出某侧后备保护功能软压板，退出某侧后备保护 GOOSE 出口及 SV 接收软压板，保护装置检修状态硬压板置于退出位置</td><td>投入后备保护装置直流电源，仅退出某侧后备保护功能软压板，退出某侧后备保护出口硬压板，保护装置检修状态硬压板置于退出位置</td></tr>
<tr><td rowspan="3">110kV</td><td rowspan="3">非电量（重瓦斯）</td><td rowspan="3">非电量（重瓦斯）保护装置状态</td><td>跳闸</td><td>投入装置直流电源，投入非电量保护功能压板，投入跳闸出口硬压板，保护装置检修状态硬压板置于退出位置</td><td>投入装置直流电源，投入非电量保护功能压板，投入跳闸出口硬压板，保护装置检修状态硬压板置于退出位置</td></tr>
<tr><td>信号</td><td>投入装置直流电源，投入非电量保护功能压板，退出跳闸出口硬压板，保护装置检修状态硬压板置于退出位置</td><td>投入装置直流电源，投入非电量保护功能压板，退出跳闸出口硬压板，保护装置检修状态硬压板置于退出位置</td></tr>
<tr><td>停用</td><td>退出装置直流电源，退出非电量保护功能压板，退出跳闸出口硬压板，保护装置检修状态硬压板置于投入位置</td><td>退出装置直流电源，退出非电量保护功能压板，退出跳闸出口硬压板，保护装置检修状态硬压板置于投入位置</td></tr>
<tr><td rowspan="2">110kV/35kV/10kV</td><td rowspan="2">智能终端</td><td rowspan="2">智能终端装置状态</td><td>跳闸</td><td>投入装置直流电源，投入跳、合闸出口硬压板，智能终端检修状态硬压板置于退出位置</td><td></td></tr>
<tr><td>停用</td><td>退出装置直流电源，退出跳、合闸出口硬压板，智能终端检修状态硬压板置于投入位置</td><td></td></tr>
</table>

续表

电压等级	一次设备	设备运行状态	操作语	智能站含义	常规站含义
110kV	本体智能终端	本体智能终端装置状态	跳闸	投入装置直流电源，投入非电量保护功能压板，投入跳闸出口硬压板，本体智能终端检修状态硬压板置于退出位置	
			信号	投入装置直流电源，投入非电量保护功能压板，退出跳闸出口硬压板，本体智能终端检修状态硬压板置于退出位置	
			停用	退出装置直流电源，退出非电量保护功能压板，退出跳闸出口硬压板，本体智能终端检修状态硬压板置于投入位置	
110kV	合并单元装置状态	合并单元装置状态	跳闸	投入装置直流电源，装置运行正常，合并单元检修状态硬压板置于退出位置	
			停用	退出装置直流电源，合并单元检修状态硬压板置于投入位置	
110kV/35kV/10kV	合智一体化装置	合智一体化装置	跳闸	投入装置直流电源，装置运行正常，投入跳、合闸出口硬压板，合智一体化装置检修状态硬压板置于退出位置	
			停用	退出装置直流电源，退出跳、合闸出口硬压板，合智一体化装置检修状态硬压板置于投入位置	
110kV	备用电源自动投入装置	备用电源自动投入装置	投入	投入装置直流电源，投入装置方式功能软压板，投入相关间隔GOOSE出口及SV接收软压板，装置检修状态硬压板置于退出位置	投入备用电源自投装置电源，投入备自投功能压板，投入允跳开关压板，投入允合开关压板，投入切小电源出口压板，投入过负荷压板
			停用	退出装置直流电源，退出装置方式功能软压板，退出相关间隔GOOSE出口及SV接收软压板，装置检修状态硬压板置于投入位置	退出备用电源自投装置电源，退出备自投功能压板，退出允跳开关压板，退出允合开关压板，退出切小电源出口压板，退出过负荷压板
110kV	站域保护控制系统	站域保护控制系统状态	投入	投入装置直流电源，投入相关功能软压板，投入相关功能模块GOOSE出口及SV接收软压板，装置检修状态硬压板置于退出位置	

续表

电压等级	一次设备	设备运行状态	操作语	智能站含义	常规站含义
110kV	站域保护控制系统	站域保护控制系统状态	停用	退出装置直流电源，退出相关功能软压板，退出相关功能模块GOOSE出口及SV接收软压板，装置检修状态硬压板置于投入位置	
			某项功能停用	投入装置直流电源，仅退出某项功能软压板，仅退出某项功能模块GOOSE出口及SV接收软压板，装置检修状态硬压板置于退出位置	
110kV	多合一装置	多合一装置状态	投入	投入装置直流电源，投入保护功能软压板，投入GOOSE出口及SV接收软压板，投入跳、合闸出口硬压板，投入测控、计量功能压板，装置检修状态硬压板置于退出位置	
			信号	投入装置直流电源，投入保护功能软压板及SV接收软压板，退出GOOSE出口软压板，投入跳、合闸出口硬压板，投入测控、计量功能压板，装置检修状态硬压板置于退出位置	
			停用	退出装置直流电源，退出保护功能软压板，退出GOOSE出口及SV接收软压板，退出跳、合闸出口硬压板，退出测控、计量功能压板，装置检修状态硬压板置于投入位置	
			某项功能（保护类功能）停用	投入装置直流电源，仅退出停用功能模块软压板，仅退出停用功能模块GOOSE出口及SV接收软压板，仅退出停用功能模块跳、合闸出口硬压板，投入测控、计量功能压板，装置检修状态硬压板置于退出位置	
			某项功能（非保护类功能）停用	投入装置直流电源，投入保护功能软压板	
				GOOSE出口及SV接收软压板，投入跳、合闸出口硬压板，退出测控或计量功能压板，装置检修状态硬压板置于退出位置	

续表

电压等级	一次设备	设备运行状态	操作语	智能站含义	常规站含义
110kV	故障录波器（网络报文记录及分析装置）	故障录波器（网络报文记录及分析装置）状态	运行	投入装置直流电源，功能正常	投入装置直流电源，功能正常
			停用	退出装置直流电源	退出装置直流电源
110kV	过程层交换机	过程层交换机状态	运行	投入装置直流电源，功能正常	
			停用	退出装置直流电源	
110kV	某间隔（一次设备）	某间隔（一次设备）保护投入运行	某间隔（一次设备）保护投入运行	继电保护装置、智能终端或合智一体化装置在跳闸状态，合并单元在投入状态或合智一体化装置在跳闸状态，过程层网络及交换机运行正常	继电保护装置在跳闸状态
110kV	低频减载装置	低频减载装置（功能）状态	运行		投入装置电源，投入功能压板，投入定值压板（若有），投入切负荷跳闸出口压板
			信号		投入装置电源，退出功能压板，投入定值压板（若有），退出切负荷跳闸出口压板
			停用		退出装置电源，退出功能压板，退出定值压板（若有），退出切负荷跳闸出口压板
110kV	低压减载装置	低压减载装置状态	运行		投入稳定控制装置电源，投入功能压板，投入通道投入压板，投入定值压板（若有），投入切负荷跳闸出口压板
			信号		投入稳定控制装置电源，退出功能压板，投入通道投入压板，投入定值压板（若有），退出切负荷跳闸出口压板
			停用		退出稳定控制装置电源，退出功能压板，退出通道投入压板，退出定值压板（若有），退出切负荷跳闸出口压板

续表

电压等级	一次设备	设备运行状态	操作语	智能站含义	常规站含义
110kV	低频（或低频低压）解列装置	低频（或低频低压）解列装置状态	运行		投入装置电源，投入功能压板，投入定值压板（若有），投入跳闸出口压板
			信号		投入装置电源，退出功能压板，投入定值压板（若有），退出跳闸出口压板
			停用		退出装置电源，退出功能压板，退出定值压板（若有），退出跳闸出口压板
35kV/10kV	线路/电容器/站用变压器	保护装置状态	跳闸状态		投入装置直流电源，跳闸压板置于跳闸位置，投入功能压板，保护装置检修状态硬压板置于退出位置
			停用状态		退出装置直流电源，退出跳闸压板，退出保护功能压板，保护装置检修状态硬压板置于投入位置

附录C 调度操作术语

表 C.1　　调度操作术语

编号	操作术语	含　义
1	操作指令	值班调度员对其管辖的设备进行变更电气接线方式和事故处理而发布的立即操作的指令（分为逐项操作指令和综合操作指令）
2	操作许可	电气设备在变更状态操作前，由发电厂、变电站值班人员、地调值班调度员提出操作要求，在取得省调值班调度员许可后才能操作。操作后应汇报
3	操作任务	指对该设备的操作目的或设备状态转变
4	操作要求	该设备在操作前提出的要求
5	操作预发指令	在正式指令下达前需做好准备工作，调度预先通过网络、传真或电话下达受令者的指令，并有调令编号
6	口头操作指令	在单项操作或紧急情况、事故处理时，不填写调度操作指令票立即可执行的指令，但发令人和受令人必须同时做好记录
7	合上	把开关或闸刀放在接通位置（包括高压熔丝、空气开关等）
8	拉开	把开关或闸刀放在断开位置（包括高压熔丝、空气开关等）
9	合环	将电气环路用开关或闸刀闭合的操作
10	解环	将电气环路用开关或闸刀断开的操作
11	并列	将发电机与系统（或两个系统之间）经用同期装置鉴定同期后并列运行
12	解列	将发电机（或一个系统）与主系统解除并列运行
13	自同期并列	将发电机用自同期法与系统并列运行
14	非同期并列	将发电机不经同期检查即并列运行
15	开关非全相合闸	开关进行合闸操作时只合上一相或两相
16	开关非全相跳闸	未经操作的开关一相或两相跳闸
17	开关非全相运行	开关一相或两相合闸运行
18	强送	设备故障跳闸后，未经检查即送电
19	强送成功	设备故障后，未经详细检查或试验，用开关对其送电成功
20	强送不成，× 保护动作跳闸	设备故障后，对其强行送电不成功，其开关保护动作又跳闸
21	试送	设备检修后或故障跳闸后，经初步检查再送电
22	冲击合闸	新设备在投入运行时，连续进行若干次合闸与分闸操作。一般线路 3 次，主变压器 5 次，母线 1 次

续表

编号	操作术语	含　义
23	跳闸（单相或三相）	设备（如开关等）自动从接通位置变为断开位置
24	开关（×相）跳闸，重合闸未动跳开三相（或非全相运行）	开关（×相）跳闸后，重合闸装置虽已投入，但未动作，××保护动作跳开三相（或非全相运行）
25	挂（拆）接地线（或合上、拉开接地闸刀）	用临时接地线或接地闸刀将设备与大地接通（或断开）
26	零起升压	利用发电机将设备从零电压逐渐升至额定电压
27	验电	用校验工具验明设备是否带电
28	放电	设备停役后，用工具将静电放掉
29	充电	不带电设备与电源接通，但设备没有供电（不带负荷）
30	核相	用校验工具对开关两侧，或×母线与×母线之间，核对带电设备的两端相位
31	核对相色	用校验工具核对电源的相序（相色）
32	在×开关×侧（母线侧、线路侧或两侧或开关与×闸刀之间）挂（或拆除）×组接地线或合上（或拉开）×接地闸刀	指令、汇报、联系或记录装拆接地线位置及数量、编号
33	×线路（或设备）已转检修状态，现在许可开工，时间×点×分	×线路（或设备）转入检修后值班调度员的许可开工指令
34	现在×线路（或设备）工作结束，现场工作接地闸刀已拉开，人员已撤离，可以送电	现场运行值班人员在调度许可的设备上工作结束后的汇报术语
35	带电拆接	在设备带电状态下拆断或接通短接线
36	短接（或跨接）	用临时导线将开关或闸刀等设备跨越旁路
37	拆（接）引线	将设备引线或架空线的跨接线（弓子线）拆断（或接通）
38	上锁	重要机构用锁锁住
39	除锁	将锁取下不用
40	挂上×标示牌	设备上挂上标示牌（警告牌）
41	摘除×标示牌	设备上摘除标示牌（警告牌）
42	倒母线	指双母线上的元件相互倒换，如×开关由Ⅰ母线倒至Ⅱ母线运行
43	冷倒	开关在热备用状态，先拉开×母线闸刀，再合上×（另一组）母线闸刀

续表

编号	操作术语	含　义
44	×（开关）改为非自动	将开关的操作直流回路解除
45	×（开关）改为自动	恢复开关的操作直流回路
46	变压器×侧分接头从×挡（或×伏）调到×挡（或×伏）	对于变压器电压分接头位置的调挡
47	消弧线圈从×调到×	对消弧线圈分接头的调挡
48	带电查线	在线路有电压情况下或线路未接好接地线情况下，查找造成线路跳闸的故障点
49	停电查线	在线路停电，并挂好接地线的情况下进行查找故障点
50	线路事故抢修	线路已转为检修状态，当查找到故障点后可立即进行事故抢修工作
51	线路特巡	对在暴风雨、覆冰、雾、河流开冰、水灾、大负荷、地震、系统薄弱方式等特殊情况下的带电巡线
52	检查	观察设备的状态，进行正常定期检查和事故检查
53	清扫	消除设备上的灰尘、脏物
54	测量	测量电气设备绝缘、电压、温度等
55	校验	对自动装置、继电保护装置进行预先测试检验是否良好
56	放上或取下熔丝	将熔丝放上或取下
57	限电	限制用户用电
58	紧急拉路（或拉电）	将向用户供电的线路切断，停止送电
59	低频减载动作跳闸	当频率低到预定频率自动跳开部分供电开关
60	保护投入	将继电保护投入运行，指投跳闸位置
61	保护停用	将继电保护停止（或退出）运行
62	方向高频（高频闭锁、方向光纤、光纤闭锁、光纤纵差）保护由跳闸改投信号	将方向高频（高频闭锁、方向光纤、光纤闭锁、光纤纵差）保护由原投入跳闸位置改投信号位置
63	方向高频（高频闭锁、方向光纤、光纤闭锁）保护由信号改为停用	将方向高频（高频闭锁、方向光纤、光纤闭锁）保护由原投入信号位置改为停用位置
64	方向高频（高频闭锁、方向光纤、光纤闭锁）保护由停用改投信号	将方向高频（高频闭锁、方向光纤、光纤闭锁）保护由原停用位置改为投入信号位置
65	方向高频（高频闭锁、方向光纤、光纤闭锁、光纤纵差）保护由信号改投跳闸	将方向高频（高频闭锁、方向光纤、光纤闭锁、光纤纵差）保护由原信号改为投入跳闸位置

续表

编号	操作术语	含　义
66	投入微机光纤纵差保护中后备保护	将微机光纤纵差保护中后备保护由原停用位置改为投入跳闸位置，且光纤纵差保护已在信号
67	停用微机光纤纵差保护	将微机光纤纵差保护中后备保护由原跳闸位置改为停用位置，且光纤纵差保护由原跳闸位置改为信号位置
68	将×开关（或线路）保护由联络线方式改为弱馈方式	将微机保护中控制字由联络线切换至弱馈
69	将×开关（或线路）保护由弱馈方式改为联络线方式	将微机保护中控制字由弱馈切换至联络线
70	×开关高频闭锁保护切换至×开关	将××线路开关高频闭锁保护使用到××旁路（母旁）开关上
71	方向高频（高频闭锁）保护发信	方向高频或高频闭锁保护启动发出信号
72	高频远方启动	高频保护由于对方发信而启动
73	高频停信	高频闭锁保护由距离Ⅱ段、方向零序Ⅱ段保护动作而停信跳闸（如高频闭锁保护发信后，距离Ⅱ段或方向零序Ⅱ段未动作，信号消失，称信号复归）
74	方向高频（高频闭锁）保护动作跳闸	方向高频或高频闭锁保护动作跳闸
75	旁路开关保护全部投入运行	将旁路开关的距离、方向零序保护、失灵保护及重合闸（下令调整定值时）均投入跳闸位置。高频闭锁保护在旁路开关投入后切换到旁路开关
76	投入×开关线路单相（或三相）重合闸	将×开关线路单相重合闸投入并将保护投入经单相（或三相）重合闸装置后跳闸（凡能经重合闸跳闸保护均投入经重合闸跳闸，凡不能经重合闸跳闸的保护仍为直跳）
77	停用×开关线路单相（或三相）重合闸	将×开关线路单相（或三相）重合闸停用，并将凡经单相（或三相）重合闸装置的保护改为直跳，重合闸不起作用
78	×保护由跳×开关改为跳×开关	×保护由投入跳×开关，改为投入跳×开关而不跳原来开关（如同时跳原来开关则应说明改为跳×、×开关）
79	×（设备）×保护更改定值	继电保护调整定值，由原定值（电流、电压、阻抗、时间等）改变为另一整定值
80	×保护信号掉牌	继电保护动作发出信号
81	信号复归	继电保护动作的信号牌恢复原位
82	投入微机高频闭锁保护	将微机高频闭锁保护中高频闭锁保护及后备保护及重合闸全部投入跳闸。线路重合闸应按定值通知单要求投入
83	停用微机高频闭锁保护	将微机高频闭锁保护中高频闭锁保护及后备保护及重合闸全部停用。线路重合闸改为另一套微机高频保护中重合闸投入

续表

编号	操作术语	含　　义
84	停用微机方向高频保护	将微机方向高频保护中方向高频保护及后备保护全部停用
85	投入微机方向高频保护	将微机方向高频保护中方向高频保护及后备保护全部投入跳闸
86	投入或停用压板	将继电保护、安全自动装置压板投入（用上）或停用（解除）
87	开机	将发电机、汽轮机、水轮机、燃气轮机开动
88	停机	将发电机、汽轮机、水轮机、燃气轮机停下
89	发电改调相（或调相改发电）	发电机（水轮发电机）由发电运行状态改为调相运行状态（或由调相运行状态改为发电运行状态）
90	开机抽水	开启机组并网抽水
91	抽水调相	开启机组并网，按抽水调相工况运行
92	抽水改抽水调相	机组由抽水工况转为抽水调相工况运行
93	抽水调相改抽水	机组由抽水调相工况转为抽水工况运行
94	压气调相	水轮机关闭导水叶后，将压缩空气把水涡轮中的水压到尾水管中，使水轮机不在水中转动
95	带水调相	保持水还在水涡轮中，使发电机吸收系统中的有功，只带无功
96	将×开关（或线路）由运行转热备用	（1）拉开必须断开的开关； （2）检查所拉开的开关处在断开位置
97	将×开关（或线路）由运行转冷备用	（1）拉开必须断开的开关； （2）检查所拉开的开关处在断开的位置； （3）拉开必须断开的全部闸刀； （4）检查所拉开的闸刀处在断开位置
98	将×开关（或线路）由运行转检修	（1）拉开必须断开的开关； （2）检查所拉开的开关处在断开位置； （3）拉开必须断开的全部闸刀； （4）检查所拉开的闸刀处在断开位置； （5）挂上保安用临时接地线或合上接地闸刀； （6）检查合上的接地闸刀处在接通位置
99	将×开关（或线路）由热备用转运行	（1）合上必须合上的开关； （2）检查所合上的开关处在接通位置
100	将×开关（或线路）由热备用转冷备用	（1）检查所拉开的开关处在断开位置； （2）拉开必须断开的全部闸刀； （3）检查所拉开的闸刀处在断开位置
101	将×开关（或线路）由热备用转检修	（1）检查所拉开的开关处在断开位置； （2）拉开必须断开的全部闸刀； （3）检查所拉开的闸刀处在断开位置； （4）挂上保安用临时接地线或合上接地闸刀； （5）检查所合上的接地闸刀处在接通位置

续表

编号	操作术语	含　义
102	将×开关（或线路）由冷备用转运行	（1）检查设备上无接地线或接地闸刀； （2）检查所拉开的开关确在断开位置； （3）合上必须合上的闸刀； （4）检查所合上的闸刀处在接通位置； （5）合上必须合上的开关； （6）检查所合上的开关处在接通位置
103	将×开关（或线路）由冷备用转热备用	（1）检查设备上无接地线或接地闸刀； （2）检查所拉开的开关确在断开位置； （3）合上必须合上的闸刀； （4）检查所合上的闸刀处在接通位置
104	将×开关（或线路）由冷备用转检修	（1）检查所拉开的开关确在断开位置； （2）检查所拉开的闸刀确在断开位置； （3）挂上保安用临时接地线或合上接地闸刀； （4）检查所合上的接地闸刀处在接通位置
105	将×开关（或线路）由检修转运行	（1）拆除全部保安用临时接地线（或拉开接地闸刀）； （2）检查所拉开的接地闸刀处在断开位置； （3）检查所拉开的开关确在断开位置； （4）合上必须合上的闸刀； （5）检查所合上的闸刀在接通位置； （6）合上必须合上的开关； （7）检查所合上的开关处在接通位置
106	将×开关（或线路）由检修转冷备用	（1）拆除全部保安用临时接地线（或拉开接地闸刀）； （2）检查所拉开的接地闸刀处在断开位置； （3）检查所拉开的开关确在断开位置； （4）检查所拉开的闸刀确在断开位置
107	将×开关（或线路）由检修转热备用	（1）拆除全部保安用临时接地线（或拉开接地闸刀）； （2）检查所拉开的接地闸刀处在断开位置； （3）检查所拉开的开关确在断开位置； （4）合上必须合上的闸刀； （5）检查所合上的闸刀在接通位置

附录D 继电保护术语一览表

表 D.1 继电保护术语一览表

编号	继电保护术语	含义
1	主保护	满足系统稳定和设备安全要求，能以最快速度有选择地切除被保护设备和线路故障的保护
2	后备保护	主保护或断路器拒动时，用以切除故障的保护
3	辅助保护	为补充主保护和后备保护的性能或当主保护和后备保护退出运行而增设的简单保护
4	异常运行保护	反应被保护电力设备或线路异常运行状态的保护
5	可靠性	指保护该动作时应动作，不该动作时不动作
6	选择性	指首先由故障设备或线路本身的保护切除故障，当故障设备或线路本身的保护或断路器拒动时，才允许由相邻设备、线路的保护或断路器失灵保护切除故障
7	灵敏性	指在设备或线路的被保护范围内发生故障时，保护装置具有的正确动作能力的裕度，一般以灵敏系数来描述
8	速动性	指保护装置应能尽快地切除短路故障，其目的是提高系统稳定性，减轻故障设备和线路的损坏程度，缩小故障波及范围，提高自动重合闸和备用电源或备用设备自动投入的效果等
9	零序保护	在大电流接地系统中发生接地故障后，就有零序电流、零序电压和零序功率出现，利用这些电量构成保护接地短路的继电保护装置统称为零序保护
10	距离保护	利用阻抗元件来反映短路故障的保护装置
11	高频保护	将线路两端的电流相位或功率方向转化为高频信号，然后利用输电线路本身或专用通道将信号送至对端，以比较两端电流相位或功率方向的一种保护
12	纵联保护	线路纵联保护是当线路发生故障时，使两侧开关同时快速跳闸的一种保护装置，是线路的主保护。它以线路两侧判别量的特定关系作为判据，即两侧均将判别量借助通道传送到对侧，然后两侧分别按照对侧与本侧判别量之间的关系来判别区内故障或区外故障
13	纵联差动保护	采用差动继电器作保护的测量元件，用来比较被保护元件各端电流的大小和相位之差，从而判断保护区内是否发生短路
14	断路器失灵保护	当系统发生故障时故障元件的保护动作，因其断路器操作机构失灵拒绝跳闸时通过故障元件的保护，作用于同一变电站相邻元件的断路器使之跳闸的保护方式，就称为断路器失灵保护
15	电流速断保护	仅反映电流增大而瞬时动作的电流保护
16	定时限过电流保护	为实现过电流保护的选择性，将线路各段的动作时限按阶梯原则整定，即越离电源近的时限越长，继电保护的动作时限与短路电流的大小无关，采用这种动作时限方式的过电流保护称为定时限过电流保护

续表

编号	继电保护术语	含　义
17	重合闸后加速	当线路发生故障后，保护有选择性地动作切除故障，然后重合闸进行一次重合，如重合于永久性故障时，保护装置不带时限地动作断开短路器
18	非电量保护	由非电气量反映的故障动作或发信的保护
19	二次回路	由二次设备互相连接，构成对一次设备进行监测、控制、调节和保护的电气回路
20	软压板	通过装置的软件实现保护功能或自动功能等投退的压板
21	硬压板	安装在保护屏上的一种连片，它的闭合与打开代表着投退。硬压板一般分为功能压板和出口压板。功能压板是一种保护功能的选择控制方式，它的投退影响的是某种保护功能的实现；出口压板的投退影响的是保护跳闸出口的实现
22	自动重合闸	将因故障跳开后的断路器按需要自动投入的一种自动装置
23	整组传动试验	指自装置的电流、电压二次回路端子的引入端子处或从变流器一次侧向被保护设备的所有装置通入模拟电压、电流量，以检验各装置在故障过程中的动作情况
24	三误	指误碰、误接线、误整定
25	支路轮断	将某一节点上所有支路元件按设定原则下依次断开，以获得各种情况下保护的配合系数的方式称之为支路轮断
26	等值电网	由电力系统中各元件的等值电路连接起来构成的网络图，也称等效电网
27	等值阻抗	能集中反映电网元件在特定的运行状态（如稳态或暂态）时电磁关系或电压与电流关系的工频阻抗值
28	时间级差	根据保护装置性能指标，并考虑断路器动作时间和故障熄弧时间，能确保保护配合关系的最小时间差，表示为Δt
29	配合	在两维平面（横坐标保护范围、纵坐标动作时间）上，整定定值曲线（多折线）与配合定值曲线（多折线）不相交
30	完全配合	需要配合的两保护在保护范围和动作时间上均能配合，即满足选择性要求
31	不完全配合	需要配合的两保护在动作时间上能配合，但保护范围无法配合
32	不配合	需要配合的两保护动作时间不配合，即无法满足选择性要求
33	常见运行方式	正常全接线运行方式和被保护设备相邻近的部分线路或元件检修的正常检修方式
34	最大运行方式	指在被保护对象末端短路时系统的等值阻抗最小，通过保护装置的短路电流为最大的运行方式
35	最小运行方式	指在被保护对象末端短路时系统的等值阻抗最大，通过保护装置的短路电流为最小的运行方式

续表

编号	继电保护术语	含　义
36	一体化整定计算	多级调控机构基于统一的数据模型、统一的图形模型、统一的整定计算基础平台、统一的整定计算原则，实现相互贯通、高效协同的电网继电保护整定计算
37	事件	指电力设备的故障或继电保护的不正确动作，是继电保护动作评价的基本单元
38	继电保护正确动作率	指继电保护正确动作次数与继电保护动作总次数的百分比
39	故障快速切除率	指电力系统中的线路、母线、变压器、发电机、电抗器等设备发生故障时，由该设备的主保护切除故障的比例
40	线路重合成功率	指线路重合闸及断路器的联合运行符合预定功能和恢复线路输送负荷的能力
41	继电保护故障率	指继电保护由于装置硬件损坏和软件错误等原因造成继电保护故障次数与继电保护总台数之比
42	继电保护故障停运率	指为处理继电保护缺陷或故障而退出运行的时间与继电保护应投运时间之百分比
43	录波完好率	指故障录波装置在系统异常工况及故障情况下启动录波完好次数与故障录波装置应启动录波次数之百分比
44	故障测距动作良好率	指故障测距装置在线路发生故障情况下启动测距，并能够得到有效故障点位置的次数与故障测距装置应启动测距次数之百分比
45	合并单元	用以对来自二次转换器的电流和/或电压数据进行时间相关组合的物理单元
46	智能终端	一种智能组件。与一次设备采用电缆连接，与保护、测控等二次设备采用光纤连接，实现对一次设备（如：断路器、刀闸、主变压器等）的测量、控制等功能
47	GOOSE	一种面向通用对象的变电站事件
48	SV	采样值
49	ICD 文件	由装置厂商提供给系统集成厂商，该文件描述 IED 提供的基本数据模型及服务，但不包含 IED 实例名称和通信参数
50	SSD 文件	应全站唯一，该文件描述变电站一次系统结构以及相关联的逻辑节点，最终包含在 SCD 文件中
51	SCD 文件	应全站唯一，该文件描述所有 IED 的实例配置和通信参数、IED 之间的通信配置以及变电站一次系统结构，由系统集成厂商完成
52	CID 文件	每个装置有一个，由装置厂商根据 SCD 文件中本 IED 相关配置生成
53	直采直跳	直接采样是指智能电子设备间不经过交换机而以点对点连接方式直接进行采样值传输，直接跳闸是指智能电子设备不经过交换机而以点对点连接方式直接进行跳合闸信号的传输
54	直采网跳	直接采样是指智能电子设备间不经过交换机而以点对点连接方式直接进行采样值传输，网络跳闸是指智能电子设备间经过交换机的方式进行跳合闸信号的传输

续表

编号	继电保护术语	含　义
55	网采网跳	网络采样是指智能电子设备间经过交换机的方式进行采样值传输共享，网络跳闸是指智能电子设备间经过交换机的方式进行跳合闸信号的传输
56	老开关	已正常运行、保护可靠的开关
57	新开关	准备启动投运的开关
58	双开关、双保护	除新投运一次设备及其所配保护外，还有一级可靠的一次设备及其所配保护，构成新设备投运过程中两级保护，确保可靠隔离新设备投运过程中可能发生的各种故障，简称“双开关、双保护”

附录E 继电保护整定常用系数及部分推荐值统计表

表 E.1 继电保护灵敏度规定统计表

被保护设备	保护定值名称	电压等级	故障位置	灵敏度规定	规范引用	备注
线路	相电流突变量		本线路末端	≥4.0	Q/GDW 11425	
		220kV	距离Ⅲ段末端	≥2.0	DL/T 559	
	零序电流分量	220kV、110kV	本线路末端	≥4.0	Q/GDW 11425	
		220kV	距离Ⅲ段末端	≥2.0	DL/T 559	
		35kV 及以下	本线路末端	≥3.0	Q/GDW 11425	低电阻接地系统
	负序电流分量	35kV 及以下	本线路末端	≥4.0	Q/GDW 11425	
	零序方向元件	220kV	被控制保护段末端	≥1.5	DL/T 559	零序电压
			被控制保护段末端	≥2.0		零序功率
	纵联差动动作电流		本线路末端	≥3.0	Q/GDW 11425	线路两侧一次电流值应相同
	纵联零序电流	220kV	本线路末端	≥2.0	Q/GDW 11425	
	纵联距离保护	220kV	本线路末端	≥1.7	DL/T 559	50km 以下
			本线路末端	≥1.6		50～100km
			本线路末端	≥1.5		100～150km
			本线路末端	≥1.4		150～200km
			本线路末端	≥1.3		200km 以上
			对侧纵联距离保护范围末端	≥1.6		反方向阻抗在相邻线路上的保护范围大于对侧纵联距离阻抗所延伸的保护范围
			对侧纵联距离保护范围末端	1.5～2.0	Q/GDW 11425	
	方向高频保护	220kV	本线路末端	≥2.0	DL/T 559	高定值启动元件
			本线路末端	≥4.0		低定值启动元件

续表

被保护设备	保护定值名称	电压等级	故障位置	灵敏度规定	规范引用	备注
线路	方向高频保护	220kV	本线路末端	≥3.0	DL/T 559	方向判别元件
			本线路末端	≥2.0		方向阻抗元件作为方向判别元件
			本线路末端	≥2.0		故障测量元件
			本线路末端	≥1.5		阻抗元件作为故障测量元件
			本线路末端	1.5～2.0		停信元件
	零序电流保护	220kV	本线路末端	≥1.5	DL/T 559	50km 以下
			本线路末端	≥1.4		50～200km
			本线路末端	≥1.3		200km 以上
		110kV 及以下	本线路末端	≥1.5	DL/T 584	20km 以下
			本线路末端	≥1.4		20～50km
			本线路末端	≥1.3		50km 以上
			相邻线路末端	≥1.2		
		35kV 及以下	本线路末端	≥2.0		低电阻接地系统
	距离保护	220kV	本线路末端	≥1.45	DL/T 559	50km 以下
			本线路末端	≥1.4		50～100km
			本线路末端	≥1.35		100～150km
			本线路末端	≥1.3		150～200km
			本线路末端	≥1.25		200km 以上
		110kV 及以下	本线路末端	≥1.5	DL/T 584	20km 以下
			本线路末端	≥1.4		20～50km
			本线路末端	≥1.3		50km 以上
			本线路末端	≥1.5		汇集线距离 I 段
			相邻线路或设备末端	≥1.2		
	过电流保护	35kV 及以下	保护出口三相短路	≥1.0	DL/T 584	过电流 I 段可以投入
			本线路末端	≥1.5		20km 以下

续表

被保护设备	保护定值名称	电压等级	故障位置	灵敏度规定	规范引用	备注
线路	过电流保护	35kV 及以下	本线路末端	≥1.4	DL/T 584	20～50km
			本线路末端	≥1.3		50km 以上
			本线路末端	≥1.5		过电流Ⅲ段保护
			本线路末端	≥1.5		汇集线过电流Ⅰ段
			相邻线路或设备末端	≥1.2		
	零序电流加速段	220kV 和 110kV	本线路末端	≥1.5	Q/GDW 11425	
	过电流加速段		本线路末端	≥1.5	Q/GDW 11425	
	距离附加段		供电变压器中、低压侧	≥1.2	Q/GDW 11425	
	TV 断线零序过电流		本线路末端	≥1.3	Q/GDW 11425	
	失灵相电流判别		本线路末端	≥1.3	DL/T 559	
	失灵零序电流判别		本线路末端	≥1.3	Q/GDW 11425	
	失灵负序电流判别		本线路末端	≥1.3	Q/GDW 11425	
变压器	差动速断保护		保护安装处电源侧	≥1.2	DL/T 684	正常运行方式两相金属性短路
	纵差保护		变压器引出线	≥1.5		两相金属性短路
	分侧纵差保护		变压器绕组引出端	≥2.0		两相金属性短路
	零序差动保护		保护区内	≥1.2		金属性接地短路
	高压侧过电流保护		高压侧母线	≥1.3	Q/GDW 11425	本侧母线后备
			高压侧母线	≥1.5	DL/T 559	过电流灵敏段，升压变压器
			中压侧母线	≥1.2	Q/GDW 11425	其他侧母线后备
			中压侧母线	≥1.3	DL/T 559	过电流灵敏段，降压、联络变压器

续表

被保护设备	保护定值名称	电压等级	故障位置	灵敏度规定	规范引用	备注
变压器	高压侧过电流保护		低压侧母线	≥1.2	Q/GDW 11425	其他侧母线后备
			后备保护区末端	≥1.3	DL/T 684	近后备
		110kV及以下	其他侧母线	≥1.5	DL/T 584	单侧电源变压器
	高压侧零序保护		高压侧母线	≥1.5	Q/GDW 11425	做本侧母线后备
			中压侧母线	≥1.3	DL/T 684	零序Ⅰ段，做其他侧母线后备
			中压侧母线	≥1.5	DL/T 684	零序Ⅱ段，做其他侧母线后备
	中压侧过电流保护		高压侧母线	≥1.3	DL/T 559	过电流灵敏段，联络变压器
			中压侧母线	≥1.3	Q/GDW 11425	过电流Ⅰ段，本侧母线后备
			中压侧母线	≥1.5	DL/T 559	过电流灵敏段
			后备保护区末端	≥1.2	DL/T 684	远后备
	中压侧零序保护	220kV	高压侧母线	≥1.3	DL/T 684	零序Ⅰ段，方向指向变压器
			中压侧母线	≥1.5	Q/GDW 11425	零序Ⅰ段
			高、中压侧母线	≥1.5	DL/T 684	零序Ⅱ段
			后备保护区末端	≥1.2	Q/GDW 11425	远后备
	低压侧过电流保护		低压侧母线	≥1.3	Q/GDW 11425	过电流Ⅰ段
			低压侧母线	≥1.5		过电流Ⅱ段
			后备保护区末端	≥1.2	DL/T 684	远后备
	低压侧零序保护		低压侧母线	≥2.0	Q/GDW 11425	低电阻接地系统
			本侧出线末端	≥1.2	Q/GDW 11425	低电阻接地系统
	失灵过电流判别	220kV	变压器各侧母线	1.5～2.0	DL/T 684	三相短路
	低电压		灵敏系数校验点	≥1.5	Q/GDW 11425	近后备
				≥1.2	DL/T 684	远后备
	负序电压		后备保护区末端	≥2.0	DL/T 684	近后备
				≥1.5		远后备

续表

被保护设备	保护定值名称	电压等级	故障位置	灵敏度规定	规范引用	备注
母线	差电流启动元件		本侧母线	≥2.0	Q/GDW 11425	
	母线选择元件		本侧母线	≥2.0	DL/T 584	
	母联失灵		本侧母线	≥1.5	DL/T 584	
	低电压	220kV	本侧母线	≥1.3	Q/GDW 11425	
		110kV 及以下	本侧母线	≥2.0		
	负序电压	220kV	本侧母线	≥1.3	Q/GDW 11425	
		110kV 及以下	本侧母线	≥2.0		
	零序电压	220kV	本侧母线	≥1.3	Q/GDW 11425	
		110kV 及以下	本侧母线	≥2.0		
母联	充电过电流保护		本侧母线	≥1.5	Q/GDW 11425	充电过电流Ⅰ段
			本侧母线	≥2.0		充电过电流Ⅱ段
	充电零序过电流保护		本侧母线	≥2.0		
电抗器	差动保护	220kV	引出线上	≥2.0	DL/T 559	最小运行方式下
	过电流保护	110kV 及以下	端部引线	≥1.3	DL/T 584	过电流Ⅰ段
	零序电流保护	35kV 及以下	端部引线	≥2.0		低电阻接地系统
接地变压器	过电流保护	35kV 及以下	端部引出线	≥1.2	DL/T 584	过电流Ⅰ段
			站用变压器低压侧	≥1.3	Q/GDW 11425	过电流Ⅱ段
	零序电流保护		端部引线	≥2.0	DL/T 584	低电阻接地系统
			本侧出线末端	≥1.2	Q/GDW 11425	低电阻接地系统
并联电容器	过电流保护	35kV 及以下	端部引出线	≥2.0	DL/T 584	
	零序电流保护		端部引线	≥2.0		低电阻接地系统
	不平衡电压		不平衡电压计算值	≥1.0		

续表

被保护设备	保护定值名称	电压等级	故障位置	灵敏度规定	规范引用	备注
站用变压器	过电流保护	35kV及以下	端部引出线	≥2.0	Q/GDW 11425	过电流Ⅰ段
			站用变压器低压侧	≥1.3		过电流Ⅱ段
	零序电流保护		端部引线	≥2.0	DL/T 584	低电阻接地系统
故障录波器	变化量电流启动		本线路末端	≥4.0	DL/T 559 DL/T 584	
	零序电流启动		本线路末端	≥2.0		
	负序电流启动		本线路末端	≥2.0		
接地故障选线	零序电压		线路单相接地	≥1.5	DL/T 584	汇集系统单相接地故障

表 E.2　　继电保护可靠系数规定统计表

被保护设备	保护定值名称	电压等级	配合点	可靠系数规定	规范引用	备注
线路	相电流启动值	35kV	躲正常最大负荷电流	≥1.2	Q/GDW 11425	
	分相电流差动高定值	220kV	躲线路稳态电容电流	≥4.0	DL/T 559	
	零序保护	220kV	与相邻线路零序保护配合	≥1.1	DL/T 559 DL/T 584	
			躲相邻线路末端接地电流	≥1.2		
			躲本线路非全相运行最大零序电流	≥1.2		
		110kV及以下	躲本线路末端接地电流	1.3～1.5	DL/T 584	
			躲相邻变压器其他侧母线接地电流	1.1～1.3	DL/T 584	
		35kV及以下	与相邻线路零序保护配合	≥1.1	DL/T 584	低电阻接地系统
			躲线路对地电容电流	≥1.5	DL/T 584	低电阻接地系统

续表

<table>
<tr><th>被保护设备</th><th>保护定值名称</th><th>电压等级</th><th>配合点</th><th>可靠系数规定</th><th>规范引用</th><th>备注</th></tr>
<tr><td rowspan="20">线路</td><td rowspan="10">接地距离保护</td><td rowspan="2">220kV</td><td>与相邻线路接地距离保护配合</td><td>≤0.8</td><td rowspan="2">DL/T 559</td><td></td></tr>
<tr><td>与相邻线路纵联保护配合</td><td>≤0.8</td><td></td></tr>
<tr><td>110kV 及以下</td><td>与相邻线路接地距离保护配合</td><td>0.7～0.8</td><td>DL/T 584</td><td></td></tr>
<tr><td></td><td>躲本线路末端故障</td><td>≤0.7</td><td rowspan="4">DL/T 559
DL/T 584</td><td rowspan="3">距离Ⅰ段，本线路阻抗</td></tr>
<tr><td>220kV</td><td rowspan="3">躲所供变压器其他侧母线故障</td><td>≤0.85</td></tr>
<tr><td>110kV 及以下</td><td>0.8～0.85</td></tr>
<tr><td></td><td>≤0.7</td><td>距离Ⅰ段，变压器正序阻抗</td></tr>
<tr><td>220kV</td><td>躲所供变压器其他侧母线故障</td><td>≤0.8</td><td>DL/T 559</td><td>距离Ⅱ段</td></tr>
<tr><td>110kV 及以下</td><td>躲所供变压器其他侧母线故障</td><td>0.7～0.8</td><td>DL/T 584</td><td>距离Ⅱ段</td></tr>
<tr><td></td><td>躲过负荷阻抗</td><td>≤0.7</td><td>DL/T 559
DL/T 584</td><td>距离Ⅲ段</td></tr>
<tr><td rowspan="10">相间距离保护</td><td>220kV</td><td rowspan="3">与相邻线路相间距离保护配合</td><td>≤0.85</td><td rowspan="5">DL/T 559
DL/T 584</td><td>本线路阻抗</td></tr>
<tr><td rowspan="2"></td><td>0.8～0.85</td><td>本线路阻抗</td></tr>
<tr><td>≤0.8</td><td>相邻线路相间距离保护定值</td></tr>
<tr><td>220kV</td><td>与相邻线路纵联保护配合</td><td>≤0.8</td><td></td></tr>
<tr><td>220kV</td><td>与相邻变压器相间后备保护配合</td><td>≤0.85</td><td></td></tr>
<tr><td></td><td>躲本线路末端故障</td><td>0.8～0.85</td><td rowspan="4">DL/T 559
DL/T 584</td><td rowspan="3">本线路阻抗</td></tr>
<tr><td>220kV</td><td rowspan="3">躲所供变压器其他侧母线故障</td><td>≤0.85</td></tr>
<tr><td>110kV 及以下</td><td>0.8～0.85</td></tr>
<tr><td></td><td>≤0.7</td><td>所供变压器阻抗</td></tr>
<tr><td></td><td>躲过负荷阻抗</td><td>≤0.7</td><td>DL/T 559
DL/T 584</td><td>距离Ⅲ段</td></tr>
</table>

续表

被保护设备	保护定值名称	电压等级	配合点	可靠系数规定	规范引用	备注
线路	过电流保护	35kV及以下	与相邻线路过电流保护配合	≥1.1	DL/T 584	
			躲本线路末端故障电流	≥1.3		
			躲所供变压器其他侧母线故障	≥1.3		
			躲本线路最大负荷电流	≥1.2		
				0.85～0.95		返回系数
变压器	高压侧零序保护		与变压器其他侧零序保护配合	≥1.1	DL/T 684	
			躲非全相运行最大零序电流	≥1.2		零序Ⅰ段
	过电流保护	110kV及以下	与变压器相邻侧过电流保护配合	1.05～1.1	DL/T 584	
			躲变压器最大负荷电流	1.2～1.3	DL/T 684	
				0.85～0.95		返回系数
	中性点过电流		躲正常运行时最大不平衡电流	1.5～2.0	DL/T 684	
	过负荷保护		躲本侧变压器额定电流	1.05	DL/T 684	
				0.85～0.95		返回系数
母线	差电流启动元件	220kV	躲过区外故障最大不平衡电流	≥1.5	DL/T 559	
			躲最大支路负荷电流	≥1.5		
		110kV及以下	躲最大支路负荷电流	1.1～1.3	DL/T 684	
接地变压器	过电流保护	35kV及以下	与供电变压器同侧后备保护配合	≥1.1		低电阻接地系统，反配合
			躲接地变压器低压侧故障	≥1.3	DL/T 584	
			躲接地变压器励磁涌流	7～10		过电流Ⅰ段
			躲接地变压器额定电流	≥1.3		过电流Ⅱ段
			躲单相接地时最大故障电流	≥1.3		过电流Ⅱ段，低电阻接地系统
	零序保护		与下级零序电流保护配合	≥1.1	DL/T 584	低电阻接地系统

续表

被保护设备	保护定值名称	电压等级	配合点	可靠系数规定	规范引用	备注
站用变压器	过电流保护	35kV及以下	躲站用变压器励磁涌流	7～10	Q/GDW 11425	过电流Ⅰ段
并联电容器	不平衡电压	35kV及以下	躲正常运行时的不平衡电压	≥1.5	DL/T 584	
				1.10～1.15		过电压系数
站用变压器	过电流保护	35kV及以下	躲站用变压器低压侧故障	≥1.3	DL/T 584	
			躲站用变压器额定电流	7～10		过电流Ⅰ段

表 E.3　　继电保护规程推荐值统计表

被保护设备	保护定值名称	电压等级	基准值	推荐值	规范引用	备注
线路	零序电流差动定值		A	300～600A	DL/T 584	
	TV断线零序过电流定值		A	≤300A		
	检同期合闸角		(°)	≤30°		
	过负荷电流		正常最大负荷电流	1.05～1.10		
	距离保护	35kV及以下	s	0～0.2s		汇集线距离Ⅰ段
			s	0.3～0.5s		汇集线距离Ⅱ段
	过电流保护		s	0～0.2s		过电流Ⅰ段
			s	0.3～0.5s		汇集线过电流Ⅱ段
	低电压		相间电压	60%～80%		
	负序电压		相电压	5%～10%		
	振荡闭锁开放时间	220kV	s	0.12～0.15s	DL/T 559	
变压器	差动速断定值		变压器基准侧二次额定电流	2.0～5.0	DL/T 684	120MVA及以上
				3.0～6.0		40～120MVA
				4.5～7.0		6.3～31.5MVA
				7～12		6.3MVA及以下

续表

被保护设备	保护定值名称	电压等级	基准值	推荐值	规范引用	备注
变压器	纵差保护		变压器基准侧二次额定电流	30%～60%	DL/T 684	最小动作电流
				40%～100%		起始制动电流
				0.15		二次谐波制动系数
			（°）	60°～70°		涌流闭锁角
			（°）	≥65°		最小间断角
			（°）	≤140°		最大波宽
	分侧纵差保护		电流互感器二次额定电流	20%～50%	DL/T 684	
				50%～100%		起始制动电流
				30%～50%		动作特性斜率
	零序差动保护		电流互感器二次额定电流	30%～50%	DL/T 684	
				40%～50%		制动系数
	间隙保护		A	100A	DL/T 684	间隙电流一次值
			V	180V		外接零序电压二次值
				120V		自产零序电压二次值
				10～15V	DL/T 584	外接零序电压二次值，本变电站或下一级变压器中性点接地
				8～10V		自产零序电压二次值，本变电站或下一级变压器中性点接地
			s	0.2s	Q/GDW 11425	跳并网电源开关时间
				0.5s		跳主变压器各侧开关时间
	非全相保护	220kV	变压器额定电流	15%～25%	DL/T 684	负序电流判据
			变压器额定电流	15%～25%		零序电流判据
			s	0.3～0.5s		

续表

被保护设备	保护定值名称	电压等级	基准值	推荐值	规范引用	备注
变压器	低电压		二次额定相间电压	50%～60%	DL/T 684	降压变压器
			二次额定相间电压	60%～70%		升压变压器
	负序电压		二次额定相间电压或相电压	6%～8%	DL/T 684	
母线	制动系数	110kV 及以下		30%～70%	DL/T 584	为差动电流与制动电流之比
	TA 断线闭锁定值	220kV	TA 额定电流	10%	DL/T 559	
		110kV 及以下	TA 额定电流	5%～10%	DL/T 584	
	TA 断线告警定值	110kV 及以下	TA 额定电流	2%～10%		
			TA 断线闭锁定值	50%～80%	Q/GDW 11425	
	母联分段失灵	220kV	s	0.2～0.3s	Q/GDW 11425	
		110kV 及以下	TA 额定电流	≥10%	DL/T 584	
			s	0.2～0.25s		
	母联非全相时间		s	0.5s	Q/GDW 11425	
	失灵保护		变压器额定电流	1.1～1.2	DL/T 684	过电流判据
			变压器额定电流	15%～25%		负序电流判据
			变压器额定电流	15%～25%		零序电流判据
			s	0.15～0.3s		变压器失灵
		220kV	s	0.2～0.3s	DL/T 559	双母线短时限
			s	0.4～0.5s		双母线长时限
			s	0.2～0.5s		双母线单一时限
		110kV 及以下	s	0.25～0.35s	DL/T 584	双母线短时限
			s	0.5～0.6s		双母线长时限

续表

被保护设备	保护定值名称	电压等级	基准值	推荐值	规范引用	备注
母线	低电压闭锁		母线额定运行电压	60%～70%	DL/T 559 DL/T 584	
	负序电压闭锁	220kV	V	2～6V	DL/T 559	
		110kV及以下	V	4～12V	DL/T 584	
	零序电压闭锁	220kV	V	4～8V	DL/T 559	
		110kV及以下	V	4～12V	DL/T 584	
母联	充电过电流保护		s	0.01～0.1s	Q/GDW 11425	充电过电流Ⅰ段
			s	0.3s		充电过电流Ⅱ段
	充电零序过电流保护		s	0.3s		
电抗器	差动速断保护	220kV	电抗器额定电流	3～6	DL/T 559	
	差动保护	220kV	电抗器额定电流	20%～50%	DL/T 559	
			电抗器额定电流	50%～100%	DL/T 559	起始制动电流
		110kV及以下	电抗器额定电流	30%～50%	DL/T 584	
	过电流保护	220kV	电抗器额定电流	4～8	DL/T 559	高压电抗器，过电流Ⅰ段
		110kV及以下	电抗器额定电流	3～5	DL/T 584	并联补偿电抗器，过电流Ⅰ段
			s	0s	Q/GDW 11425	过电流Ⅰ段
			电抗器额定电流	1.5～2.0	Q/GDW 11425	过电流Ⅱ段
			s	0.5～1.0s		
	过负荷保护	110kV及以下	电抗器额定电流	1.1～1.2	DL/T 584	
			s	4～6s		
接地变压器	过电流保护	35kV及以下	s	0s	Q/GDW 11425	过电流Ⅰ段
			s	0.3～0.5s		过电流Ⅱ段，不接地系统
			s	1.5～2.5s	DL/T 584	过电流Ⅱ段，低电阻接地系统

续表

被保护设备	保护定值名称	电压等级	基准值	推荐值	规范引用	备注
并联电容器	过电流保护	35kV 及以下	电容器额定电流	3~5	DL/T 584	过电流Ⅰ段
			s	0.1~0.2s		
			电容器额定电流	1.5~2.0		过电流Ⅱ段
			s	0.3~1.0s		
	过电压保护	35kV 及以下	电容器额定电压	1.1	DL/T 584	
			s	≤60s		
	低电压保护	35kV 及以下	电容器额定相间电压	20%~50%	DL/T 584	
	低电压电流闭锁定值	35kV 及以下	电容器额定电流	50%~80%	Q/GDW 11425	
	不平衡保护	35kV 及以下	s	0.1~0.2s	DL/T 584	
站用变压器	过电流保护	35kV 及以下	s	0s	Q/GDW 11425	过电流Ⅰ段
			s	0.3~0.5s		过电流Ⅱ段
备自投	有压定值	110kV 及以下	母线电压	60%~70%	DL/T 584	
	无压定值		母线电压	15%~30%	DL/T 584	
	同期合闸角		(°)	30°~40°	Q/GDW 11425	
	合备用电源短延时		s	0~0.2s	Q/GDW 11425	
	合备用电源长延时		s	0~0.2s	Q/GDW 11425	
	合分段断路器时间		s	0~0.2s	Q/GDW 11425	
	投入时间	110kV 及以下	s	0.1~0.5s	DL/T 584	需联切负荷或电容器
	后加速保护		s	0.2~0.3s	DL/T 584	变压器负荷侧
故障录波器	相电流上限		变压器相应侧额定电流二次值	1.1	Q/GDW 11425	变压器、变压器断路器
			公共绕组额定电流	1.05	Q/GDW 11425	变压器公共绕组
			TA 额定电流二次值	1.0	Q/GDW 11425	其他

续表

被保护设备	保护定值名称	电压等级	基准值	推荐值	规范引用	备注
故障录波器	正序电流上限		变压器相应侧额定电流二次值	1.1	Q/GDW 11425	变压器、变压器断路器
			公共绕组额定电流	1.05	Q/GDW 11425	变压器公共绕组
			TA额定电流二次值	1.0	Q/GDW 11425	其他
	相电流突变量		TA额定电流二次值	10%	Q/GDW 11425	
	正序电流突变量		TA额定电流二次值	10%	Q/GDW 11425	
	零序电流上限		TA额定电流二次值	10%	Q/GDW 11425	
	零序电流突变量		TA额定电流二次值	10%	Q/GDW 11425	
	相电压上限		V	64～70V	Q/GDW 11425	
	正序电压上限		V	64～70V	Q/GDW 11425	
	相电压下限		V	40～46V	Q/GDW 11425	
	正序电压下限		V	40～46V	Q/GDW 11425	
	相电压突变量		V	6V	Q/GDW 11425	
	正序电压突变量		V	6V	Q/GDW 11425	
	零序电压上限		V	9V	Q/GDW 11425	110kV及以上
			V	15V	Q/GDW 11425	35kV及以下
	零序电压突变量		V	9V	Q/GDW 11425	110kV及以上
			V	15V	Q/GDW 11425	35kV及以下
	频率越限启动元件		Hz/s	0.1～0.2Hz/s	DL/T 584	
故障解列	低频定值	110kV及以下	Hz	48～49Hz	DL/T 584	
			s	0.2～0.5s		
	低压定值	110kV及以下	V	65～70V	DL/T 584	

参 考 文 献

［1］国家电力调度控制中心．电网调控运行人员实用手册［M］．北京：中国电力出版社，2013．
［2］国家电网公司人力资源部．电网调度［M］．北京：中国电力出版社，2010．
［3］电力工业部电力规划设计总院．电力系统设计手册［M］．北京：中国电力出版社，1998．
［4］于永源，杨绮雯．电力系统分析（第三版）［M］．北京：中国电力出版社，2007．
［5］中国南方电网电力调度通信中心，广东省电力调度中心．全国各地区电网继电保护整定计算标准［M］．北京：中国电力出版社，2011．
［6］国家电力调度通信中心．国家电网公司继电保护培训教材（上）［M］．北京：中国电力出版社，2009．
［7］国家电力调度通信中心．国家电网公司继电保护培训教材（下）［M］．北京：中国电力出版社，2009．
［8］江苏省电力公司．电力系统继电保护原理与实用技术［M］．北京：中国电力出版社，2006．
［9］张保会，尹项根．电力系统继电保护［M］．北京：中国电力出版社，2004．
［10］Q/GDW 11012—2013．电力系统新设备启动调度流程［S］．国家电网公司，2014．
［11］Q/GDW 1161—2013．线路保护及辅助装置标准化设计规范［S］．国家电网公司，2014．
［12］Q/GDW 1175—2013．变压器、高压并联电抗器和母线保护及辅助装置标准化设计规范［S］．国家电网公司，2014．
［13］Q/GDW 10766—2015．10kV～110（66）kV 线路保护及辅助装置标准化设计规范［S］．国家电网公司，2016．